普通高等教育“十三五”规划教材

油气储运实验实训教程

王玉福　仇　阳　主编
王为民　申龙涉　主审

中国石化出版社

内 容 提 要

本书突出实验与实训的特点，介绍了油气储运工程常用的操作过程：流体力学、工程热力学、传热学、泵与压缩机、油品物性测量、燃气物性测量、油气管道腐蚀与防护、油气集输、油库工艺与油品计量、输油管与加油站及燃气输配等，致力于学生在掌握其原理与结构的前提下提高实操能力，具有针对性、实用性、先进性的原则。本教材适用于高职高专以及本科油气储运、燃气输配等专业的实训与实验，也可供从事油气储运工程工作的科研、生产及管理人阅读参考。

图书在版编目(CIP)数据

油气储运实验实训教程 / 王玉福，仇阳主编 .—北京：中国石化出版社，2018.8(2023.2 重印)
普通高等教育“十三五”规划教材
ISBN 978-7-5114-4980-1

Ⅰ.①油… Ⅱ.①王… ②仇… Ⅲ.①石油与天然气储运-实验-高等学校-教材 Ⅳ.①TE8-33

中国版本图书馆 CIP 数据核字(2018)第 177267 号

中国石化出版社出版发行
地址：北京市东城区安定门外大街 58 号
邮编：100011 电话：(010)57512500
发行部电话：(010)57512575
http://www.sinopec-press.com
E-mail：press@sinopec.com
北京富泰印刷有限责任公司印刷
全国各地新华书店经销
*
787×1092 毫米 16 开本 15.75 印张 395 千字
2018 年 9 月第 1 版 2023 年 2 月第 2 次印刷
定价：45.00 元

前　言

为适应石油院校油气储运工程专业实验与实训的教学需要，根据油气储运行业的特点，泉州理工学院组织编写了《油气储运实验实训教程》。本教材适用于高职高专以及本科油气储运、燃气输配等专业的实训与实验。

本教材力图适应油气储运工程专业能力培养目标，突出实验与实训的特点，具有针对性、实用性、先进性。按油气特点组织教材，以应用为目的、够用为原则。适当拓宽知识范围，每项实训与实验都留有思考题，让学生实验实训后有所反思。

全书按总学时 142 学时编写，各学校可根据专业与学时情况适当选择，增减教学内容。

本书编写分工如下：

第一章由泉州理工学院王为民、申龙涉二位教授编写，第二章与第八章由泉州理工学院郝成名老师编写，第三章、第四章由泉州理工学院宗月老师编写，第五章、第六章与第十一章由泉州理工学院王玉福老师编写，第七章与第十章由泉州理工学院吾佳琪老师编写，第九章由泉州理工学院仇阳老师编写。

本书第十一章与第六章在中国石油大学(华东)张树文教授多次帮助下完成，特此鸣谢！

本书由王玉福、仇阳主编，全书由泉州理工学院王为民与申龙涉二位教授主审。在此深表感谢。

由于作者水平有限，书中不妥之处在所难免，请读者批评指正。

编者

目　录

1 流体力学实验

本章是能源与动力类各专业工程流体力学课程配套实验指导书，主要内容有水静压强实验等流体力学基础性实验项目6项，还有沿程阻力系数的测定实验等流体力学综合性实验项目6项，本着“求简去繁”的原则，并未加入过多偏难、偏深的实验，各专业教师可根据课程的教学基本要求及学时情况选用实验项目。本章在演示性、验证性基础流体力学实验的基础上增加了一些综合设计性和自主设计创新性实验内容，可供学生开展开放性实验和科研训练活动。

1.1 水静压强实验

1.1.1 实验目的

1）加深理解静力学基本方程式及等压面的概念；

2）理解封闭容器内静止液体表面压力及其液体内部某空间点的压力；

3）观察压力传递现象。

1.1.2 实验原理

对密封容器的液体表面加压时，设其压力为 P_o，即 $P_o>P_a$。从U形管可以看到有压差产生，U形管与密封容器上部连通的一面，液面下降，而与大气相通的一面，液面上升，由此可知液面下降的表面压力即是密闭容器内液体表面压力 P_o，即 $P_o=P_a+\rho gh$，h 是U形管液面上升的高度。当密闭容器内压力 P_o 下降时，U形管内的液面呈现相反的现象，即 $P_o<P_a$，这时密闭容器内液面压力 $P_o=P_a-\rho gh$，h 为液面下降高度。

1.1.3 实验仪器

水静压强仪主要由水箱、调压筒、排气阀门、U形测压管、排水阀门等组成，如图1-1所示。

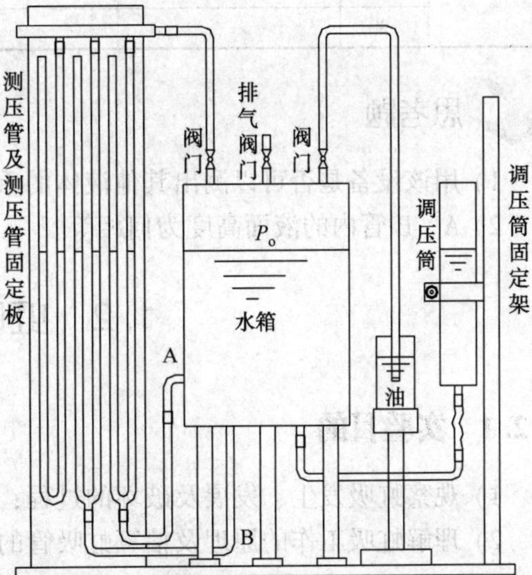

图1-1 水静压强仪

1.1.4 实验步骤

1）向水箱内注水至2/3处，拧紧加压器并打开排气阀门，关闭与烧杯相连的导管上的阀门，打开与U形管相连的阀门；

2）用加压器缓慢加压，关闭排气阀门及与U形管相连的阀门，读取 Z_1（靠近水箱一侧液柱的高度）、Z_2（同一个U形管另一侧的液柱高度），同时观察A、B管内液柱变化情况并重复三次；

3）打开与烧杯相连的导管上的阀门，不再有气泡冒出后，关闭该阀门；

4）关闭排气阀门，打开水箱下端排水阀门，放出少量水，读取 Z_1、Z_2，同时观察 A、B 管内液柱变化情况，并重复三次。

1.1.5 注意事项

如果对密闭容器的液体表面加压时，其容器内部的压力向各个方向传递，在右侧的测压管中，可以看到由于 A、B 两点在容器内的淹没深度 h 不同，在压力向各点传递时，先到 A 点后到 B 点。在测压管中反应出的是 A 管的液柱先上升而 B 管的液柱滞后一点也在上升，当停止加压时，A、B 两点在同一水平面上。

1）关闭排气阀，用加压器缓慢加压，U 形管出现压差 Δh，在加压的同时，观察右侧 A、B 管的液柱上升情况；

2）打开排气阀，使液面恢复到同一水平面上，关闭排气阀，打开密闭容器底部的水门，放出一部分水，造成容器内压力下降。

1.1.6 数据处理

实验数据填入表 1-1 中。

表 1-1　实验记录表

次　数		Z_1/mm	Z_2/mm	$P_o=P_a+\gamma(Z_2-Z_1)$（大气压）	$P_o>P_a$ 时表压（大气压） $P_o<P_a$ 时真空度（大气压）
$P_o>P_a$	1				
	2				
	3				
$P_o<P_a$	1				
	2				
	3				

思考题

1）用该设备是否可以测出其他液体的重度？为什么？

2）A、B 管内的液面高度为何相等？

1.2 虹吸演示实验

1.2.1 实验目的

1）观察虹吸发生、发展及破坏的过程；

2）理解虹吸工作的原理及估算虹吸管的高度才能使虹吸管正常工作。

1.2.2 实验原理

虹吸管的工作原理是先将管中空气抽出，使虹吸管路形成真空，在大气压强的作用下，高水位水箱的水从管口中上升到管的顶部，然后流向低水位水箱。

1.2.3 实验设备

虹吸仪详见图 1-2。

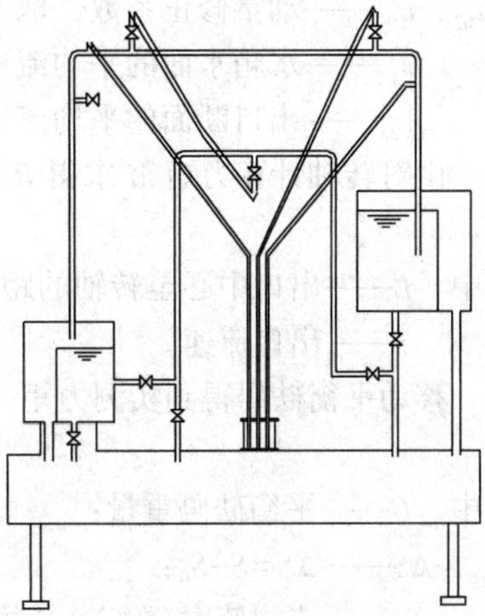

图 1-2 虹吸仪

1.2.4 实验步骤

1）高水位水箱，低水位水箱及测压烧杯内加满水。为增加演示效果，可在水中加入少量红墨水；

2）接通电源，开启水泵，打开虹吸管上抽真空装置，在管路内形成真空，然后用管夹子夹住胶管或关闭阀门；

3）打开测压点的小阀门，就能看见烧杯中的三根测压管水位上升，这是管路中的真空值，表明三个测压点的压力分布不同；

4）打开抽真空装置，吸入空气，可观察虹吸的破坏过程；

5）关闭水泵，打开排水阀门。

1.2.5 注意事项

1）检查各实验装置的管段与阀门是否完好，是否有卸漏点；

2）检查各个测压管液柱内是否有气泡，通过反复改变液柱高度及时把气泡排净；

3）试验结束后应及时关闭水泵电源，排放管路的液体。

思考题

1）简述虹吸发生、发展及破坏的全过程；

2）简述虹吸管的工作原理。

1.3 动量方程实验

1.3.1 实验目的

通过以下两种方法验证动量方程：

1）射流对水箱的反作用力；

2）射流对平板的作用力。

1.3.2 实验原理

（1）射流对水箱的反作用力

以水箱水面Ⅰ-Ⅰ，出口断面Ⅱ-Ⅱ及箱壁为控制面，对 X 轴列动量方程：

$$\sum F_X = R_X = \rho Q(a_{02}v_{2X} - a_{01}v_{1X}) \tag{1-1}$$

式中 R_X——水箱对水流的反作用；

ρ——水的密度；

Q——流量；

a_{02}，a_{01}——动量修正系数，取 1；

v_{1X}——水箱水面的平均流速在 X 轴的投影，取 0；

v_{2X}——出口断面的平均流速在 X 轴的投影；

由对转轴计算力矩 M 求得 R_X。

$$M = R_X L = \rho Q v L \tag{1-2}$$

式中 L——出口中心至转轴的距离；

v——出口流速。

移动平衡砝码得到实测力矩 M_O：

$$M_O = G \times \Delta S \tag{1-3}$$

式中 G——平衡砝码重量；

ΔS——$\Delta S = S - S_0$；

S_0——未出流时(静态)平衡砝码至转轴的距离；

S——出流时(动态)砝码至转轴的距离。

(2) 射流对平面的作用力

取喷嘴出口断面Ⅰ-Ⅰ，射流表面，以及平板出流的截面Ⅱ-Ⅱ为控制面，对 X 轴列动量方程：

$$\sum F_X = R_X = PQ(a_{02}v_{2X} - a_{01}v_{1X}) \tag{1-4}$$

式中 R_X——平板对水流的反作用力；

v_{1X}——喷嘴出口平均流速在 X 轴的投影，即流速；

v_{2X}——Ⅱ-Ⅱ断面平均流速在 X 轴的投影，取 0。

由对转轴计算力矩 M 求得 R_X。

$$M = R_X L_1 = \rho Q v L_1 \tag{1-5}$$

式中 L_1——水流冲击点至转轴的距离；

d——喷嘴的内径；

v——喷嘴出口的平均速度。

添加砝码得到实测力矩 M_O：

$$M_O = G \times L_2 \tag{1-6}$$

式中 G——砝码重量；

L_2——砝码作用点到转轴的距离。

1.3.3 实验装置

动量仪如图 1-3 所示。

1.3.4 实验步骤

(1) 射流对水箱的反作用力

1）开进水阀门，将水箱充满水，关小阀门，使之保持较小溢流；

2）拔出插销，移动砝码，使水平仪水平，记下此时(静态)砝码位置 S_0；

3）插上插销，将出口转至高孔位置。调节阀门，使之仍保持较小溢流；

4）拔出插销，移动砝码，使水平仪水平，记下此时(动态)砝码的位置 S；

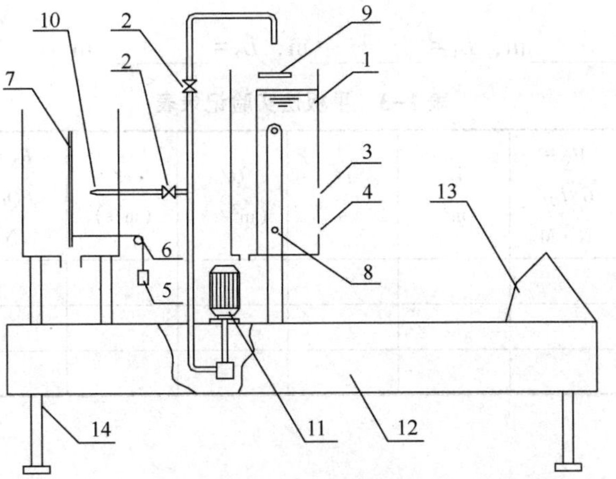

图 1-3　动量仪

1—实验水箱；2—控制阀门；3—高位水孔；4—低位水孔；5—砝码；6—转动轴承；7—挡板；8—固定插销；9—水平仪；10—喷嘴；11—水泵；12—水箱；13—挡水板；14—实验台支架

5）用体积法测量流量，计算流速。

（2）射流对平面的作用力

1）在拉链端部加 50g 砝码，然后开启并调节阀门，使平板保持垂直位置，记下砝码位置，用体积法测流量；

2）改变砝码重量，重复步骤 1）。

1.3.5　注意事项

1）调节前，必须将插销插上；

2）拔出插销后，应用手托扶水箱，以免摆动过大损坏仪器；

3）应缓慢开启和调节阀门。

1.3.6　实验数据记录及数据处理

实验数据填入表 1-2 和表 1-3 中。

（1）水箱法

仪器常数：d=________m，L_1=________m，

S_0=________m，G=________N。

表 1-2　水箱法实验记录表

项　目		S/ m	ΔS $(S-S_0)$/m	$M_0=G\times\Delta S$/ N·M	V/ m^3	t/ s	Q/ (m^3/s)	v/ (m/s)	$R_X=PQv$/ N	$M=R_XL$/ N·M	M_0/M/ %
高孔	1										
	2										
低孔	1										
	2										

(2) 平板法

仪器常数：$d=$ ________m，$L_1=$ ________m，$L_2=$ ________m。

表 1-3　平板法实验记录表

项目 / 序号	G N	$M_0=G\times L_2$/ N·M	V/ m^3	t/ s	Q/ (m^3/s)	v/ (m/s)	$R_X=PQv$/ N	$M=R_XL_1$/ N·M	M_0/M /%
1									
2									
3									

思考题

1) 为什么计算的力总是大于实测的力？

2) 分析实验误差原因。

1.4　孔口管嘴各项系数测定实验

1.4.1　实验目的

1) 观察典型孔口及管嘴出流时的水力现象及圆柱形管嘴的局部真空现象；

2) 测定孔口及管嘴出流时的流量系数 μ，收缩系数 ξ，流速系数 φ 和阻力系数 ζ。

1.4.2　实验原理

(1) 孔口出流

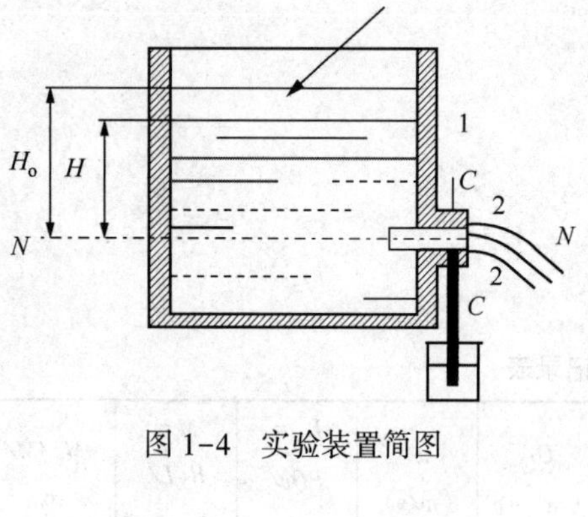

图 1-4　实验装置简图

见图 1-4，对 $d/H<0.1$ 的小孔口，当为完全收缩时，由于水流惯性作用，在离孔口约 $d/2$ 的 $C-C$ 断面处，水股断面收缩到最小，该收缩断面 A_c 与孔口断面面积 A 的关系为 $A_c=\xi_c A$，即 $\xi_c=\dfrac{A_c}{A}$，ξ_c 称为收缩数。

对水面 1-1，收缩断面 $C-C$ 列能量方程式，可得

$$H_0=(1+\zeta_c)\frac{V_c^2}{2g} \tag{1-7}$$

由此得

$$V_c=\frac{1}{\sqrt{1+\zeta_c}}\sqrt{2gH_0} \tag{1-8}$$

令 $\varphi=\dfrac{1}{\sqrt{1+\zeta_c}}$，则 $V_c=\varphi\sqrt{2gH_0}$

式中　ζ_c——阻力系数，$\zeta_c=0.06$；

V_c——孔口出流断面上的流速，m/s；

φ——孔口流速系数；

H_0——孔口的作用水头，m。

孔口的出流量 $Q=A_cV_c=A_c\varphi\sqrt{2gH_0}=\xi A\varphi\sqrt{2gH_0}$

设 $\xi\varphi=\mu$，则 $Q=\mu A\sqrt{2gH_0}$

式中　Q——孔口出流的流量；

μ——孔口的流量系数。

（2）管嘴出流

见图 1-4，当器壁较厚或孔口加接短管并且器壁厚度或管长相当于孔口直径的 3~4 倍时，则称作管嘴，也叫做厚壁孔口。这种出流现象称作管嘴出流，在管嘴内存在一个收缩断面 $C-C$，液流在随后扩大时，将出现旋涡区，常称这种收缩为内部收缩。对水面 1-1 与管嘴出口断面 2-2 处列能量方程得：

$$H_0=(1+\zeta)\frac{v_2^2}{2g} \tag{1-9}$$

由此得管嘴出流的流速：

$$V=V_2=\frac{1}{\sqrt{1+\zeta}}\sqrt{2gH_0} \tag{1-10}$$

式中　ζ——阻力系数，$\zeta=0.5$；

V——管嘴出流的流速，m/s；

H_0——管嘴的作用水头，m。

通过管嘴的流量：

$$Q=\mu A\sqrt{2gH_0} \tag{1-11}$$

式中　Q——管嘴的出流流量，m^3/s；

A——管嘴的过流面积，m^2；

H_0——管嘴的作用水头，m；

μ——管嘴的流量系数。

对于圆柱形外管嘴，由于出口断面没有收缩，因此流量系数等于流速系数。即 $\mu=\varphi=0.382$，通过实验，可测量出圆柱形外管嘴在 $C-C$ 处出现收缩断面，而产生真空。真空度能够达到作用水头的 0.75 倍，这相当于把作用水头增大 75%，因此管嘴出流的流量大于孔口出流的流量。

1.4.3 实验仪器

实验台由稳压水箱、计量水箱、供水箱、水泵等组成，见图 1-5。在稳压水箱前壁上设有两种形状的孔口及圆柱管嘴，箱内有溢流板以保持水头恒定，孔口和管嘴上安装门盖以控制出流。在圆柱形管嘴收缩断面处设测压管以观察真空现象并测量真空值。出水水股由卡钳测量。在标尺上可读出水箱水位、孔口管嘴的位置高度及圆柱管嘴的真空度。流量测量采用体积法，由计量水箱计量。

1.4.4 实验步骤

1）记录有关常数，如孔口与管嘴的直径、出口中心高等；

2）将水泵接通电源，并调节供水阀门使水箱有微量溢流，打开各孔口管嘴的前盖进行实验；

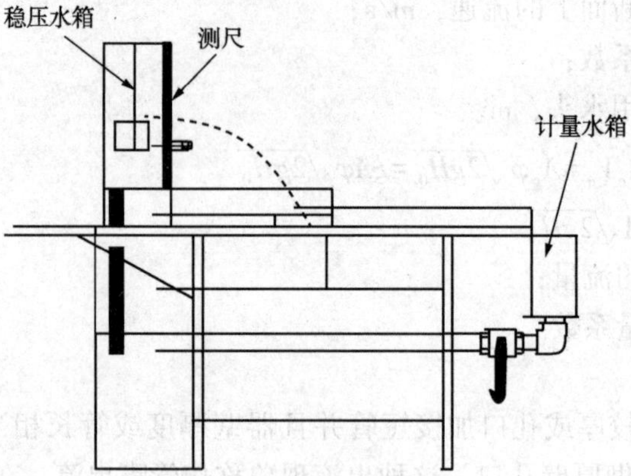

图 1-5　实验仪器简图

3）观察各种薄壁孔口出流水股的收缩现象，测量出流收缩断面尺寸，计算收缩断面面积，测量孔口收缩管嘴的作用水头；

4）测量孔口与管嘴出流的流量；

5）关闭电源，打开排水阀门，根据实测数据，计算各项系数。

1.4.5　注意事项

1）检查各实验装置的管段与阀门是否完好，是否有卸漏点。

2）试验结束后应及时关闭水泵电源，排放管路的液体。

1.4.6　实验数据

实验数据填入表 1-4 和表 1-5 中：

孔口 d=　　m；管嘴 d=　　m。

表 1-4　实验记录表

类型	A_c/ m^2	A/ m^2	ξ_c	φ	μ	H_0/ m	V_c/ (m/s)	Q/ (m^3/s)
孔口								

表 1-5　实验记录表

类型	V/ (m/s)	H_0/ m	φ	μ	H_0/ m	A/ m^2	Q/ (m^3/s)
管嘴							

思考题

1）结合观测不同类型管嘴与孔口出流的流股特征，分析流量系数不同的原因及增大过流能力的途径。

2）观察 $d/H>0.1$ 时，孔口出流的侧收缩率较 $d/H<0.1$ 时时有何不同。

1.5 伯努利方程实验

1.5.1 实验目的

1）观察流体流经伯努利方程试验管的能量转化情况，对实验中出现的现象进行分析，加深对伯努利方程的理解；

2）掌握一种测量流体流速的原理；

3）验证静压原理。

1.5.2 实验原理

在流体流动过程中，用带小孔的测压管测量管路中流体流动过程中各点的能量变化。当测压管的小孔正对着流体的流动方向时，此时测得的是管路中各点的动压头和静压头的总和，即：

$$H=\frac{P}{r}+\frac{u^2}{2g} \tag{1-12}$$

式中 $\frac{P}{r}$——静压头 h_A，h_B，h_C……；

$\frac{u^2}{2g}$——动压头。

当测压管的小孔垂直于流体的流动方向时，此时测得的是管路中各点的静压头的值，即：$\frac{u^2}{2g}=0$ 静压头 $\frac{p}{r}$ 分别为 h_A，h_B，h_C…

将在同一流量下测得的 h_A、h_B、h_C 值描在坐标上，可以直观看出流速与管径的关系。比较不同流量下的 h_A、h_B、h_C 值，可以直观看出沿程的能量损失，以及总能量损失与流量、流速的关系。通过 h_A、h_B、h_C 的关系曲线，可以得出在突然扩大、突然缩小处动能与静压能的转换。

1.5.3 实验仪器

伯努利方程仪如图 1-6 所示。

1.5.4 实验步骤

1）关闭调节阀，打开进水阀门，启动水泵，待定压水箱接近放满时，适度打开调节阀，排净管路和测压管中的空气；

2）关闭调节阀，调节进水阀门，使定压水箱溢流板有一定溢流；

3）测出位置水头，并记录位置水头和试验管测试截面的内径；

4）打开调节阀至一定开度，待液流稳定，且检查定压水箱的水位恒定后，测读伯努利方程试验管四个截面上测压管的液柱高度；

5）改变调节阀的开度，在新工况下重复步骤 4）；

6）关闭调节阀，测读伯努利方程试验管上各个测压管的液柱高度，记下数据，可以观察到各测压管中的水面与定压水箱的水面相平，以此验证静压原理；

7）实验结束，关闭水泵。

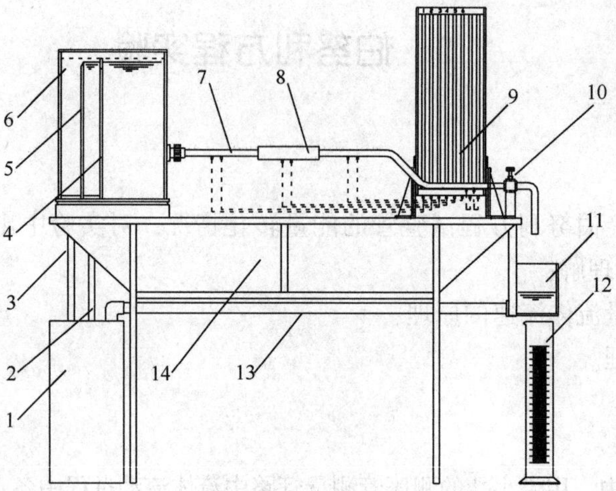

图 1-6　伯努利方程仪

1—水箱及潜水泵；2—上水管；3—溢流管；4—整流栅；5—溢流板；6—定压水箱；7—实验细管；8—实验粗管；9—测压管；10—调节阀；11—接水箱；12—量杯；13—回水管；14—实验桌

1.5.5　注意事项

1）检查伯努利方程实验装置的各管段与阀门是否完好，是否有泄漏点；

2）检查各个测压管液柱内否有气泡，通过改变液柱高度及时把气泡排净；

3）试验结束后应及时关闭水泵电源，排放管路的液体。

1.5.6　数据处理

实验数据填入表 1-6。

表 1-6　实验记录表

序号	测点编号	Ⅰ	Ⅱ	Ⅲ	Ⅳ	流量/(m^3/s)
1	总水头					
	测压管水头					
	压强水头					
	能量损失水头					
2	总水头					
	测压管水头					
	压强水头					
	能量损失水头					
伯努利方程试验管中心线距基准线高度（即位置水头）/mm						
伯努利方程试验管内径/mm						—
静水头/mm						

1）计算出伯努利方程试验管各测试截面的相应能量损失水头和压强水头，填写在表 1-7 中。伯努利方程试验管水头线如图 1-7 所示。

速度水头：$\frac{V^2}{2g}$=总水头-测压管水头；

压强水头：$\frac{P}{\gamma}$=测压管水头-位置水头；

能量损失水头：h_w=静水头-总水头。

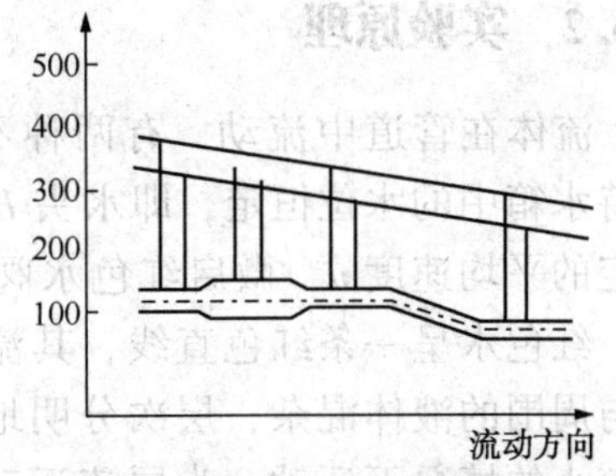

图 1-7　伯努利方程试验管水头线图

2）毕托管流速计算。毕托管测水流速度公式为：

$$V=\varphi\sqrt{2gh} \tag{1-13}$$

式中　V——液流流速；

φ——流速系数、其近似等于 1；

h——测压管液柱差。

表 1-7　实验记录表

项　目		h_1/mm	h_2/mm	流速 V/(m/s)	管内径 d/m	管截面积 A/m^2	流量 Q/(m^3/s)	平均流量 $\overline{Q}$/(m^3/s)
工况 1	Ⅰ							
	Ⅱ							
	Ⅲ							
	Ⅳ							
工况 2	Ⅰ							
	Ⅱ							
	Ⅲ							
	Ⅳ							

思考题

1）为什么能量损失是沿着流动的方向增大的？

2）为什么在实验过程中要保持定压水箱中有溢流？

3）测压管工作前为什么要排尽管路中的空气？其测量的是绝对压力还是表压力？

1.6　雷诺实验

1.6.1　实验目的

1）观察液体在不同流动状态时流体质点的运动规律；

2）观察流体由层流变紊流及由紊流变层流的过渡过程；

3）测定液体在圆管中流动时的下临界雷诺数 Re_{c2}。

1.6.2 实验原理

流体在管道中流动，有两种不同的流动状态，其阻力性质也不同。在实验过程中，保持水箱中的水位恒定，即水头 H 不变。如果管路中出口阀门开启较小，在管路中就有稳定的平均速度 u，微启红色水阀门，这时红色水与自来水同步在管路中沿轴线向前流动，红色水呈一条红色直线，其流体质点没有垂直于主流方向的横向运动，红色直线没有与周围的液体混杂，层次分明地在管路中流动。此时，在流速较小而黏性较大和惯性力较小的情况下运动，为层流运动。如果将出口阀门逐渐开大，管路中的红色直线出现脉动，流体质点还没有出现相互交换的现象，流体的流动呈临界状态。如果将出口阀门继续开大，出现流体质点的横向脉动，使红色线完全扩散与自来水混合，此时流体的流动状态为紊流运动。

雷诺数 $Re=\dfrac{u\cdot d}{\nu}$，根据连续方程：$Au=Q$，$u=\dfrac{Q}{A}$

流量 Q 用体积法测出，即在 Δt 时间内流入计量水箱中流体的体积 ΔV。

$$Q=\frac{\Delta V}{\Delta t} \tag{1-14}$$

$$A=\frac{\pi d^2}{4} \tag{1-15}$$

式中 A——管路的横截面积；

d——管路直径；

u——流速；

ν——水的黏度。

1.6.3 实验仪器

雷诺仪如图 1-8 所示。

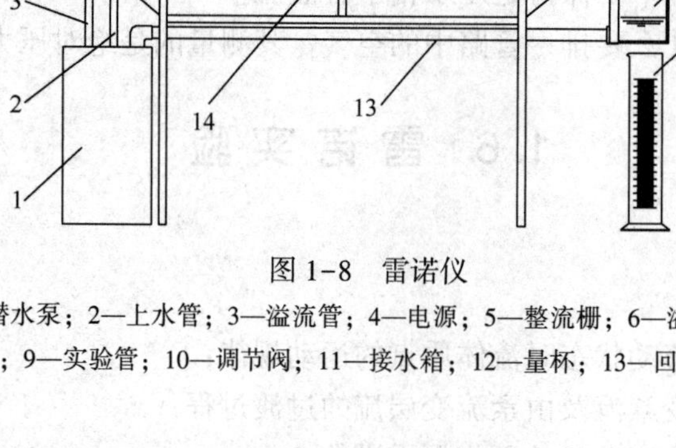

图 1-8 雷诺仪

1—水箱及潜水泵；2—上水管；3—溢流管；4—电源；5—整流栅；6—溢流板；7—墨盒；8—墨针阀门；9—实验管；10—调节阀；11—接水箱；12—量杯；13—回水管；14—实验桌

1.6.4 实验步骤

1）准备工作：将水箱充水至水由溢流板溢出后，将进水阀门关小，继续向水箱供水，以保持水位高度 H 不变。

2）缓慢开启阀门 10，使玻璃管中水稳定流动，并开启墨针阀门 8，使红色水以微小流速在玻璃管内流动，呈层流状态。

3）开大出口阀门 10，使红色水在玻璃管内的流动呈紊流状态，再逐渐关小出口调节阀门 10，观察玻璃管中出口处的红色水刚刚出现脉动状态但还没有变为层流时，测定此时的流量。重复三次，即可算出下临界雷诺数。

1.6.5 注意事项

1）检查雷诺仪实验装置的管段与阀门是否完好，是否有泄漏点。

2）检查各个测压管液柱内否有气泡，通过反复改变液柱高度及时把气泡排净。

3）试验结束后应及时关闭水泵电源，排放管路的液体。

1.6.6 数据处理

实验数据填入表 1-8 中：

表 1-8　实验记录表

次数	$\Delta V/\mathrm{m}^3$	T/s	$Q/(\mathrm{m}^3/\mathrm{s})$	$u_c/(\mathrm{m/s})$	Re_{c2}
1					
2					
3					

思考题

1）液体流动状态及其转变说明了什么本质问题？两种流态的基本区别是什么？

2）液体的流态与哪些因素有关？对实验结果进行分析讨论。

1.7 沿程阻力系数的测定实验

1.7.1 实验目的

1）测定不同雷诺数 Re 时的沿程阻力系数 λ；

2）掌握沿程阻力系数的测定方法。

1.7.2 实验原理

对试验管上的试验点两断面列能量方程得：

$$h_r = \frac{P_1}{\rho g} - \frac{P_2}{\rho g} = \Delta h \tag{1-16}$$

由达西公式：

$$h_r = \lambda \frac{L}{d} \frac{u^2}{2g} \tag{1-17}$$

用体积法测得流量，并算出断面平均流速，即可求得沿程阻力系数 λ：

$$\lambda = \frac{2gdh_r}{L \cdot v^2} \tag{1-18}$$

1.7.3 实验仪器

所需实验仪器如图 1-9 所示。

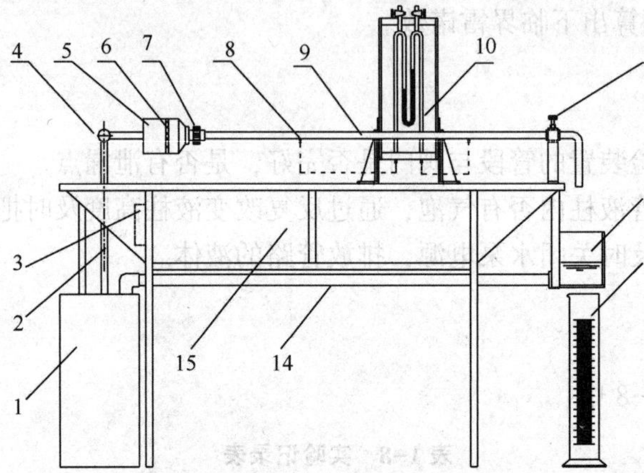

图 1-9 沿程阻力系数测定实验台

1—水箱(内置潜水泵)；2—供水管；3—电器开关；4—供水分配管；5—稳压筒；6—整流栅板；7—更换活结；8—测压嘴；9—实验管道；10—差压计；11—调节阀门；12—调整及计量水箱 13—量液桶；14—回水管；15—实验台

1.7.4 实验步骤

1）将水箱内注满水，开启进水阀门及调节阀门，启动水泵，排尽稳压筒、胶管及压差计内空气；

2）把本实验中不同的测压管关闭，测量水温；

3）调节进水阀门，使压差达到测压管可量测的最大高度，稳定 1min，测读压差，同时用体积法测流量；

4）改变进水阀门开度，重复两次步骤。

1.7.5 注意事项

1）检查沿程阻力实验装置的各管段与阀门是否完好，是否有泄漏点。

2）检查各个测压管液柱内否有气泡，通过改变液柱高度及时把气泡排净。

3）试验结束后应及时关闭水泵电源，排放管路的液体。

1.7.6 数据处理

实验数据填入表 1-9 中。

L=________m，$d_{粗}$=________m，$d_{中}$=________m，$d_{细}$=________m，

t=________℃，v=________m/s，$\rho_{水}$=________kg/m³。

表 1-9 实验记录表

类别	N_o	h_1/m	h_2/m	Δh/m	V/m^3	t/s	q_v/(m^3/s)	Re	lgR_e	λ	lg100λ
粗管	1										
	2										
	3										
中管	1										
	2										
	3										
细管	1										
	2										
	3										

用不同符号将粗、中、细管道的实验点绘制成 lgRe~lg100λ 对数曲线。

思考题

1）对 lgRe~lg100λ 对数曲线进行分析；

2）分析实验误差原因。

1.8 局部阻力系数测定实验
——阀门局部阻力系数测定实验

1.8.1 实验目的

1）掌握管道沿程阻力系数和局部阻力系数的测定方法；

2）了解阻力系数在不同流态，不同雷诺数下的变化情况；

3）测定阀门不同开启度时(全开、约 30°、约 45°三种)的阻力系数；

4）掌握三点法、四点法量测局部阻力系数的技能。

1.8.2 实验原理

如图 1-10 所示，对 1、4 断面列能量方程式，可求得阀门的局部水头损失及 2(L_1+L_2)长度上的沿程水头损失：

$$h_{w1}=\frac{p_1-p_4}{\gamma}=\Delta h_1 \tag{1-19}$$

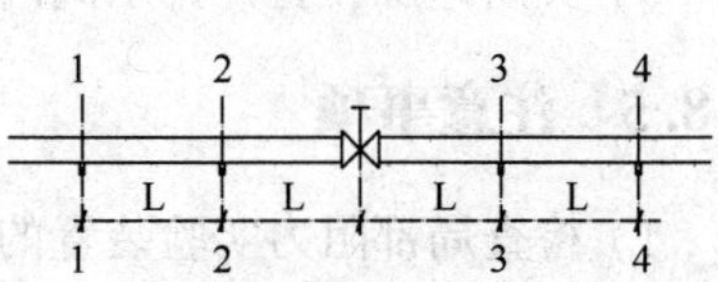

图 1-10 阀门的局部水头损失测压管段

对 2、3 断面列能量方程式，可求得阀门的局部水头损失及(L_1+L_2)长度上的沿程水头损失：

$$h_{w2}=\frac{p_2-p_3}{\gamma}=\Delta h_2 \tag{1-20}$$

因此，阀门的局部水头损失 h_1 应为：

$$h_1=2\Delta h_2-\Delta h_1 \tag{1-21}$$

即

$$\zeta \frac{v^2}{2g}=2\Delta h_2-\Delta h_1 \tag{1-22}$$

所以，阀门的局部水头损失系数为：

$$\zeta=(2\Delta h_2-\Delta h_1)\frac{2g}{v^2} \tag{1-23}$$

式中 v——管道的平均流速。

1.8.3 实验仪器

局部阻力系数测定实验台如图 1-11 所示。

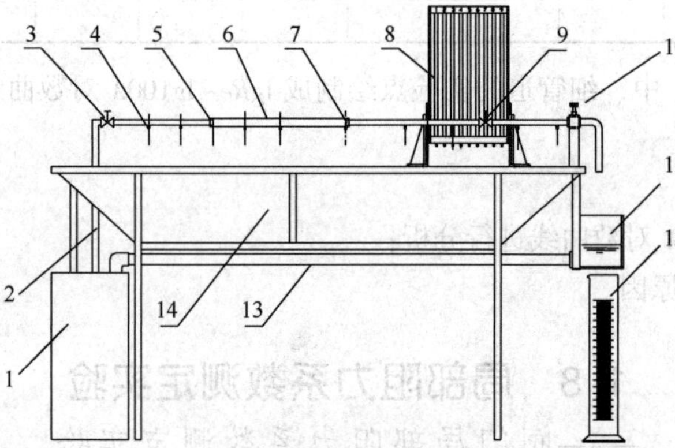

图 1-11 局部阻力系数测定实验台

1—水箱；2—供水管；3—进水阀门；4—细管沿程阻力测试段；5—突扩；6—粗管沿程阻力测试段；7—突缩；8—测压管；9—实验阀门；10—出水调节阀门；11—计量箱；12—量筒；13—回水管；14—实验桌

1.8.4 实验步骤

1）检查仪器并接通电源；

2）开启进水阀门，使压差达到测压计可测量的最大高度，测读压差，用体积法测量流量；

3）改变进水阀门开度，测度压差，用体积法测流量，并测水温；

4）重复步骤 2 和 3，进行三组实验：阀门全开、开启 30°、开启 45°，每组实验改变三次阀门开度，三次的压差值不要太接近；

5）关闭电源，打开排水阀门。

1.8.5 注意事项

1）检查局部阻力实验装置的各管段与阀门是否完好，是否有泄漏点；

2）检查各个测压管液柱内否有气泡，通过改变液柱高度及时把气泡排净；

3）试验结束后应及时关闭水泵电源，排放管路的液体。

1.8.6 数据处理

实验数据填入表 1-10 中，并绘制 $d=f(\zeta)$ 曲线。

表 1-10 实验记录表

开启度	实验次数	Δh_1/m	Δh_2/m	h_1/m	V/m^3	T/s	Q/(m^3/s)	v/(m/s)	ζ
全开	1								
	2								
	3								
30°	1								
	2								
	3								
45°	1								
	2								
	3								

思考题

1）同一开度，不同流量下，ζ 值应为定值还是变值，为什么？

2）不同开启度时，如把流量调至相等，ζ 值是否相等？

1.9 局部阻力系数测定实验
——突扩突缩局部阻力损失实验

1.9.1 实验目的

1）掌握三点法、四点法测量局部阻力系数的技能；

2）通过对圆管突扩局部阻力系数的包达公式和突缩局部阻力系数的经验公式的实验验证与分析，熟悉用理论分析法和经验法建立函数式的途径；

3）加深对局部阻力损失原理的理解。

1.9.2 实验原理

突扩突缩的局部水头损失测压管段如图 1-12 所示。

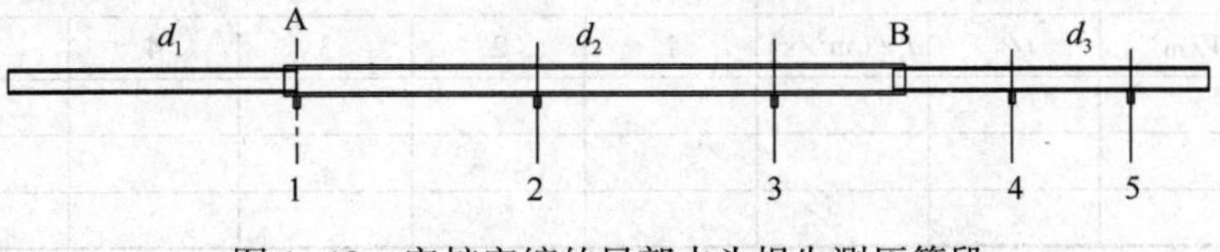

图 1-12 突扩突缩的局部水头损失测压管段

写出局部阻力前后两断面的能量方程，根据推导条件，扣除沿程水头损失可得：

(1) 突然扩大

采用三点法计算，A 为突扩点。下式中 h_{f1-2} 由 h_{f2-3} 按长度比例换算得出：

$$h_{ie}=\left[\left(Z_1+\frac{P_1}{\gamma}\right)+\frac{au_1{}^2}{2g}\right]-\left\{\left[\left(Z_2+\frac{P_2}{\gamma}\right)+\frac{au_2{}^2}{2g}\right]+h_{f1-2}\right\} \tag{1-24}$$

实测：

$$\zeta_e=h_{ie}/(au_1{}^2/2g) \tag{1-25}$$

理论：

$$\zeta_e=(1-A_1/A_2)^2 \tag{1-26}$$

式中 a——动能修正系数，取1。

(2) 突然缩小

采用四点法计算，B点为突缩点，h_{f3-B}由h_{f2-3}换算得出，h_{fB-4}由h_{f4-5}换算得出。

$$h_{fs}=\left\{\left[\left(Z_3+\frac{P_3}{\gamma}\right)+\frac{au_3{}^2}{2g}\right]-h_{f3-B}\right\}-\left\{\left[\left(Z_4+\frac{P_4}{\gamma}\right)+\frac{au_4{}^2}{2g}\right]+h_{fB-4}\right\} \tag{1-27}$$

实测：

$$\xi_s=h_{fs}/(au_4{}^2/2g) \tag{1-28}$$

理论：

$$\xi_s=0.5(1-A_4/A_3) \tag{1-29}$$

式中 a——动能修正系数，取1。

1.9.3 实验装置

1）检查局部阻力实验装置的各管段与阀门是否完好，是否有泄漏点；

2）检查各个测压管液柱内否有气泡，通过改变液柱高度及时把气泡排净；

3）试验结束后应及时关闭水泵电源，排放管路的液体。

1.9.4 实验步骤

1）测量并记录实验有关常数；

2）打开水泵，排出实验管道及测压管中气体；

3）打开出水阀至最大开度，等流量稳定后，记录测压管读数，同时用体积法测量流量；

4）改变出水阀门开度3~4次，分别测记测压管读数及流量。

1.9.5 数据处理

实验数据填入表1-11、表1-12中。

表1-11 实验记录表

次序	流量/(cm³/s)			测压管读数/m					
	V/m³	t/s	q_v/(m³/s)	1	2	3	4	5	6
1									
2									
3									

表1-12 实验记录表

阻力形式	次序	q_v/(m³/s)	$\frac{au^2}{2g}$/m	h/m	ζ	$\zeta_{理论}$
突然扩大	1					
	2					
	3					
突然缩小	1					
	2					
	3					

思考题

1）分析比较突扩与突缩在相应条件下的局部阻力损失大小关系。

2）分析局部阻力损失机理和产生突扩与突缩局部阻力损失的主要部位在哪里？怎样减小局部阻力损失？

1.10 阻力测量综合实验

1.10.1 实验目的

1）观察不同流态的流体流经伯努利方程试验管的能量转化情况，加深对伯努利方程的理解；

2）观察流体在管道中不同流速下的流动状态并测定几种状态下的雷诺数，了解流态与雷诺数的关系；

3）验证沿程阻力与平均流速的关系，观察层流和紊流两种流态及其转换过程；

4）掌握管道沿程阻力系数和局部阻力系数的测定方法，了解阻力系数在不同流态，不同雷诺数下的变化情况。

1.10.2 实验原理

雷诺数

$$Re=\frac{u\cdot d}{\nu} \tag{1-30}$$

根据连续方程：

$$Au=Q,\ u=\frac{Q}{A} \tag{1-31}$$

流量 Q 用体积法测出，即在 Δt 时间内流入计量水箱中流体的体积 ΔV。

$$Q=\frac{\Delta V}{\Delta t} \tag{1-32}$$

对沿程阻力试验管两测试点端面列能量方程得：

$$h_r=P_1/\rho g-P_2/\rho g=\Delta h \tag{1-33}$$

式中 h_r——沿程阻力；

Δh——测压管测量的高度差；

P——压强；

ρ——密度；

g——重力加速度。

由达西公式：

$$h_r=\lambda\cdot L/d\cdot u^2/2g \tag{1-34}$$

式中 λ——沿程阻力系数；

L——管路长度。

即可求得沿程阻力系数：

$$\lambda = 2gdh_r/L \cdot u^2 \tag{1-35}$$

突扩突缩的局部水头损失测压管段如图 1-13 所示。

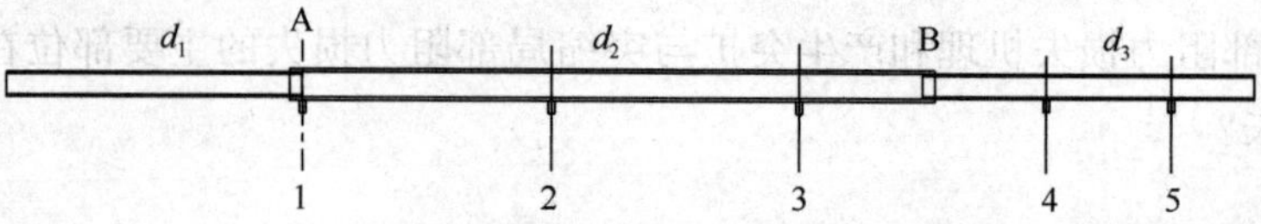

图 1-13　突扩突缩的局部水头损失测压管段

(1) 突然扩大

采用三点法计算，A 为突扩点。

实测：

$$\zeta_e = h_{ie}/(au_1^2/2g) \tag{1-36}$$

理论：

$$\zeta_e = (1-A_1/A_2)^2 \tag{1-37}$$

式中　a——动能修正系数，取 1。

(2) 突然缩小

采用四点法计算，B 点为突缩点。

实测：

$$\xi_s = h_{fs}/au_4^2/2g \tag{1-38}$$

理论：

$$\xi_s = 0.5\{1-A_4/A_3\} \tag{1-39}$$

式中　a——动能修正系数，取 1。

1.10.3　实验仪器

实验仪器如图 1-14～图 1-17 所示。

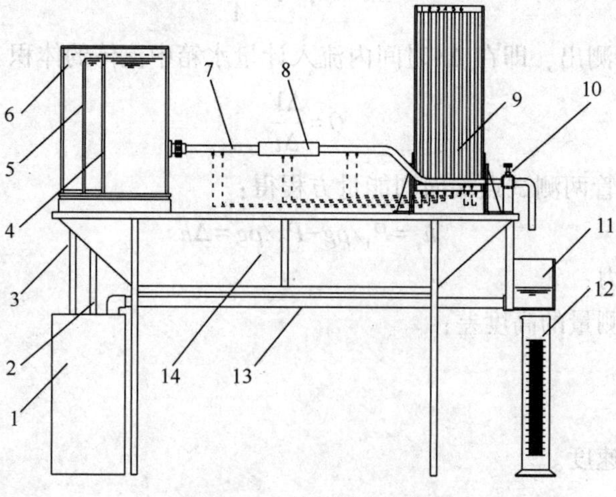

图 1-14　伯努利方程仪

1—水箱及潜水泵；2—上水管；3—溢流管；4—整流栅；5—溢流板；6—定压水箱；7—实验细管；8—实验粗管；9—测压管；10—调节阀；11—接水箱；12—量杯；13—回水管；14—实验桌

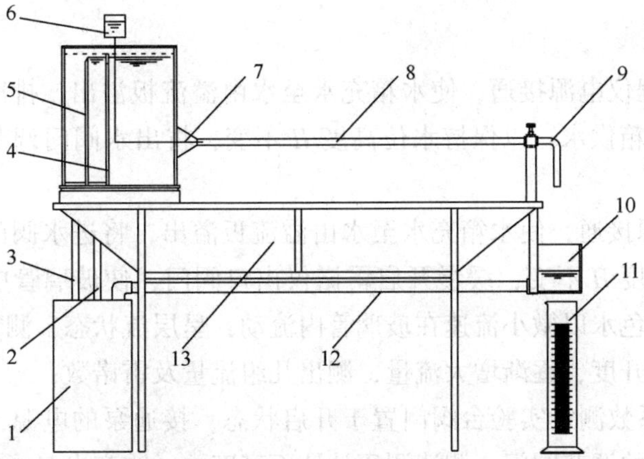

图 1-15　雷诺仪

1—水箱及潜水泵；2—上水管；3—溢流管；4—整流栅；5—溢流板；6—墨盒；7—墨针；
8—实验管；9—调节阀；10—接水箱；11—量杯；12—回水管；13—实验桌

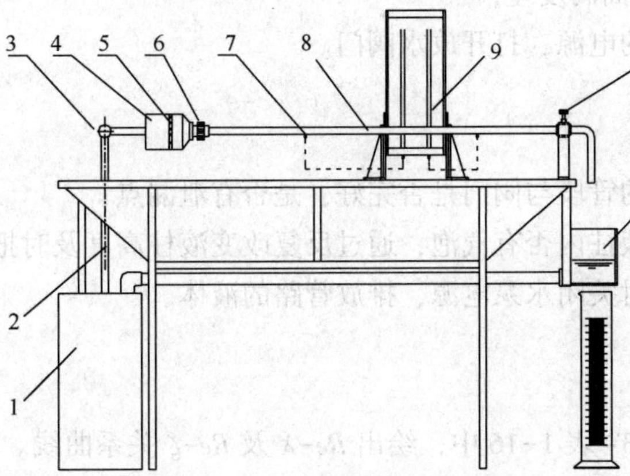

图 1-16　沿程阻力系数测定实验台

1—水箱(内置潜水泵)；2—供水管；3—供水分配管；4—稳压筒；5—整流栅板；6—更换活结；
7—测压嘴；8—实验管道；9—差压计；10—调节阀门；11—调整及计量水箱

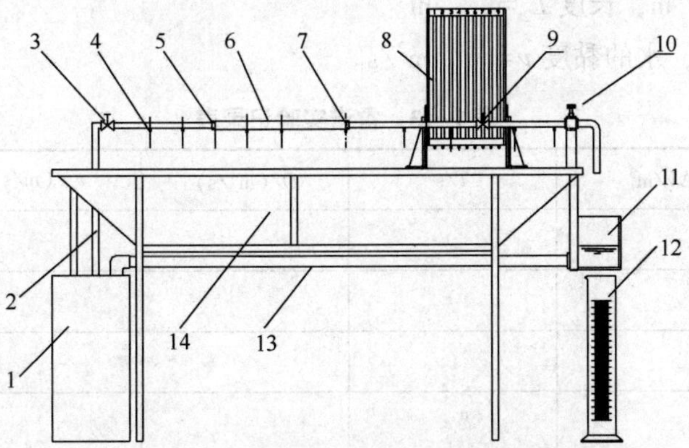

图 1-17　局部阻力系数测定实验台

1—水箱；2—供水管；3—进水阀门；4—细管沿程阻力测试段；5—突扩；6—粗管沿程阻力测试段；7—突缩；
8—测压管；9—实验阀门；10—出水调节阀门；11—计量箱；12—量筒；13—回水管；14—实验桌

1.10.4 实验步骤

1）将伯努利方程仪电源接通，使水箱充水至水由溢流板溢出，排净管内气泡，将进水阀门关小，继续向水箱供水，以保持水位高度 H 不变，将出水阀门调节到一个小流量，观察能量转化情况；

2）将雷诺仪电源接通，使水箱充水至水由溢流板溢出，将进水阀门关小，继续向水箱供水，以保持水位高度 H 不变，缓慢开启雷诺仪出口阀门，使玻璃管中水能稳定流动，并开启红色阀门，使红色水以微小流速在玻璃管内流动，呈层流状态，测算出此时的流量及雷诺数，改变出口阀门开度，逐渐增大流量，测出几组流量及雷诺数；

3）将沿程阻力系数测定实验台阀门置于开启状态，接通泵的电源，开启沿程阻力系数测定实验台的实验管的调节阀门，测读测压计液面高度差，改变出口阀门开度，逐渐增大流量，测出几组流量及测压计液面高度差；

4）接通局部阻力系数测定实验台电源，开启进水阀门和出水阀门，排净管内气泡，全开调节阀，测读测压计液面高度差；

5）关闭各个实验台的电源，打开放水阀门。

1.10.5 注意事项

1）检查各实验装置的管段与阀门是否完好，是否有泄漏点；

2）检查各个测压管液柱内否有气泡，通过反复改变液柱高度及时把气泡排净；

3）试验结束后应及时关闭水泵电源，排放管路的液体。

1.10.6 实验数据

实验数据填入表 1-13～表 1-16 中，绘出 Re-λ 及 Re-ζ 关系曲线。

已知常数：雷诺管管径 d=　　m，面积 A=　　m^2。

沿程阻力系数测定实验台管径 d=　　m，长度 L=　　m。

局部阻力系数测定实验台粗段管径 d=　　m，长度 L_1=　　m；

细段管径 d=　　m，长度 L_2=　　m。

水温=　　℃，水的黏度 ν=　　m^2/s。

表 1-13　雷诺实验记录表

次数	$\Delta V/m^3$	T/s	$Q/(m^3/s)$	$v_c/(m/s)$	Re_{c2}
1					
2					
3					
4					
5					

表 1-14　沿程阻力实验记录表

类别	N_o	h_1/m	h_2/m	Δh/m	V/m^3	t/s	q_v/(m^3/s)	Re	λ
中管	1								
	2								
	3								
	4								
	5								

表 1-15　突扩突缩局部阻力数据记录表

次序	流量/(m^3/s)			测压管读数/m					
	V/m^3	t/s	q_v/(m^3/s)	1	2	3	4	5	6
1									
2									
3									

表 1-16　突扩突缩局部阻力计算数据表

阻力形式	次序	q_v/(m^3/s)	$\frac{au^2}{2g}$/m	h/m	ζ	$\zeta_{理论}$
突然扩大	1					
	2					
	3					
突然缩小	1					
	2					
	3					

思考题

1）对 Re-λ 及 Re-ζ 关系曲线进行分析。

2）分析实验误差原因。

1.11　水击实验

1.11.1　实验目的

1）了解水击原理及水击产生的原因；

2）了解水击清除的方法，水击的利用。

1.11.2　实验装置

水击综合实验仪如图 1-18 所示。

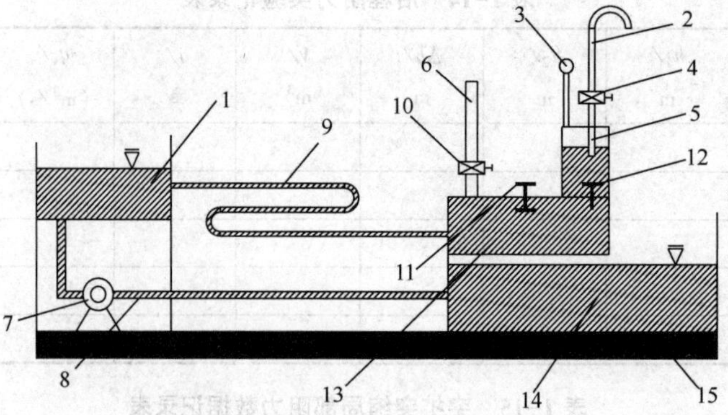

图 1-18　水击综合实验仪

1—恒压水箱；2—扬水机出水管供水管；3—气压表；4—扬水机截止阀；5—压力室；6—调压筒；7—水泵；8—水泵吸水管；9—供水管；10—调压截止阀；11—水击发生阀；12—逆止阀；13—水击室；14—集水箱；15—底座

1.11.3　实验原理

（1）水击的产生和传播

水泵把集水箱 14 中的水送入恒压水箱 1 中，水箱 1 设有溢流板和回水管，能使水箱中的水位保持恒定。工作水流自水箱 1 经供水管 9 和水击室 13 再通过水击发生阀 11 的阀孔流出，回到集水箱 14。

实验时，先全关阀 10 和 4，触发起动阀 11。当水流通过阀 11 时，水的冲击力使阀 11 上移关闭而快速截止水流，因而在供水管 9 的末端首先产生最大的水击升压。并使水击室 13 同时承受到这一水击压强。水击升压以水击波的形式迅速沿着压力管道向上游传播，到达进口以后，由进口反射回来一个减压波，使管 9 末端和水击室 13 内发生负的水击压强。

本实验仪能通过阀 11 和 12 的动作过程观察到水击波的来回传播变化现象。即阀 11 关闭，产生水击升压，使逆止阀 12 克服压力室 5 的压力而瞬时开启，水也随即注入压力室内，并可看到压力表 3 随着产生的压力波动。然后，在进口传来的负水击作用下，水击室 13 的压强低于压力室 5，使逆止阀 12 关闭。同时，负水击又使阀 11 下移而开启。这一动作过程既能观察到水击波的传播变化现象，又能使本实验仪保持往复的自动工作状态，即当阀 11 再次开启后，水流又经阀孔流出，回复到初始工作状态。这样周而复始，阀 11 不断地启闭，水击现象也就不断地重复发生。

（2）水击压强的定量观测

水击可在极短的时间内产生很大的压强，犹如重锤锤击管道一般，可造成管道的破坏。由于水击的作用时间短，升压大，通常需用复杂而昂贵的电测系统作瞬态测量，而本仪器用简便的方法可直接地量测出水击升压值。此法的测压系统是由逆止阀 12、压力室 5 和气压表 3 组成。阀 11 每一开一关都能产生一次水击升压，由于作用水头、管道特性和阀的开度均相同，故每次水击升压值相同。每当水击波往返一次，都将向压力室 5 内注入一定水量，因而压力室内的压力随水量的增加而增大，一直到其值达到与最大水击压强相等时，逆止阀 12 才不打开，水流也不再注入压力室 5，压力室内的压力也就不再增高。这时，可从与压力室空腔连接的压力表 3 测量压力室 5 中的压强，此压强即为阀 11 关闭时产生的最大水击压强，这一测量原理可用一个日常生活例子来加深理解：如一个人用气筒每次以 $3kg/cm^2$ 的压强向轮胎内打气，显然，只有反复多次打，轮胎内的压强方可达到且只能达到 $3kg/cm^2$。本实验仪工作水头为 25cm 左右，气压表显示的水击压强值最大可达 300mm 汞柱以上，即达到 20 倍左右的工作水头，表明水击有可能造成工程破坏。

(3) 水击的利用——水击扬水原理

水击扬水机由图中的 1、9、11、12、13、5、4、2 等部件组成。水击发生阀 11 每关闭一次，在水击室 13 内就产生一次水击升压，逆止阀 12 随之被瞬时开启，部分高压水被注入压力室 5，当阀 4 开启时，压力室的水便经出水管 2 流向高处。由于阀 11 的不断动作，水击连续多次发生，水流亦一次一次地不断注入压力室，因而便源源不断地把水提升到高处。这正是水击扬水机工作原理，本仪器扬水高度为 37cm，即超过恒压水箱的液面达 1.5 倍的作用水头。

水击扬水虽然能使水流从低处流向高处，但它仍然遵循能量守恒定律。扬水提升的水量仅仅是流过供水管的一部分，另一部分水量通过阀 11 的阀孔流出了水击室。正是这后一部分水量把自身具有的势能(其值等于供水箱液面到阀 11 出口处的高度差)以动量传输的方式，提供给了扬水机扬水。由于水击的升压可达几十倍的作用水头，因而若提高扬水机出水管 2 的高度，水击扬水机的扬程也可相应提高，但出水量会随着高度的增加而减小。

(4) 水击危害的消除——调压筒(井)工作原理

如上所述，水击有可利用的一面，但更多的是它对工程具有危害性的一面。例如，水击有可能使输水管爆裂。为了消除水击的危害，常在阀门附近设置减压阀或调压筒(井)、气压室等设施。本仪器设有由阀 10 和调压筒 6 组成水击消减装置。

实验时全关阀 4，全开阀 10，然后手动控制阀 11 的开与闭。由气压表 3 可见，此时，水击升压最大值约为 100mmHg，其值仅为阀 10 关闭时峰值的 1/3。同时，该装置还能演示调压系统中的水位波动现象。当阀 11 开启时，调压筒中水位低于供水箱水位(以下称库水位)，而当阀 11 突然关闭时，调压筒中水位很快涌高并且超过库水位，并出现和竖立 U 形水管中水体摆动现象性质相同的振荡，上下波动的幅度逐次衰减，直至静止。

调压系统中的非定常流和水击的消减作用，实验中作如下说明：

设置了调压筒，在阀 11 全开下的定常流时，调压筒中维持低于库水位的固定自由水面。当阀 11 突然关闭时，供水管 9 中的水流因惯性作用继续向下流动，流入调压筒，使其水位上升，一直上升到高出库水位的某一最大高度后才停止。这时全管流速等于零，流动处于暂时停止状态，由于调压筒水位高于库水位，故水体作反向流动，从调压筒流向水库。又由于惯性作用，调压筒中的水位逐渐下降，至低于库水位，直到反向流速等于零为止。此后供水管中的水流又开始流向调压筒，调压筒中的水位再次回升。这样，伴随着供水管中水流的往返运动，调压筒中水位也不断上下波动，这种波动由于供水管和调压筒的阻力作用而逐渐衰减，最后，调压筒水位稳定在正常水位。

设置调压筒后，在流量急剧改变时仍有水击发生，但调压筒的设置建立了一个边界条件，在相当大程度上限制或完全制止了水击向上游传播。同时水击波的传播距离因设置调压筒而大为缩短，这样既能避免直接水击的发生，又加快了减压波返回，因而使水击压强峰值大为降低，这就是利用调压筒消减水击危害的原理。

1.11.4 实验步骤

1) 打开供水开关。

2) 启动水击发生阀：启动阀 11 必须先向下推开，并使过水系统中的空气全部排出(打开调压筒截止阀可排出空气)。然后松手，阀 11 就会自动地往复上下运动，时开时闭而发生水击。

3）测量水击压强：测量时，应全关阀 10 和 4，且应关紧不漏水。

4）水击扬水实验：应全开阀 4，全关阀 10。

5）调压筒实验：应全关阀 4，全开阀 10。

1.11.5　注意事项

若供水管、压力室或阀 10 下部调压筒中的滞留空气未排净，或水质不洁等而导致逆止阀漏水，或集水箱水位偏低，都有可能使水击压强达不到额定值。此时应按前述过程重新操作，或更换水质增加集水箱水量。

思考题

1）简述水击原理及水击产生的原因；

2）简述测量水击压强的特点；

3）简述水击扬水实验和调压筒实验原理。

1.12　管路串并联实验(综合性)

1.12.1　实验目的

1）测定串并联管路阻力；

2）验证串联管路水头损失和并联管路流量的分配规律。

1.12.2　实验原理

(1) 串联管路

串联管路是由许多简单的管路首尾相接组合而成，如本实验台中的管 A 与管 B，管 A 与管 C，管 A 与管 D，在串联管路中当ρ为常数时，流入的体积流量等于流出的体积流量。对任意的第 i 条支路，其流量关系为：

$$Q_A = Q_i \tag{1-40}$$

式中 Q_A——流过管路 A 的流量；

Q_i——无中途分流或合流时管 i 的流量。

水头损失分配规律：

$$h_f = \sum h_{fi} \tag{1-41}$$

式中 h_f——串联管路总水头损失；

h_{fi}——串联管路支路水头损失。

(2) 并联管路

本实验台中管 B、管 C、管 D 构成并联管路。

管路中的流量分配规律是：

$$Q = \sum Q_i \tag{1-42}$$

式中 Q——并联管路总流量；

Q_i——并联管路支管流量。

管路水头损失：

$$h_f = SQ^2 \quad (1\text{-}43)$$

式中 h_f——某管路水头损失；

S——该管路阻抗；

Q——该管路中所通过流量。

对于并联管路，各支管的水头损失相等且等于系统的总损失，即

$$h_f = h_{f1} = h_{f2} = h_{f3}，\text{或 } SQ^2 = S_1Q_1^2 = S_2Q_2^2 = S_3Q_3^2 \quad (1\text{-}44)$$

式中 h_f、S、Q——并联管路系统的总损失，总阻抗和总流量；

h_{fi}、S_i、Q_i——各支管的水头损失、阻抗和流量。

将以上公式整理得：

$$\frac{1}{\sqrt{S}} = \sum \frac{1}{\sqrt{S_i}} \qquad Q_i = Q\sqrt{\frac{S}{S_i}} \quad (1\text{-}45)$$

式中 i——不同支管，$i=1$，2，3。

1.12.3 实验装置

实验台由管 A、管 B、管 C、管 D4 段组成，见图 1-19。其中，管 A 与管 B、管 C、管 D 分别构成三条串联管路。用关闭阀门 2、3、4 中任意两个阀门，来实现管路的一条串联支路；而管段 B、C、D 则构成并联管路，见图 1-20。全部开启或关闭阀门 2、3、4 中任意一个均可构成一种并联管路。在管段 A 的首端适当位置设置了测点 1，在 A 与 B、C、D 的节点处设置了测点 2，在回水的适当位置设置了测点 3，通过测读 $h_{1.2}$、$h_{1.3}$、$h_{2.3}$ 可验证串联管路中的阻力损失关系。在各管段上设置的孔板流量计可测读出流过该管端的流量。其压差值分别定为 A 段为 h_{A1}、h_{A2}，B 段为 B 段为 h_{B1}、h_{B2}，C 段为 h_{C1}、h_{C2}，D 段为 h_{D1}、h_{D2}。

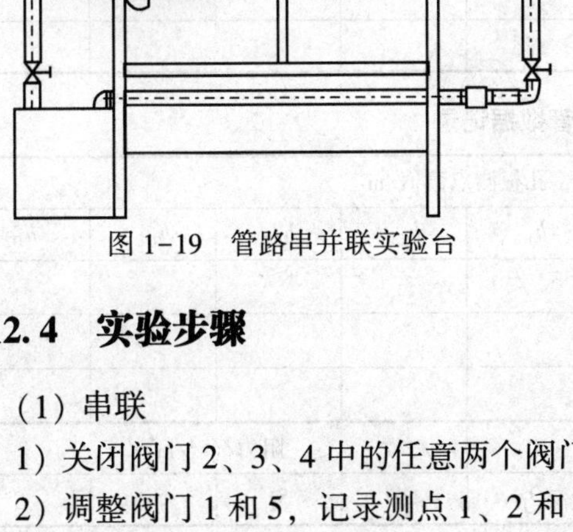

图 1-19 管路串并联实验台

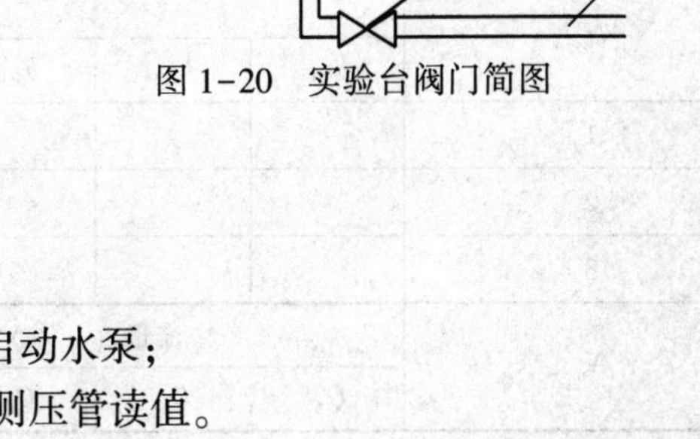

图 1-20 实验台阀门简图

1.12.4 实验步骤

（1）串联

1）关闭阀门 2、3、4 中的任意两个阀门，启动水泵；

2）调整阀门 1 和 5，记录测点 1、2 和 3 的测压管读值。

(2) 并联

1) 启动水泵，开启阀门 2、3、4 中的任意两个阀门或全部打开；

2) 适当调整阀门 1、5，然后记录所有读值(建议阀门 1，最初为最大开度，每次调整为逐渐关小，共重复 3 次)；

3) 再将阀门 1 调整至适当开度(应大些)，适当调整阀门 5，然后记录所有读值；

4) 重复步骤 3 和 4，并记录所有数值，共重复 3 次。

1.12.5 注意事项

1) 检查管路串并联实验装置的各管段与阀门是否完好，是否有泄漏点；

2) 试验结束后应及时关闭水泵电源，排放管路的液体。

1.12.6 实验数据记录及数据处理

实验数据填入表 1-17~表 1-19 中。

表 1-17 串联管路水头损失记录计算表

N_o	$h_{1.2}$/m	$h_{1.3}$/m	$h_{2.3}$/m	h_{f12}	h_{f13}	h_{f23}
1						
2						
3						

表 1-18 并联管路水头损失记录计算表

N_o	孔板测点读值/cm							
	h_{A1}	h_{A2}	h_{B1}	h_{B2}	h_{C1}	h_{C2}	h_{D1}	h_{D2}
1								
2								
3								

N_o	流量/(m^3/s)				阻力/(s^2/m^5)			
	Q_A	Q_B	Q_C	Q_D	S_1	S_2	S_3	S
1								
2								
3								

表 1-19 并联支管数据记录

N_o	孔板测点读值/m							
	h_{A1}	h_{A2}	h_{B1}	h_{B2}	h_{C1}	h_{C2}	h_{D1}	h_{D2}
1								
2								
3								

N_o	流量/(m^3/s)				阻力/(s^2/m^5)			
	Q_A	Q_B	Q_C	Q_D	S_1	S_2	S_3	S

续表

1								
2								
3								

思考题

1）简述串联管路与并联管路的区别。

2）串联管路的特点有哪些？

3）并联管路的特点有哪些？

2 工程热力学实验

工程热力学是油气储运工程专业的核心基础课程，工程热力学实验是该课程的重要组成部分。本章节主要包括六个实验，分别为喷管特性实验、气体定压比热容实验、二氧化碳临界状态观测及 $P-V-T$ 关系测定、绝热节流效应的测定实验、压气机性能实验、饱和蒸汽 $p-T$ 关系曲线测量实验。通过本章实验，可以了解实验的基本原理，掌握一些相关参数的测量方法及变化规律，仪器使用的正确方法以及相关基本概念的理解，在研究物质的热力学性质方面也起到重要作用。

2.1 喷管特性实验

2.1.1 实验目的

1）巩固和验证有关气体在喷管内流动的基本理论，掌握气流在喷管中流速、流量、压力的变化规律，加深临界状态参数、背压、出口压力等基本概念的理解。

2）测定不同工况（$p_b>p_{cr}$，$p_b=p_{cr}$，$p_b<p_a$）下，气流在喷管内流量 $\dot{m}$ 的变化，绘制 $\dot{m}-p_b/p_s$ 曲线；分析比较 $\dot{m}_{max}$ 的计算值和实测值；确定临界压力 p_{cr}。

3）测定不同工况时，气流沿喷管各截面（轴相位置 X）的压力变化情况，绘制 $X-\dfrac{p_x}{p_1}$ 关系曲线，分析比较临界压力的计算值和实测值。

2.1.2 实验原理

（1）渐缩喷管

气体在渐缩喷管内绝热流动的最大膨胀程度取决于临界压力比：

$$\frac{p_{cr}}{p_0}=\left(\frac{2}{k+1}\right)^{\frac{k}{k+1}} \tag{2-1}$$

其中：$\dfrac{p_{cr}}{p_0}=0.528$

临界压力比只和气体的等熵指数 k 有关，对于空气，$k=1.4$，$\dfrac{p_{cr}}{p_0}=0.528$。式中的 p_{cr} 即为气体在渐缩喷管中膨胀所能达到的最低压力，称为临界压力。气体渐缩喷管中的膨胀情况如图 2-1 所示。

（2）缩放形喷管

气体流经缩放形喷管时完全膨胀的程度决定于喷管的出口截面积 A_2 与喷管中的最小截面积 A_{min} 的比值。喷管在不同背压条件下工作时，压力分布如图 2-2 所示。

2.1.3 实验装置

本实验装置由实验本体、真空泵及测试仪表等组成。其中实验本体由进气管段，喷管实

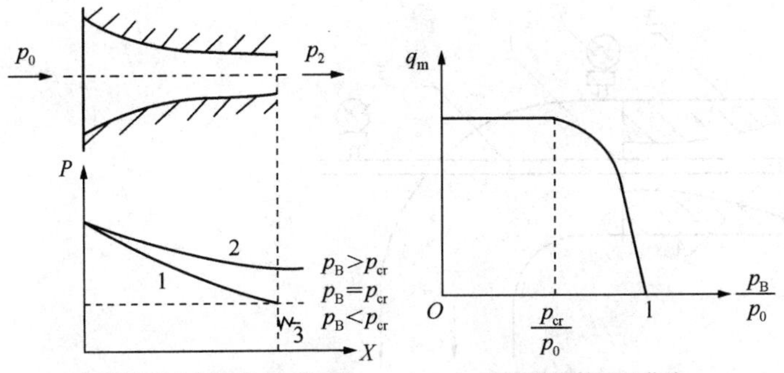

(a)渐缩喷管中气体分布示意图　　(b)渐缩喷管流量曲线

图 2-1　气体渐缩喷管中的膨胀情况

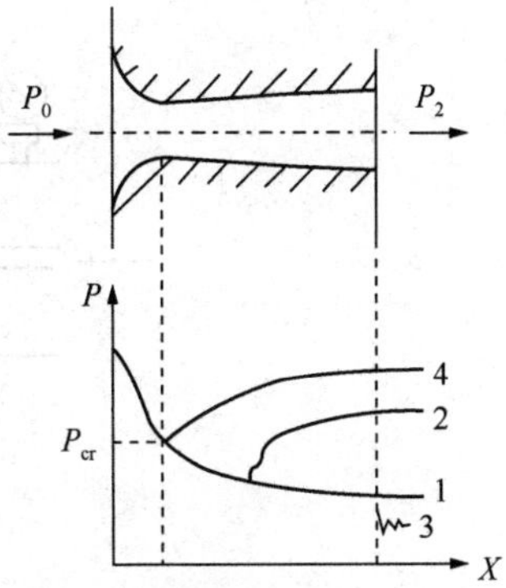

图 2-2　缩放喷管中气体压力布示意图

1—在设计条件下工作时的压力分布；

2、4—膨胀过度时的压力分布；

3—膨胀不足时喷管出口出现的突然膨胀

验段(渐缩喷管与渐缩渐扩喷管各一)，真空罐及支架等组成，实验装置系统图见图 2-3，采用真空泵作为气源设备，装在喷管的排气侧。喷管入口的气体状态用测压计和温度计测量。气体流量用风道上的孔板流量计 3 测量。喷管排气管道中的压力 p_2 用真空表 7 测量。转动探针移动机构 9 的手轮，可以移动探针测压孔的位置，测量的压力值由真空表 8 读取。

实验中要求喷管的入口压力保持不变。风道上安装的调节阀门 12，可根据流量增大或减小时孔板压差的变化适当开大或关小调节阀。应仔细调节，使实验段 1 前的管道中的压力维持在实验选定的数值。喷管排气管道中的压力 p_2 由调节阀门 10 控制，真空罐 11 起稳定排气管压力的作用。当真空泵运转时，空气由实验本体的吸气口进入并依次通过进气管段，孔板流量计，喷管实验段然后排到室外。

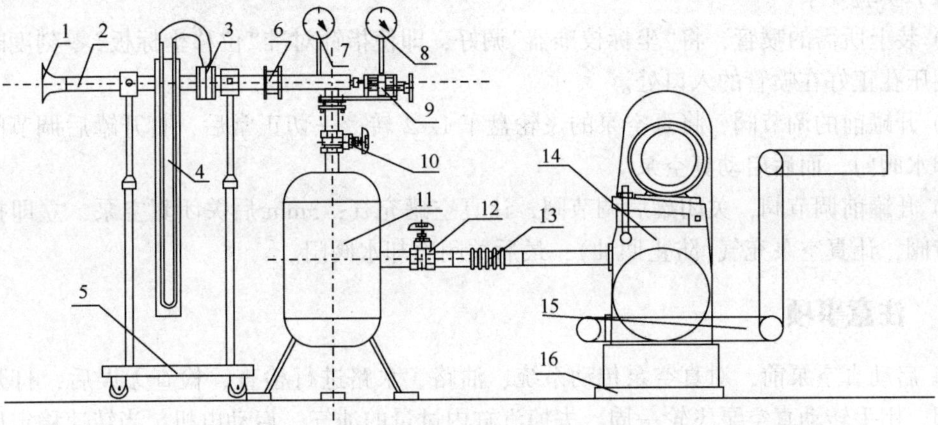

图 2-3　喷管实验装置系统图

1—空气吸气口；2—进气管；3—孔板流量计；4—U 形管压差计；5—三轮可移动支架；
6—可互换渐缩喷管和缩放喷管夹具；7—背压真空表；8—可移动真空表；9—探针手轮螺杆机构；
10—背压调节阀；11—真空罐；12—进气调节阀；13—软管接头；14—真空泵；15—出气管；16—水泥基础座

喷管各截面上的压力采用探针测量，如图 2-4 所示，探针可以沿喷管的轴线移动，具体的压力测量是这样的：用一根直径为 1.2mm 的不锈钢制的探针贯通喷管，其右端与真空表相通，左端为自由端(其端部开口用密封胶封死)，在接近左端端部处有一个 0.5mm 的引压孔。显然真空表上显示的数值应该是引压孔所在截面的压力，若移动探针(实际上是移动引压孔)则可确定喷管内各截面的压力。

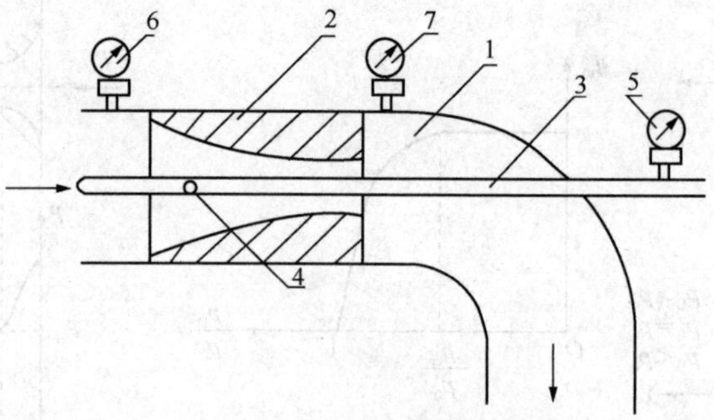

图 2-4 探针测压简图

1—管道；2—喷管；3—探针；4—测压孔；5—测量喷管各截面压力的压力表；
6—测量喷管入口压力的压力表；7—测量喷管排气管道压力的压力表

2.1.4 实验内容和要求

（1）实验内容

在实验中必须测量四个变量，即测压孔在喷管内的不同截面位置 x、气流在该截面上的压力 p、背压 p_b、流量 m，这些量可分别用位移指针的位置、可移动真空表、背压真空表以及 U 形管压差计的读数来显示。

1）测量喷管轴向压力分布情况 $\frac{p}{p_1}=f(x)$；

2）测量喷管流量变化情况：$m=f\left(\frac{p_b}{p_1}\right)$。

（2）实验要求

1）装上所需的喷管，将“坐标校准器”调好，即使指针对准“位移坐标板”零刻度时，探针的测压孔正好在喷管的入口处。

2）开罐前的调节阀，将真空泵的飞轮盘车 1~2 转，一切正常后，打开罐后调节阀，打开冷却水阀门，而后启动真空泵。

3）开罐前调节阀，关闭罐后调节阀，让真空罐充气；3min 后关闭真空泵，立即打开罐后调节阀，让真空泵充气(防止回油)；最后关闭冷却水阀门。

2.1.5 注意事项

1）启动真空泵前，对真空泵传动系统、油路、水路进行检查，检查无误后，打开背压调节阀，用手转动真空泵飞轮一周，去掉汽缸内过量的油气，启动电机，当转速稳定后开始进行实验。

2）由于测压探针内径较小，测压时滞现象比较严重，为了取得准确的压力值，摇动手轮必须足够的慢。同理，描绘流量曲线时，开关调节阀的速度也不宜过快。

3）停机前，先关真空罐出口调节阀，让真空罐充气，关真空泵后，立即打开此阀，让真空泵充气。防止真空泵回油，也有利于真空泵下次启动。

2.1.6 实验数据记录及数据处理

（1）实验数据记录

1）喷管尺寸见图纸，如图 2-5 所示。

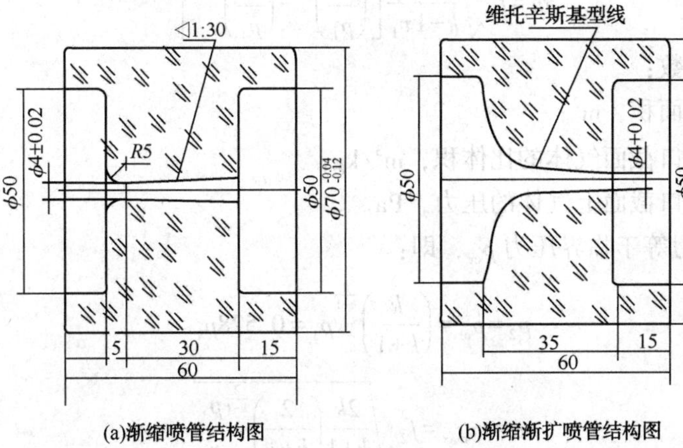

图 2-5　喷管尺寸

2）喷管入口温度 t_1，入口压力 p_1。

入口温度 t_1 为室温 t_a。由于在进气管中装有测流量孔板，气流流过孔板将有压力损失。p_1 将略低于大气压力 p_a，流量越大，低得越多。根据经验公式和实测，可由下式确定入口压力 p_1：

$$p_1 = p_a - 0.97\Delta p \tag{2-2}$$

式中　Δp——孔板流量计 U 形管压差，若 U 形管压差计读数为 ΔhmmH$_2$O，大气压力计读数为 $p_a$mbar（1mbar≈0.1kPa）则：

$$p_1 = p_a - 0.97 \times 0.0981\Delta h \text{(mbar)}$$

$$p_1 = p_a - 0.095\Delta h \text{(mbar)} \tag{2-3}$$

3）孔板流量计计算公式：

$$m = 1.373 \times 10^{-4}/\text{h}\varepsilon\beta\gamma \text{(kg/s)} \tag{2-4}$$

式中　ε——流束膨胀系数，$\varepsilon = 1 - 2.873 \times 10^{-2}\Delta h/p_a$；

β——气态修正系数，$\beta = 0.538\sqrt{\dfrac{p_a}{t_a + 273.15}}$；

γ——几何修正系数，此处取 1；

p_a——大气压力计读数，mbar；

t_a——室温，℃；

Δh——U 形管压差计读数，mmH$_2$O。

4）喷管的一个重要特征参数——临界压力

$p_{cr} = 0.528p_1$ 在真空表上的读数：

$$p_{cr}\text{(真空度)} = p_a - p_{cr} = p_a - 0.528(p_a - 0.095\Delta h)\text{(mbar)} \tag{2-5}$$

$$p_{cr}\text{(真空度)} = 0.472p_a + 0.05\Delta h\text{(mbar)} \tag{2-6}$$

折算为 mmHg：

$$p_{cr}\text{(真空度)} = 3.54p_a + 0.375\Delta h\text{，mmHg} \tag{2-7}$$

式中　p_a——大气压力计读数，mbar；

Δh——U 形管压差计读数，mmH$_2$O。

5）喷管流量 m 的理论计算值：

在稳定流动中，任何截面上的质量均相等，流量大小可由下式确定：

$$m=f_2\sqrt{\frac{2k}{k-1}\frac{p_1}{v_1}\left[\left(\frac{p_2}{p_1}\right)^{\frac{2}{k}}-\left(\frac{p_2}{p_1}\right)^{\frac{k+1}{k}}\right]} \tag{2-8}$$

式中 k——绝热指数；

f_2——出口截面积，m^2；

v_1，v_2——进、出口截面气体的比体积，m^3/kg；

p_1，p_2——进、出口截面上气体的压力，Pa。

当出口截面压力等于临界压力 p_{cr}，即：

$$p_2=p_{cr}=\left(\frac{k}{k+1}\right)^{\frac{k}{k-1}}p_1=0.528p_1 \tag{2-9}$$

则
$$m=m_{max}=f_2\sqrt{\frac{2k}{k+1}\left(\frac{2}{k+1}\right)^{\frac{2}{k-1}}\frac{p_1}{v_1}} \tag{2-10}$$

对于空气，代入 $k=1.4$，$R=287.1J/(kg\cdot℃)$。

$$m=m_{max}=0.685f_{min}\sqrt{\frac{p_1}{v_1}}=0.040p_1\sqrt{\frac{1}{T_1}} \tag{2-11}$$

6）临界压力的理论计算值：

$$\begin{aligned}p_{cr}&=0.528p_1=0.528(p_a-0.095\Delta h)\\&=0.528p_a-0.05\Delta h\quad \text{mbar}\end{aligned} \tag{2-12}$$

（2）实验数据记录表

流量和位移数据填入表 2-1 和表 2-2 中。

表 2-1 流量——压力比数据表格($p_1=0.1MPa$)

$m/(\times10^{-3}kg/s)$									
P_V/kPa									
$P_b=P_1-P_V/MPa$									
P_b/P_1									

表 2-2 位移——压力比数据表格($p_1=0.1MPa$)

1）超临界工况：$P_V=$ MPa；$P_b=P_1-P_V=$ MPa。									
x/mm									
P_V/kPa									
$P_x=P_1-P_V/MPa$									
P_x/P_1									
2）临界工况：$P_V=$ MPa；$P_b=P_1-P_V=$ MPa									
x/mm									
P_V/kPa									
$P_x=P_1-P_V/MPa$									
P_x/P_1									
3)压临界工况：$P_V=$ MPa；$P_b=P_1-P_V=$ MPa									
x/mm									
P_V/kPa									
$P_x=P_1-P_V/MPa$									
P_x/P_1									

思考题

1）如何理解喷管的临界压比？

2）如何防止真空泵回油？

3）背压和出口处压力有何区别？

2.2 体定压比热容实验

2.2.1 实验目的

1）了解气体比热容测定装置的基本原理和构思；

2）熟悉本实验中测温、测压、测热、测流量的方法；

3）掌握由基本数据计算出比热容和比热容公式的方法；

4）分析本实验产生误差的原因及减小误差的可能途径。

2.2.2 实验原理

根据热力学第一定律解析式，对可逆过程有：

$$dq = dh - vdp \tag{2-13}$$

定压时 $dp = 0$

$$c_p = \left(\frac{dq}{dT}\right) = \left(\frac{dh - vdp}{dT}\right) = \left(\frac{\partial h}{\partial T}\right)_p \tag{2-14}$$

此式直接由 c_p 的定义导出，故适用于一切工质。

在没有对外界作功的气体的等压流动过程中：

$$dh = \frac{1}{m} dQ_p \tag{2-15}$$

则气体的定压比热容可以表示为：

$$c_p \Big|_{t_1}^{t_2} = \frac{Q_p}{m(t_2 - t_1)} \tag{2-16}$$

式中 c_p——全体的定压比热容，kJ/kg · ℃；

m——气体的质量流量，kg/s；

Q_p——气体在等压流动过程中的吸热量，kJ/s。

由于比热随温度的升高而增大，在离开室温不很远的温度范围内，空气的定压比热容与温度的关系可近似认为是线形的，即可近似表示为：

$$c_p = a + bt \tag{2-17}$$

则温度由 t_1 至 t_2 的过程中所需要的热量可表示为：

$$q = \int_{t_1}^{t_2} (a + bt)\,dt \tag{2-18}$$

大气是含有水蒸气的湿空气。当湿空气气流由温度 t_1 加热到 t_2 时，其中水蒸气的吸热量为：

$$\begin{aligned} Q_w &= m_w \int_{t_1}^{t_2} (1.833 + 0.0003111t)\,dt \\ &= m_w [1.833(t_2 - t_1) + 0.0001556(t_2^2 - t_1^2)] \end{aligned} \tag{2-19}$$

式中　Q_w——水蒸气吸热量，kJ/s；

m_w——气流中水蒸气质量，kg/s。

则干空气的平均定压比热容由下式确定：

$$c_{pm}\Big|_{t_1}^{t_2}=\frac{Q_p}{(m-m_w)(t_2-t_1)}=\frac{Q'_p-Q_w}{(m-m_w)(t_2-t_1)} \tag{2-20}$$

式中　Q'_p——为湿空气气流的吸热量。

仪器中加热气流的热量(例如用电加热器加热)，不可避免地因热辐射而有一部分散失于环境中。这项散热量的大小决定于仪器的温度状况。只要加热器的温度状况相同，散热量也相同。因此，在保持气流加热前的温度仍为 t_1 和加热后温度仍为 t_2 的条件下，当采用不同的质量流量和加热量进行重复测定时，每次的散热量应当是一样的。于是，可在测定结果中消除这项散热量的影响。设两次测定时的气体质量流量分别为 m_1 和 m_2，加热器的加热量分别为 Q_1 和 Q_2，辐射散热量为 ΔQ，则达到稳定状况后可以得到如下的热平衡关系

$$Q_1=Q_{p1}+Q_{w1}+\Delta Q=(m_1-m_{w1})c_{pm}(t_2-t_1)+Q_{w1}+\Delta Q \tag{2-21}$$

$$Q_2=Q_{p2}+Q_{w2}+\Delta Q=(m_2-m_{w2})c_{pm}(t_2-t_1)+Q_{w2}+\Delta Q \tag{2-22}$$

两式相减消去 ΔQ 项，得到

$$c_{pm}\Big|_{t_1}^{t_2}=\frac{(Q_1-Q_2)-(Q_{w1}-Q_{w2})}{(m_1-m_2-m_{w1}+m_{w2})(t_2-t_1)} \tag{2-23}$$

式中　c_{pm}——干空气的平均定压比热容，kJ/kg·℃。

2.2.3　实验装置

实验所用的设备和仪器仪表由风机、流量计、比热仪本体、电工率调节测量系统共四部分组成，实验装置系统如图 2-6 所示。装置中采用湿式流量计测定气流流量，气流流量用调节阀 1 调整。

流量计出口的恒温槽 2 用以控制测定仪器出口气流的温度。装置可以采用小型单级压缩机或其他设备作为气源设备，并用钟罩型气罐 5 维持供气压力稳定。

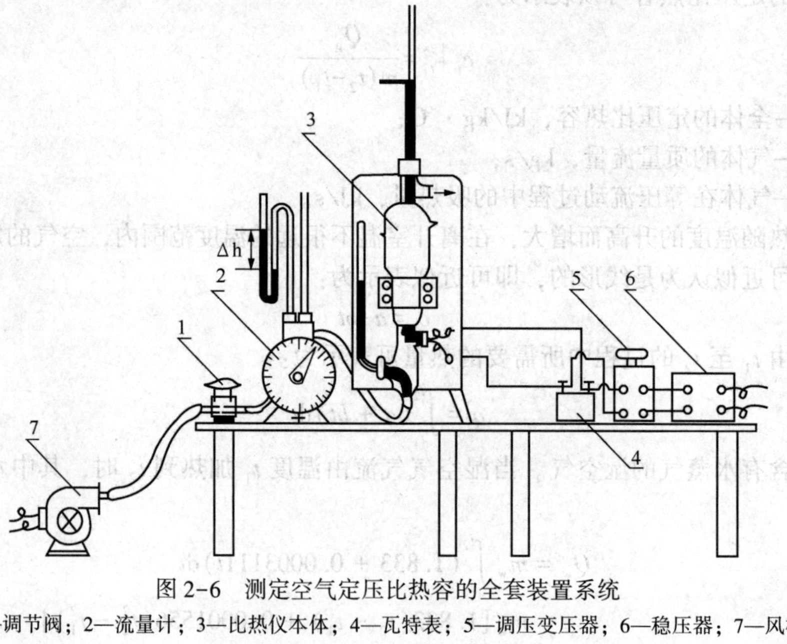

图 2-6　测定空气定压比热容的全套装置系统

1—调节阀；2—流量计；3—比热仪本体；4—瓦特表；5—调压变压器；6—稳压器；7—风机

比热容测定仪本体(见图 2-7)由内壁镀银的多层杜瓦瓶 2、进口温度计 1 和出口温度计 8(铂电阻温度计或精度较高的水银温度计)、电加热器 3 和均流网 4、绝缘垫 5、旋流片 6 和混流网 7 组成。气体自进口管引入，进口温度计 1 测量其初始温度，离开电加热器的气体经均流网 4 均流均温，出口温度计 8 测量加热终了温度，后被引出。该比热仪可测 300℃以下气体的定压比热。

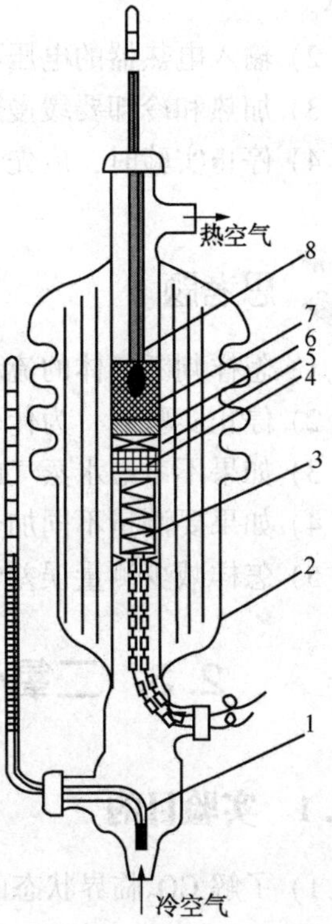

图 2-7　比热容测定仪结构原理图
1—进口温度计；2—多层杜瓦瓶；
3—电加热器；4—均流网；
5—绝缘垫；6—旋流片；
7—混流网；8—出口温度计

2.2.4　实验内容和要求

（1）实验内容

1）开动风机，调节节流阀，使流量保持在额定值附近。测出流量计出口空气的干球温度 t_0 和湿球温度 t_w。

2）将温度计插回流量计，重新调节流量，使它保持在额定值附近，逐渐提高电压，使出口温度计读数升高到预计温度。

3）待出口温度稳定后(出口温度在 10min 之内无变化或有微小起伏即可视为稳定)，读出下列数据：

① 10L 气体通过流量计所需时间 τ(s)；

② 比热仪进口温度 t_1(℃)、出口温度 t_2(℃)；

③ 大气压力计读数 B_1(kPa)，流量计中气体表压 Δh (mmH_2O)；

④ 电热器的功率 Q_p(W)。

4）根据流量计出口空气的干球温度 t_0 和湿球温度 t_w 确定空气的相对湿度 φ，根据 φ 和干球温度从湿空气的焓-湿图(工程热力学附图)中查出含湿量 d(g/kg$_{干空气}$)。

（2）实验要求

1）每小时通过实验装置空气流量：

$$V=36/\tau \tag{2-24}$$

式中 V——空气流量，m^3/h；

τ——每 10L 空气流过所需时间，s。

可以得出干空气质量流量的计算式：

$$m_g=\frac{(1-y_w)(1000B_1+9.81\Delta h)\times(36/\tau)}{287(t_0+273.15)} \tag{2-25}$$

2）水蒸气的流量：

$$m_w=\frac{y_w(1000B_1+9.81\Delta h)\times(36/\tau)}{461.5(t_0+273.15)} \tag{2-26}$$

3）利用 $c_{pm}\big|_{t_1}^{t_2}=\dfrac{(Q_1-Q_2)-(Q_{w1}-Q_{w2})}{(m_1-m_2-m_{w1}+m_{w2})(t_2-t_1)}$计算干空气的平均定压质量热容。

2.2.5　注意事项

1）切勿在无气流通过的情况下使电热器投入工作，以免引起局部过热而损坏比热仪主体。

2）输入电热器的电压不得超过220V，气流出口最高温度不得超过300℃。

3）加热和冷却要缓慢进行，防止温度计和比热仪主体因温度骤升和骤降而破裂。

4）停止实验时，应先切断电热器。让风机继续运行15min左右(温度较低时可适当缩短)。

思考题

1）怎样判断气体的流动已经稳定了？

2）停止实验后，为什么还要让风机运行一段时间？

3）如果不考虑水蒸气的影响，将会有什么样的结果？

4）如果要测量不同加热温度的平均比热容，如何设计实验？

5）怎样减少测量误差？

2.3 二氧化碳临界状态观测及 *P–V–T* 关系测定

2.3.1 实验目的

1）了解CO_2临界状态的观测方法，增加对临界状态概念的感性认识；

2）加深对课堂所讲的工质的热力状态、凝结、汽化、饱和状态等基本概念的理解；

3）学会活塞式压力计、恒温器等部分热工仪器的正确使用方法；

4）加深对实际气体$P-V-T$属性的理解，增加实际气体热物性研究方面的感性认识；

5）掌握CO_2的$P-V-T$关系的测定方法并学会运用实验来测定实际气体状态变化规律的方法和技巧。

2.3.2 实验原理

1）当简单可压缩热力系统处于平衡状态时，状态参数压力P、温度T和比体积V之间存在一定的函数关系，有：

$$F(P,\ V,\ T)=0 \tag{2-27}$$

或者

$$T=f(P,\ V) \tag{2-28}$$

当温度维持不变时，测定与不同压力所对应的比体积数值，从而可获得等温线的数据。1873年范德瓦尔对理想气体状态方程作了相应修正，提出下列实际气体状态方程：

$$\left(P+\frac{a}{V^2}\right)(V-b)=RT \tag{2-29}$$

或者

$$P=\frac{RT}{V-b}-\frac{a}{V^2} \tag{2-30}$$

式中　a与b——各种气体所特有的，数值为正的常数，称为范德瓦尔常数。

范德瓦尔方程是比体积v的三次方程，在$P-V$图上以一簇等温线表示，在临界温度以上一个压力相对应只有一个v值，即只有一个实根，在临界温度以下与一个压力值对应的有三个值，在这三个实根中，最小值是饱和液体比体积，最大值是饱和蒸汽的比体积，中间值没有物理意义。得到三个相等实根的等温线上的点为临界点，方程可得临界温度等温线拐点，满足下述条件：

$$\left(\frac{\partial P}{\partial V}\right)_T=0 \quad 和 \quad \left(\frac{\partial^2 P}{\partial \cdot V^2}\right)_T=0 \tag{2-31}$$

本实验根据范德瓦尔方程，采用等温的方法来测定二氧化碳 $P-V$ 之间的关系，从而找出实际气体二氧化碳的 $P-V-T$ 关系。

2）实验中由压力台送来的压力油进入高压容器和玻璃杯的上部，迫使水银进入预先装了二氧化碳气体的承压玻璃管。二氧化碳气体被压缩，其压力和容积通过压力台上的活塞螺杆的进、退来调节，温度由恒温器供给的水套里的水温来调节。

3）实验工质二氧化碳的压力由装在压力台上的压力表读出。温度由插在恒温水套中的温度计读出。比体积通过 CO_2 的高度来用间接方法度量。

4）维持温度不变，测定比体积与压力的对应数值，就可得到等温线的数据。在不同温度下对二氧化碳气体进行压缩，将此过程画在 $P-V$ 图上，可得到的二氧化碳 $P-V-T$ 关系曲线。当温度低于临界温度 t_c 时，该二氧化碳实际气体的等温线有气液相变的直线段。随着温度的升高，相变过程的直线段逐渐缩短。当温度增加到临界温度时，饱和液体和饱和气体之间的界限已完全消失，呈现出模糊状态，称为临界状态。二氧化碳的临界压力 P_{cr} 为 7.38MPa，临界温度 T_{cr} 为 31.1℃。在 $P-V$ 图上，临界温度等温线在临界点上既是驻点，又是拐点。临界温度以上的等温线也具有拐点，直到 48.1℃才成为均匀的曲线。

5）利用质面比常数 k 值间接测量二氧化碳的比体积。由于充进承压玻璃管内二氧化碳的质量不便测量，而玻璃管内径或截面积(A)又不易测准，因而实验中是采用间接的方法来确定二氧化碳的比体积，认为二氧化碳的比体积与其高度是一种线性关系，具体方法如下：

已知二氧化碳液体在 20℃，1kPa 时的比体积：

$$v(20℃,\ 1\text{kPa})=0.00117(\text{m}^3/\text{kg}) \tag{2-32}$$

如前操作实地测出本实验台二氧化碳液体在 20℃，1kPa 的二氧化碳液柱高度 Δh^*（注意玻璃水套上刻度的标记方法）

由式(2-26)可知

$$V(20℃,\ 1\text{kPa})=\frac{\Delta h^* A}{m}=0.00117(\text{m}^3/\text{kg}) \tag{2-33}$$

则

$$\frac{m}{A}=\frac{\Delta h^*}{0.00117}=k(\text{kg/m}^3) \tag{2-34}$$

那么在任意压力、温度下的二氧化碳的比体积为

$$v=\frac{\Delta h}{\frac{m}{A}}=\frac{\Delta h}{k}(\text{m}^3/\text{kg}) \tag{2-35}$$

式中　h——任意压力、温度下的水银柱高度；

h_0——承压玻璃管内径顶端刻度，$\Delta h=h-h_0$。

2.3.3 实验装置

1）实验所用设备及仪表有实验台本体及其防护罩，恒温器，压力台等三大部分组成。如图 2-8 所示。

2）压缩室本体如图 2-9 所示。

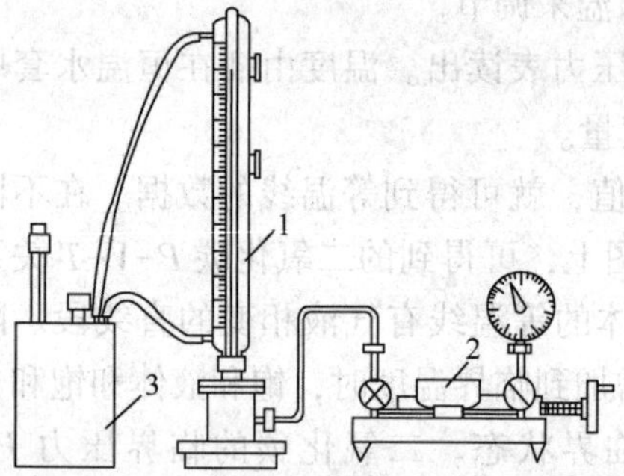

图 2-8　CO_2实验台系统图

1—实验台本体；2—活塞式压力计；3—恒温器

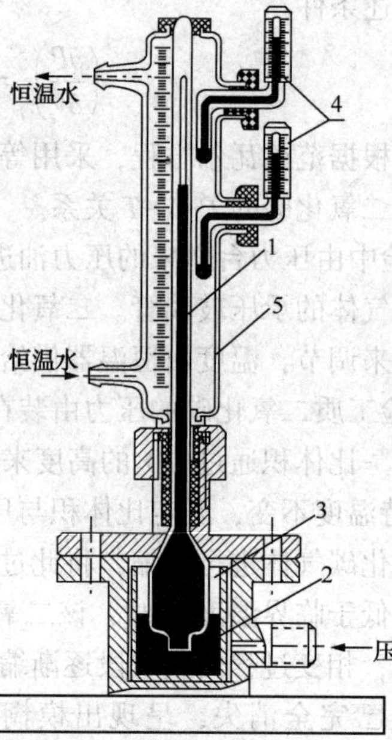

图 2-9　实验台本体示意图

1—高压容器；2—玻璃杯；3—压力油；4—水银；5—密封填料；6—填料压盖；7—恒温水套；8—承压玻璃管；9—二氧化碳空间；10—温度计

2.3.4　实验步骤

1）测定 $t=20℃$、$t=31.1℃$ 及 $t=50℃$ 时的等温线。

2）测定临界等温线与临界参数，观察临界现象。

测出临界等温线，并在该曲线的拐点处找出临界压力 p_c 与临界温度 v_c，并将数据填入表 2-3 中。

临界乳光现象：将水温加热到临界温度（31.1℃）并保持温度不变，摇进压力台上的活塞螺杆使压力升至 7.8MPa 附近处，然后摇退活塞螺杆（注意勿使实验本体晃动）降压，在此瞬间玻璃管内将出现圆锥状的乳白色的闪光现象，这就是临界乳光现象。这是由于二氧化碳分子受重力场作用沿高度分布不均和光的散射所造成的，可以反复几次，来观察这一现象。

整体相变现象：由于在临界点时，气化潜热等于零，饱和气相线和饱和液相线合于一点，所以这时气液的相互转化不是像临界温度以下时那样逐渐积累，需要一定的时间，表现为一个渐变的过程，而这时当压力稍有变化时，气、液是以突变的形式互相转化的。

汽、液两相模糊不清的现象：处于临界点的二氧化碳具有共同的参数（p, v, t），因而仅凭参数是不能区分此时二氧化碳是气体还是液体，如果说它是气体，那么这个气体是接近了液态的气体，如果说它是液体，那么这个液体是接近了气态的液体。下面就用实验来验证这个结论。因为这时是处于临界温度下，如果按等温线过程进行来使二氧化碳压缩或膨胀，那么管内是什么也看不到的。现在按绝热过程来进行。首先在压力等于 0.78kPa 附近，突然降压，二氧化碳状态点由等温线沿绝热线降到液态区，管内二氧化碳出现了明显的液面，这就说明，如果这时管内二氧化碳是气体的话，那么这种气体离液区很接近可以说是接近了液态的气体；当在膨胀之后，突然压缩二氧化碳时，这个液面又立即消失了，这就说明，此时的二氧化碳液体离气区也是非常近的，可以说是接近了气态的液体。既然此时的二氧化碳既接近气态又接近液态，所以，只能处于临界点附近。可以说，临界状态究竟如何，是饱和汽、液分不清。这就是临界点附近饱和汽液模糊不清的现象。

2.3.5 注意事项

1）做各条等温线时，实验温度不要超过50℃，实验压力不要超过100MPa。一般压力间隔可取0.2~0.5MPa，但是在接近饱和状态与临界状态时，压力间隔应取0.05MPa。

2）恒温水流量应足够大，使水套进、出口的水温尽可能接近相同。

3）实验中读取h时，水银柱液面高度的读取要注意，应使视线与水银柱半圆形液面的中间对齐。

4）不要在气体被压缩情况下打开油杯阀门，致使二氧化碳突然膨胀而逸出玻璃管，水银则被冲出玻璃杯。如要卸压，应慢慢退出活塞杆使压力逐渐下降，执行升压过程的逆程序。

5）为达到二氧化碳的定温压缩和定温膨胀，除保持流过恒温水套的水温恒定外，还要求压缩和膨胀过程进行得足够缓慢，以免玻璃管内二氧化碳温度偏离管外恒温水套的水温。

6）如果玻璃管外壁或水套内壁附着小气泡，妨碍观测，可通过放充水套中的水，将气泡冲掉。操作和观测时要格外小心，不要碰到实验台本体，以免损坏承压玻璃管及恒温水套。

2.3.6 实验数据记录及数据处理

1）测定高于临界温度$t=50℃$时的等温线，并将数据填入表2-3中。

表2-3 二氧化碳等温实验原始记录

$t=20℃$				$t=31.1℃$				$t=50℃$			
p/Pa	Δh	$v=\frac{\Delta h}{k}$	现象	p/Pa	Δh	$v=\frac{\Delta h}{k}$	现象	p/Pa	Δh	$v=\frac{\Delta h}{k}$	现象
450											
500											
600											
700											
800											
900											
1000											
做出各条等温线所需时间											
min				min				min			

表2-4 临界比体积v_c/(m^3/kg)

标准值	实验值	$v_c=\frac{RT_c}{P_c}$	
0.00216			

2）绘制等温线与比较。

① 按表 2-3 的数据仿图 2-10 再绘出三条等温线。

② 将实验测得的等温线与图 2-10 所示的标准等温线比较，并分析其中的差异及原因。

③ 将实验测得的饱和温度与饱和压力的对应值与图 2-11 绘出的曲线相比较。

④ 将实验测得的临界比体积与理论计算值一并填入表 2-4，并分析其中差异及原因。

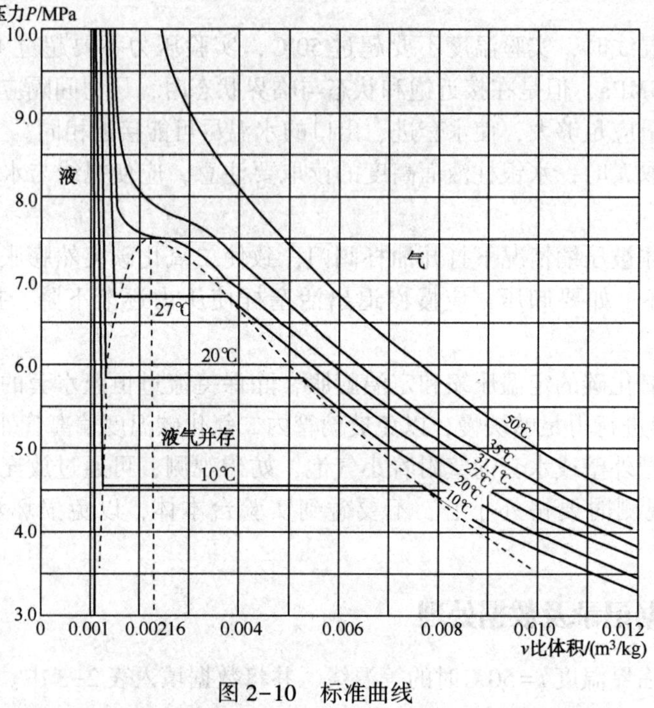

图 2-10 标准曲线

图 2-11 CO_2饱和温度与饱和

思考题

1）实验中为什么要保持加压（或降压）过程缓慢进行？

2）实验中是如何间接测量 CO_2的比体积的？

2.4 绝热节流效应的测定实验

2.4.1 实验目的

绝热节流效应在工程上有很多应用。如利用节流的冷效应进行制冷。节流效应也是物性量，在研究物质的热力学性质方面有重要作用。如根据测定的节流效应数据可以推导出较精确的经验状态方程式。测定绝热节流效应的基本方法是在维持气体与周围环境没有热交换的条件下对气体节流，测量其节流前后的压力和温度。

2.4.2 实验原理

绝热节流前后的气体焓值相等，因此可以把绝热节流过程当作焓不变的过程。此过程中温度随压力降落的变化率称为微分节流效应。微分节流效应 μ 表示为

$$\mu=\left(\frac{\partial T}{\partial p}\right)_h \tag{2-36}$$

式中　T——温度,℃；

　　p——压力，Pa。

气体因节流引起温度变化相对于气体的温度值来说是很小的量。如果将上式中的温度和压力的微分量用与温度、压力本身的数值相比相当小的有限差值代替，所得结果十分接近实际。于是，微分节流效应可以根据下式直接测定：

$$\mu=\left(\frac{\Delta T}{\Delta p}\right)_h \tag{2-37}$$

式中　T——温度,℃；

　　p——压力，Pa。

测定时，通常维持节流的压力降 Δp 为 10^5Pa 左右。0℃的空气绝热节流时，压力每降 10^5Pa，温度约降低 0.28℃。

当绝热节流的压力降相当大时，引起的气体温度变化值称为积分节流效应。积分节流效应(T_2-T_1)与微分节流效应 μ 的关系如下：

$$T_2 - T_1 = \int_{p_1}^{p_2} \mu \mathrm{d}p \tag{2-38}$$

也可表示为：

$$T_2 - T_1 = \sum_{p_1}^{p_2} \mu \mathrm{d}p \tag{2-39}$$

式中　p_1，T_1——节流前气体的压力和温度；

　　p_2，T_2——节流后气体的压力和温度。

直接测定积分节流效应很方便。只要实验的压力范围足够大，就可以根据直接测定的不同压力降落时积分节流效应 T_2-T_1 数据，在 $t-p$ 图上画出一条等焓线，如图 2-12 所示。等焓线的斜率即为式(2-30)所表示的微分节流效应。改变节流前气体的状态(p_1，T_1)可以得到不同焓值的等焓线，从而求得微分节流效应与温度、压力关系。

2.4.3 实验装置

实验用的设备和仪器仪表有节流器、恒温器、标准压力表、温度计(测温电阻和电桥)、

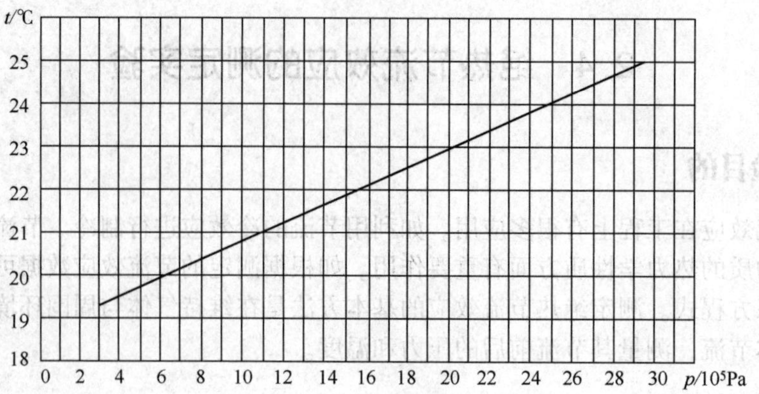

图 2-12　*T*-*p* 图上的等焓线

大气压力计和气源设备等。

实验装置系统如图 2-13 所示。空气压缩机 4 供给的空气先经过一组干燥器 3。干燥器内填装有氯化钙、碳酸钠、硅胶等各种填料，以除去空气中的水分和二氧化碳。进入节流器 1 的空气温度用恒温器 2 控制，恒温器内布置 8m 长铜管构成的换热器。节流前的空气压力由阀门 5 调节，并由节流器进气管上的压力表指示。节流后的空气压力用调压阀 6 调整，并由节流器排气管上的压力表指示。调压阀后的排气管上，还可以装孔板及压差计测量流量，作为实验的参考数据。

装置中可以采用节流阀或多孔陶瓷管作为节流件测定积分节流效应。

图 2-14 为陶瓷管节流器的示意图。节流器浸没在恒温器中。多孔陶瓷管 1 长约 18cm。隔环 3 使透过陶瓷管的气流分为两股：隔环后的一股气流不冲刷测温电阻，用以消除外壳法兰导热的影响；护环前的这股气流受玻璃管 2 导流，全部由玻璃管的一端进入中心区沿轴向流动，冲刷测温电阻。这种构造的节流器，陶瓷管件可以拆下，改装上用棉絮或细毛毡制成的节流件来测定微分节流效应。

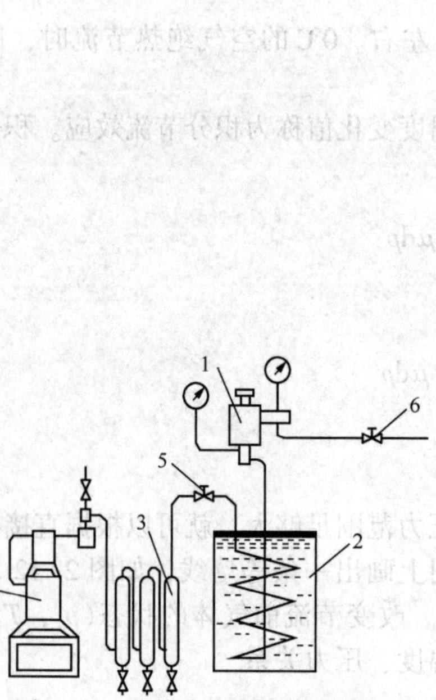

图 2-13　绝热节流实验装置系统

1—节流器；2—恒温器；3—干燥器；
4—空气压缩机设备；5—阀门；6—调压阀

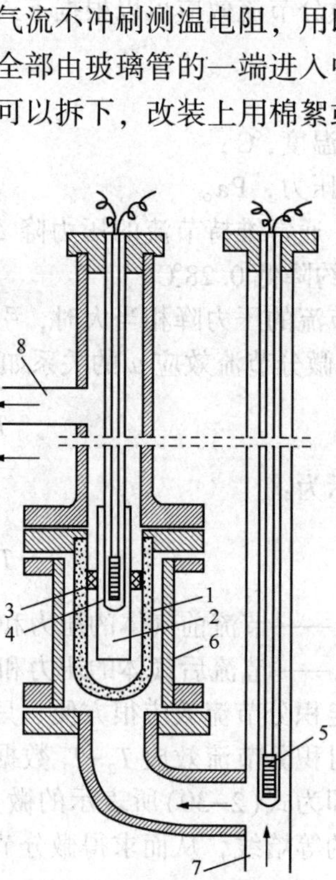

图 2-14　陶瓷管节流器

1—陶瓷管；2—玻璃管；3—隔环；
4、5—测温电阻；6—外壳；7—进气管；8—排气管

2.4.4 实验步骤

实验工作是测量节流件两侧的空气压力和温度。压力和温度的测量要求较高的精度。测定微分节流效应和积分节流效应的方法分别如下：

（1）微分节流效应

维持节流前的空气压力为某一值，逐次改变节流前的空气温度，各次均在实验工况达到稳定后测量节流件两侧的压力和温度。改变节流前的空气压力值，按上述过程进行操作和测量。实验中，节流件两侧的压力差要维持在1bar左右。

根据实验测定的节流件两侧空气的压力和温度的各组数据，由式(2-31)计算出微分节流效应μ的值，并用如下两种方式表示出直接测定微分节流效应的全部结果：

1）列表表示微分节流效应μ与节流前空气压力和温度的关系；

2）以μ为纵坐标，节流前的空气温度为横坐标，节流前空气压力作为参考量，画出由实验数据所得的一组表示μ与节流前空气温度和压力关系的曲线。

（2）积分节流效应

维持节流前的空气压力和温度不变，逐次改变节流后的空气压力，各次均在实验工况达到稳定后测量节流件两侧的压力和温度。改变节流前的空气温度（如升高或降低10~20℃），按上述过程操作和测量。

用实验测定的节流前后压力和温度的各组数据，在T-p图上将节流前温度不变的一组数据拟合为一条等焓线。根据式(2-30)，在等焓线上作不同点的切线，求出空气在不同状态下的一组微分节流效应μ值。用前述列表和曲线图两种方式，表示出通过测定积分节流效应确定的微分节流效应的全部实验结果。

2.4.5 实验数据记录及数据处理

数据处理：

用实验测定的节流前后压力和温度和各组数据，在T-p图上将节流前温度不变的一组数拟合为一条等焓线。在等焓线上作不同点的切线，求出空气在不同状态下的一组微分节流效应μ值。用前面列表和曲线图两种方式，表示出通过测定积分节流效应确定的微分节流效应的全部实验结果。

实验数据：

流量/(m^3/h)				
P_1/MPa				
P_2/MPa				
T_1/℃				
T_2/℃				
u/(℃/MPa)				

1）由实验测得节流前后的温度和压力，根据公式$u=\left(\frac{\partial T}{\partial P}\right)_h$，运用该公式的差分格式有

$u=\left(\frac{\Delta T}{\Delta P}\right)_h$，将数据代入求得微分节流效应 u 如表格中的数据所示。

2）根据数据作出 CO_2的绝热节流过程中的定焓线作图。

3）不同状态下的微分节流效应 u 值作图。(图中曲线斜率近似为各状态的微分节流效应 u 值)

思考题

1）试分析所用的实验设备是否维持了绝热条件，有哪些影响因素？

2）试比较直接测定微分节流效应和通过测定积分节流效应确定微分节流效应两种方法的优缺点。

3）与标准曲线相比，实验得到的曲线偏差如何？试分析原因。

2.5 压气机性能实验

2.5.1 实验目的

1）了解活塞式压气机的工作原理及构造，理解压气机的几个性能参数的意义；

2）熟悉用微机测定压气机工作过程的方法，采集并显示压气机的示功图；

3）了解造成压气机实际循环与理想循环之间差异的原因；

4）根据测定结果，确定压气机的指示功 W_c、指示功率 P、多变压缩指数 n、容积效率 η_v 等性能参数，或用面积仪测出示功图的有关面积并用直尺量出有关线段的长度，也可得出压气机的上述性能参数。

2.5.2 实验原理

(1) 压气机的耗功 W_c

压气机的耗功是压气机在一个工作过程中消耗的功，其值对应于封闭示功图上工作过程线 *cdijc* 所包围的面积：

$$W_c=\oint PdV=S\cdot K_1\cdot K_2\cdot 10^{-5} \tag{2-40}$$

式中　S——封闭示功图上工作过程线 *cdijc* 所围的面积，mm^2；

K_1——单位长度代表的容积，mm^3/mm，其中 $K_1=\frac{\pi D^2 L}{4\,\overline{gb}}$；

D——气缸直径，mm；

L——活塞行程，mm；

$\overline{gb}$——活塞行程的线段长度，mm；

K_2——单位长度代表的压力，at/mm，其中 $K_2=\frac{P_2}{\overline{fe}}$；

$\overline{fe}$——表压力 P_2在纵坐标轴上对应的高度，mm；

P_2——压气机排气的表压力，at，$P_2=P_d-P_0$。

（2）耗功率

压气机的耗功率 P 是单位时间内压气机所消耗的功，即

$$P=NW_c/60 \tag{2-41}$$

式中　N——电动机转速，r/min。

耗功率 P 的理论值计算式为

$$P=np_0V\frac{\pi\cdot\frac{n-1}{n}-1}{n-1} \tag{2-42}$$

式中　n——多变压缩指数；

p_0——压气机吸气压力，N/m^2；

V——压气机的排气量，m^3/s；

π——增压比。

（3）多变压缩指数

压气机的实际压缩过程将介于定温压缩过程与定熵压缩过程之间，即多变压缩指数 n 的理论范围为 $1<n<k$，因为多变过程的技术功 W_t 是过程功 W 的 n 倍，所以 n 等于封闭示功图上压缩过程线与纵坐标轴围成的面积同压缩过程线与横坐标轴围成的面积之比，即

$$n=\frac{W_t}{W}$$

$$=\frac{\text{由 } cdefc \text{ 围成的面积}}{\text{由 } cdabc \text{ 围成的面积}} \tag{2-43}$$

（4）容积效率

由容积效率的定义得：

$$\eta_v=\frac{\text{有效吸气容积}}{\text{活塞位移容积}} \tag{2-44}$$

实际上，在封闭示功图上，对应于有效吸气过程的线段$\overline{hb}$长度与对应于活塞行程的线段$\overline{gb}$长度之比等于容积效率，即

$$\eta_v=\frac{\overline{hb}}{\overline{gb}} \tag{2-45}$$

容积效率 η_v 的理论值计算式为

$$\eta_v=1-\frac{V_c}{V_h}\left(\frac{\pi}{n}-1\right) \tag{2-46}$$

其中　X_c——余隙高度；

L——活塞行程；

V_c——余隙容积，$V_c=\frac{\pi D^2X_c}{4}$；

V_h——活塞位移容积，$V_h=\frac{\pi D^2L}{4}$。

2.5.3 实验装置

本实验台主要由活塞式压气机和与其配套的电动机以及测试系统所组成，测试系统包括压力传感器、位移传感器、动态应变仪、A/D 板、微机等，如图 2-15 所示。

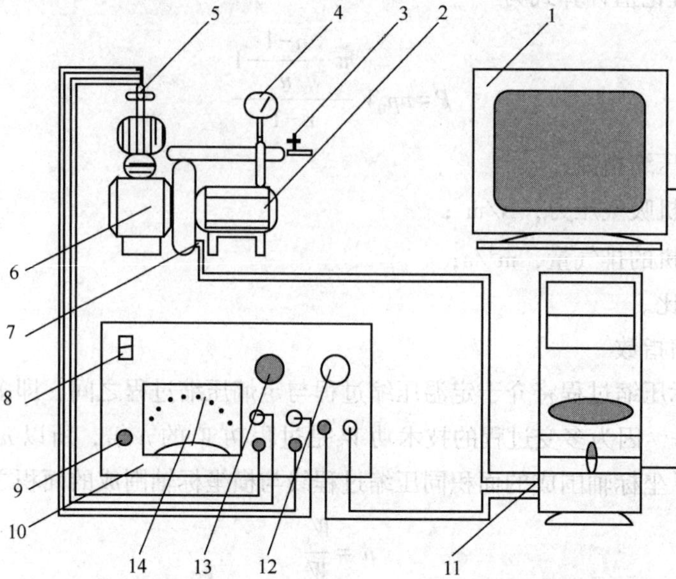

图 2-15　计算机数据采集压气机实验装置示意图

1—计算机；2—电机；3—排气阀；4—压力表；5—应变式压力传感器；6—压气机；7—电磁传感器；8—电源指示灯；9—电源开关；10—电阻应变放大器；11—A/D 板；12—增益旋钮；13—调零旋钮；14—指针式电压表

其中：

压气机的型号：Z—0.036/7—B 型；

气缸直径：$D=50$mm；

活塞行程：$L=20$mm；

连杆长度：$H=70$mm；

转　　速：$n=1400$r/min；

压力传感器的型号：灵敏度：1~1.5mV/V；

工作温度：−10℃~±60℃；

桥路电阻：350Ω；

允许过载能力：50%额定值；

激励电压：最大值 15V，AC/DC 推荐值 10V，AC/DC。

为获得反映压气机性能的示功图，在压气机气缸上安装了一个应变式压力传感器，供实验时输出气缸内的瞬态压力信号，该信号经桥式整流以后送至动态应变仪放大；对应着活塞上止点的位置，在飞轮外侧粘贴着一块磁条，从电磁传感器上取得活塞上止点的脉冲信号，作为控制采集压力的起止信号，以实现压力和曲柄转角信号的同步。这两路信号经放大器分别放大后送入 A/D 板转换为数值量，然后送到计算机，经计算处理便得到了压气机工作过程中的有关数据及封闭的示功图(见图 2-16)和展开的示功图(见图 2-17)。

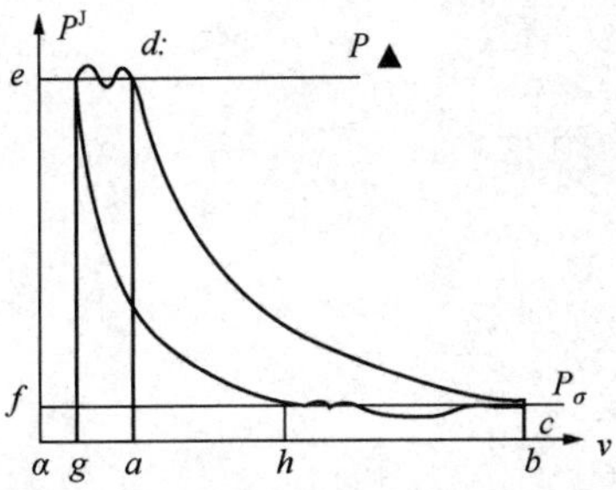

图 2-16　压气机封闭的示功图

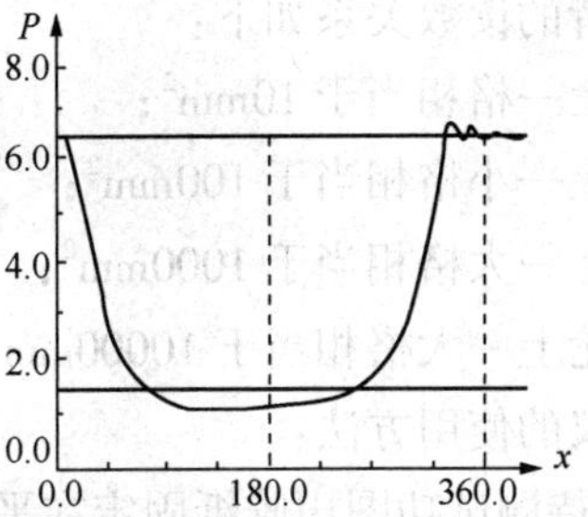

图 2-17　压气机展开的示功图

根据动力学公式，活塞位移量 x 与曲柄转角 α 有如下关系：

$$x = R(1-\cos\alpha) + \frac{\lambda}{4}(1-\cos 2\alpha) \tag{2-47}$$

式中 R——曲柄半径；

L——连杆长度，$\lambda = R/L$；

α——曲柄转角。

(2) 面积仪的使用

面积仪是一种测量平面封闭图形面积的工具，根据经过计算机处理得到的活塞式压气机的封闭示功图，再利用面积仪计算压气机的指示功，平均压缩指数和平均膨胀指数。

极式面积仪的结构如图 2-18 所示。它由描臂、极臂 2 和滑架 3 等部件组成。极臂一端有重块 4，下部有极针 5(用于固定测面仪的位置)，另一端用活动铰支点 6 与滑架连接。描臂的一端有描针 7。测量示功图面积时，描针要沿示功图曲线顺时针方向移动。滑架可在描臂上移动，用于调节描臂长度，使其与待测面积的比例尺相适应。滑架上有测轮 8，记录轮 9 和游标 10。测轮和记录轮之间用蜗轮蜗杆传动。

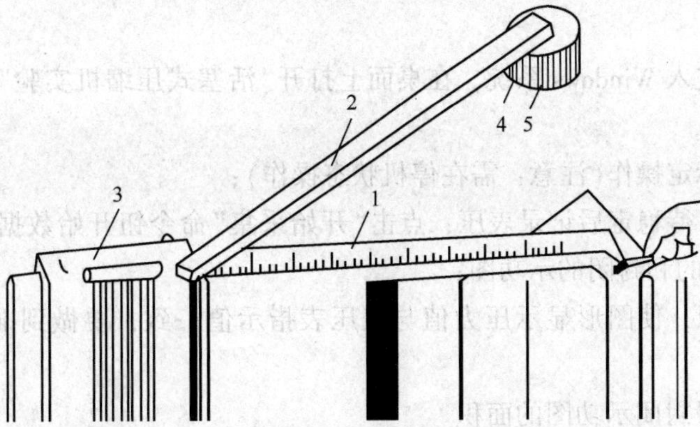

图 2-18　面积仪的校正

1—描臂；2—投臂；3—滑架；4—重块；5—极针；6—活动铰支点；
7—锚针；8—测轮；9—记录轮；10—游标；11—示功图纸

当描针沿被测面积的边线移动时，测轮随之滚动的弧长和被测面积的大小成正比。因此，当描针沿被测面积移动一圈后，就可以直接从测轮的计量机构上读出所测面积的数值。

面积仪读数：测轮转一周记录轮转一格。测轮分为 10 大格，每大格又分为 10 小格。游标上亦有 10 格，这 10 格的总长度与测轮的 9 小格长度相等。利用这套计量机构可读出四位数字。三者的读数关系如下：

游标上一格相当于 $10mm^2$；

测轮上一小格相当于 $100mm^2$；

测轮上一大格相当于 $1000mm^2$；

记录轮上一大格相当于 $10000mm^2$。

面积仪的使用方法：

1）将待测试功图用胶纸固定在平整的绘图板上。

2）根据图形大小，移动滑架调节描臂长度，以选取适当的比例（对示功图通常取 1∶1，此时描臂长 34cm）。

3）把极针固定在适当位置，装好面积仪。先用描针粗略地沿所测面积的边缘移动一周，以检查比例是否合适，测轮转动是否灵活。

4）在所测示功图边缘上任选一点作为起点，将描针移至起点，将面积仪上的游标、测轮、记录轮都调整至“0”处，再将描针准确地按图形边缘顺时针方向移动一周，回到起点，此时面积仪上显示的读数乘上面积常数；（我们一般取的比例为 1∶1，此时面积常数为 1）就可得到示功图的面积。为了使读数准确，通常应测 2~3 次，取其平均值。

5）面积仪是比较精密的仪器，使用时应轻拿轻放、切不可碰撞。

2.5.4 实验步骤

1）按图 1 所示连接线路。

2）调节电阻应变放大器。

① 打开电阻应变放大器，调零，使应变放大器电压输出为 0；

② 预热 10 分钟后再进行调零。

3）标定。

① 打开计算机进入 Windows 系统，在桌面上打开“活塞式压缩机实验”快捷方式，进入实验操作界面；

② 首先进行先标定操作（注意：需在停机状态操作）；

③ 启动压气机，待稳定后记录表压，点击“开始采集”命令钮开始数据采集，经过计算机处理，得到了展开的和封闭的示功图；

④ 调节增益旋钮，使图形显示压力值与表压表指示值一致，要做到准和稳（须重复多次，以求计算精确）。

4）用测面仪测量封闭示功图的面积。

5）分别测量压缩过程线与横坐标及纵坐标包围的面积。

6）用尺子量出有效吸气线段 $\overline{hb}$ 的长度和活塞行程线段 $\overline{gb}$ 的长度。

2.5.5 实验数据记录及数据处理

实验数据记录于表 2-5 中。

测量并记录 3~6 组不同的压力稳定值时压气机的各项参数。

表 2-5　实验数据记录表

性能参数	耗功/J	耗功率/W	容积效率/%	多变指数			
				压力 1/MPa	压力 2/MPa	压缩过程多变指数 n	膨胀过程多变指数 m
1							
2							
3							
4							
5							
6							

实验结果及分析：

1）根据示功图，得到示功图上的三个面积值及压力 P_d 值。

2）计算指示功、指示功率、平均多变压缩指数、容积效率等实际值(要求计算过程)。

3）根据 $\delta=\dfrac{\text{理论值}-\text{实际值}}{(\text{理论值}+\text{实际值})/2}$ 计算各种数据的误差值。

思考题

1）为什么压缩过程的多变指数与膨胀过程的多变指数不相等？对于同一个过程(压缩或膨胀过程)的不同区段，为什么多变指数也不一样？

2）当压气机工作时，其压缩指数变化范围是多少？在什么情况下，压气机耗功最省？

3）分析压气机工作压力的改变将对容积效率有何影响。

4）膨胀过程指数的大小对耗功及排气量有无影响？

5）根据实验结果，说明活塞式压气机工作过程由哪几个热力过程组成？并结合图示说明。

6）实测压气机示功图(p-v 图)与理论示功图有什么不同？为什么？

2.6　饱和蒸汽 p-T 关系曲线测量实验

2.6.1　实验目的

1）通过观察饱和蒸汽压力和温度变化的关系，加深对饱和状态的理解，从而树立液体温度达到对应于液面压力的饱和温度时，沸腾便会发生的基本概念；

2）通过对实验数据的整理，掌握饱和蒸汽压力与温度的关系(p-T 关系)图表的编制方法；

3）学会温度计、压力表、调压器和大气压力计等仪表的使用方法；

4）学会用 Microsoft Excel 绘制并拟合各种与 p-T 关系有关的曲线，总结 p-T 关系经验公式；

5）直接观察小容积和金属表面很光滑(汽化核心很小)条件下的泡态沸腾现象。

2.6.2 实验原理

实验装置及仪表的工作原理和使用方法。

(1) 电接点式压力表的使用方法

本实验关系仪采用的是电接点式压力表，表面中心设有调节旋纽(黑胶木)，用两指旋动旋纽外缘可以拨动红色指针，红色指针用于限定蒸汽发生器内压力上限，一般在使用时先拨至压力计表面的 1MPa 刻度处。用一字形螺丝刀旋转中心的旋钮拨动绿色指针，此指针用于设定某一压力值，当蒸汽发生器内压力(黑色指针指示)升至该设定的压力值时，两针相撞后进入保温状态，如此多次将绿色指针分别设置各点压力值，使加热后蒸汽发生器内压力(黑色指针)到达设定指针压力位置，再观察此时的压力读数所对应温度计读数值。

由于实验时温度和压力较高，当黑色指针或绿色指针与红色指针相撞时，仪器随即自动断开加热电源(处于保温状态)，保证安全。

(2) 温度计的使用方法

实验所用温度计采用 0~300℃的水银温度计，使用时，将温度计插入压力表前面的铜管中即可。

2.6.3 实验装置

可视性饱和蒸汽压力和温度关系仪如图 2-19 所示。

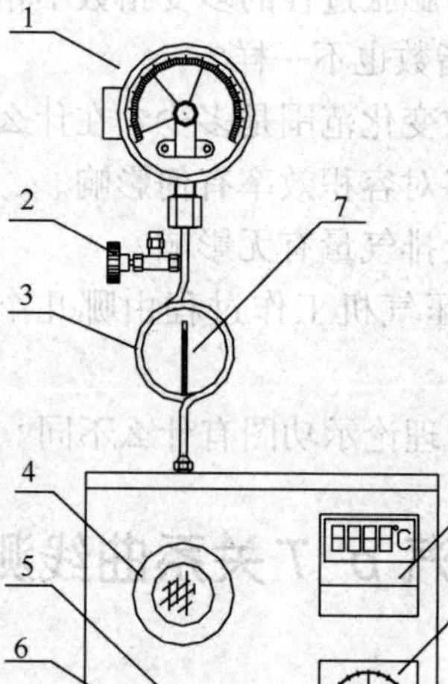

图 2-19 可视性饱和蒸汽压力和温度关系仪

1—压力表(-0.1~0~1.5MPa)；2—排气阀；3—缓冲器；4—可视玻璃及蒸汽发生器；5—电源开关；6—电功率调节；7—温度计(0~300℃)；8—可控数显温度仪；9—电压表

2.6.4 实验步骤

(1) 步骤

1) 将温度计插入铜管内；

2) 将电接点压力表上红色指针拨至 1MPa；

3) 将电压调压器指针调至零位，然后接通电源；

4）将电接点式压力表上绿色指针设定在某一压力值(例如开始时为0.1MPa)；

5）将电压调压器输出电压旋至220~230V，电加热器开始加热蒸馏水，蒸汽发生器内压力(黑色指针)开始缓慢上升；

6）待蒸汽压力升至设定值时，即黑色指针与绿色指针相撞时，将电压调压器降至20~50V，使加热器处于保温或微加热状态，这时蒸汽发生器内压力(黑色指针)应基本保持不变；

7）待蒸汽发生器内壁面出现微小气泡时，即进入饱和水状态(温度与饱和蒸汽状态相等)，迅速记录此饱和蒸汽的压力(p')和温度(t)。

8）重复上述步骤4~7，在0~1.0MPa(表压)范围内实验不少于6次，且实验点应尽量分布均匀。

(2）结束工作

将调压器指针旋回能零位，并断开电源，整理好实验仪器。

(3）记录

记录室温(℃)和大气压力(MPa)

2.6.5 注意事项

1）实验装置通电后必须有专人看管。

2）实验装置使用压力最大为1.0MPa(表压)，切不可超压操作。一旦超压，立即关闭实验装置的电源开关。

3）操作过程中，不可接触连接电接点压力表的缓冲器(金属管)，避免被烫伤。

4）高压时不允许用排气阀门排气，防止烫伤。

5）整个实验需90min左右。

2.6.6 实验数据记录及数据处理

(1）记录与计算

将实验数据记录于表2-6中。

表2-6 实验测量参数原始记录表

实验次数	饱和压力/(kgf/cm^2)			饱和温度/℃		误差	
	压力表读值 P'	大气压力 B	绝对压力 $P-P'+B$	温度计读值 t'	理论值 t	$\Delta t=t-t'$/℃	$\frac{\Delta t}{t}\times100\%$/%
1							
2							
3							
4							
5							
6							

(2）绘制$p-t$关系曲线

用Microsoft Excel绘制$p-t$关系曲线，以p为横坐标(MPa)，t为纵坐标(℃)，如图2-

20 所示。

（3）作双对数坐标图，并作线性拟合

将各组 p，t 分别取对数，用 Microsoft Excel 绘制饱和水蒸气温度和压力的双对数曲线，以 $\ln p/4$ 为横坐标 x 轴，$\ln t$ 为纵坐标 y 轴，如图 2-21 所示。

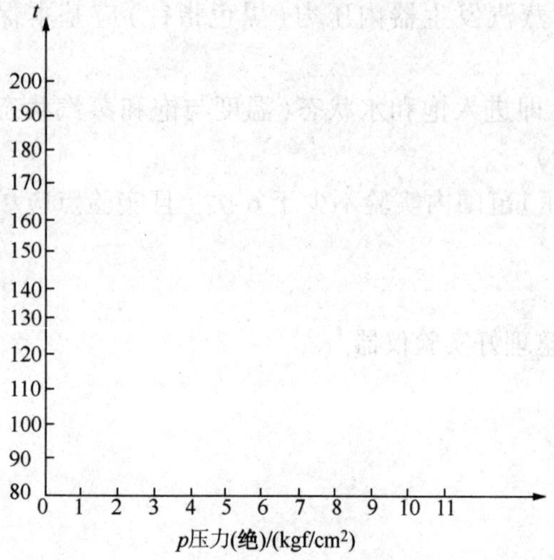

图 2-20　饱和水蒸气 $p-t$ 关系实验曲线

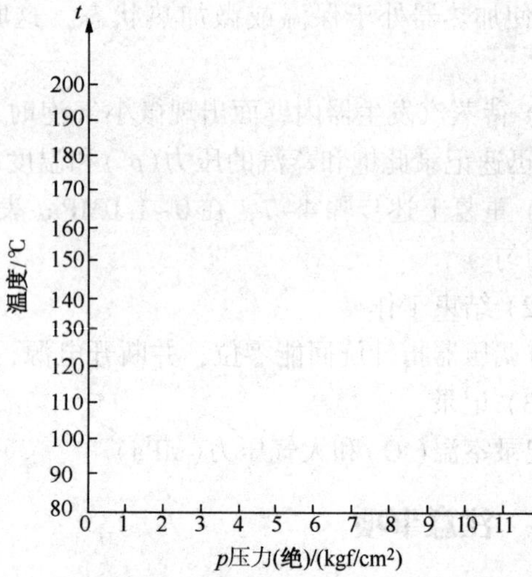

图 2-21　饱和水蒸气实验双对数坐标图

作图同时用 Microsoft Excel 的曲线拟合功能（选直线拟合，并选公式显示），将饱和水蒸气双对数坐标图拟合成直线，图中会自动显示拟合的直线方程。

将 $x=\ln p/4$，$y=\ln t$ 代入 $y=kx+a$ 可得公式为：

$$t=e^{a}p^{\frac{k}{4}} \tag{2-48}$$

该经验公式与标准经验公式

$$t=c\sqrt[4]{p} \tag{2-49}$$

对比，若 k 值越接近 1.0，e^{a} 越接近 c，则实验误差越小。但实际实验结果与标准经验公式计算结果会差别较大，试分析误差产生的原因。

（4）误差分析

通过比较发现，实验值与标准实验值存在一定的误差，引起误差的原因可能有以下几个方面：

1）读数误差；

2）测量仪表精度引起的误差；

3）利用测量管测温所导致的误差；

4）实验装置本身的误差等。

思考题

1）简述小容积和金属表面很光滑（汽化核心很小）条件下的泡态沸腾现象？

2）操作过程中，为什么不可以接触连接电接点压力表的缓冲器（金属管）？

3 传热学实验

热量传递是一种十分普遍的自然现象，在科学研究和生产技术领域中的应用十分广泛。本章是能源与动力类各专业传热学课程配套实验指导书，主要内容包括一维及多维的稳态导热、非稳态导热、自然对流换热、辐射换热、换热器综合实验等。各专业老师可根据课程的教学基本要求及学时情况选用实验项目。本章在基础实验的基本上增加了一些综合设计性试验和自主设计创新性实验内容，以便学生在巩固基本理论的同时，开展开放性实验和科研训练活动。

3.1 圆球法测定粒状材料导热系数

3.1.1 实验目的

1）掌握在稳态条件下，用圆球法测粒状材料导热系数的基本原理和方法以及实验装置的结构；

2）加深对傅里叶定律的理解，巩固所学热传导的理论。

3.1.2 实验原理

球体法就是应用沿球壁半径方向一维导热的基本原理，测定颗粒纤维材料导热系数的实验方法。如图 3-1 所示，两个直径不同的薄壁空心圆球，同心放置，两球之间充满一定密度、需要测定的粒状材料，球的内部装有一个电加热器，通过加热时，其产生的热量 Q 将沿着圆球表面的法线方向通过颗粒材料向外传递。

对于大多数材料来说，在一狭窄的温度范围内（约几十摄氏度）可认为导热系数 λ 随温度 t 作直线变化。

将傅里叶定律用于此球壁的导热问题，得到导热系数量的计算式：

$$\lambda_m = \frac{Q(1/d_1 - 1/d_2)}{2\pi(t_1 - t_2)} \tag{3-1}$$

式中　λ_m——材料在 $t_m = \frac{t_2 + t_1}{2}$℃时的导热系数，W/(m·℃)；

d_1、d_2——球内、外直径，m；

t_1、t_2——球内、外壁平均温度，℃。

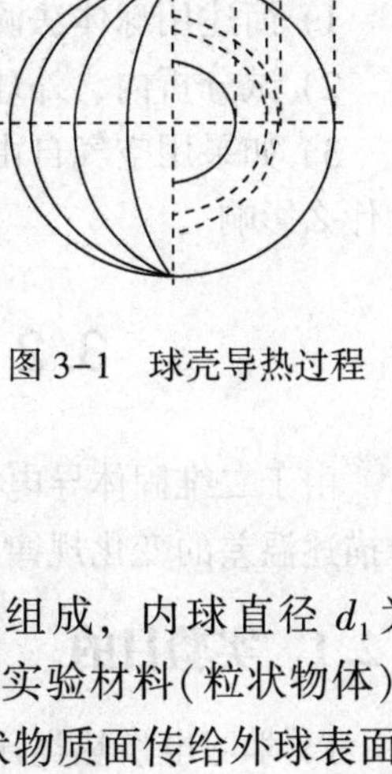

图 3-1　球壳导热过程

3.1.3 实验装置

如图 3-2 所示，装置的主体由两隔壁很薄的空心同心同质球组成，内球直径 d_1 为 80mm，外球直径 d_2 为 160mm，内球内部装有电加热器，两球间装满实验材料（粒状物体），当全体系达到稳定后，由电加热器产生的热量 Q 将全部通过中间粒状物质面传给外球表面，

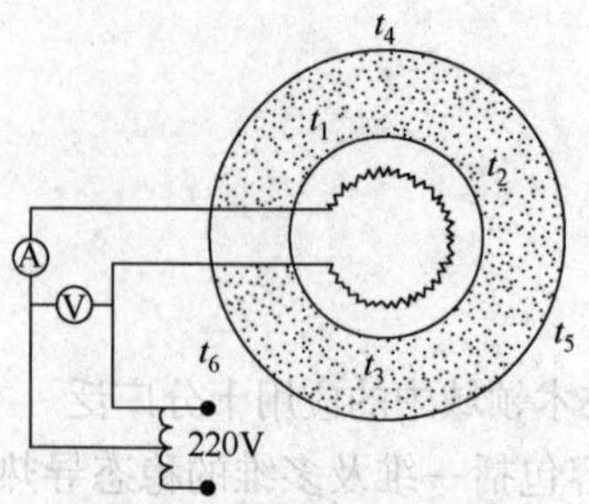

图 3-2　圆球法导热系数测量装置结构示意图

然后再通过外球表面传给周围的空气。

图上内球表面装有三个热电偶，对应测温点 t_1-t_6分别为三个热电偶侧外球表面的温度。

3.1.4　实验步骤

1）将实验材料烘干，并按一定的容量装入球内；

2）将电位差计，电流表，电压表，按图接好；

3）检查无误后，闭合电路加热，并调整到所需功率，每隔 5min 记录一次，待全体系达到稳定后，即内外球表面的温度不再变化时，取得后三次数据的平均值进行计算。

3.1.5　注意事项

对球进行加热时，球冷热面的温差应大于 10℃。

3.1.6　实验数据记录

完成表 3-1 的实验记录表、计算工作。

表 3-1　实验记录表

项目	球壳温度					
	内			外		
	t_1	t_2	t_3	t_4	t_5	t_6
各点电压/V						
温度/℃						
平均值	$t_{内}$ =			$t_{外}$ =		
加热功率	电压 U/V		电流 I/A	功率 $\varphi=Q=U\cdot I$/W		
导热系数	λ_{tm} =			[W/(m · ℃)]		

思考题

1）简述用球体法测材料的导热系数的优缺点；

2）试分析内、外球壳不同心所产生的影响；

3）如果用空气自由流动冷却的球体试分析空气不平静(有风)时对导热系数的测量会产生什么影响。

3.2　二维导热物体温度场的电模拟实验

由于二维固体导电和导热数学描述的一致，现象之间也是类似的。即可用电势的变化规律描述温差的变化规律。电势的测量较温差测量要方便的多。

3.2.1　实验目的

1）学习电、热类比的原理；

2）通过对电模型的电量测量，求出墙角导热的温度场。

3.2.2 实验原理

用电阻网络来模拟某一具体的热系统时，还必须使电-热系统之间有类似的边界条件，当满足了电-热系统之间的边界条件类似后，在电网格节点上测得的电势分布才能真正模拟热系统中的温度分布。下面分别讨论二维的等温、绝热和对流边界条件的边界电模拟条件：

1）等温边界是最简单的情况，相应于系统的等温边界只要在电模型的边界节点上维持等电势即可。

2）绝热边界条件(如图 3-3 所示)，可以证明只要取 $R_2=R_3=2R_1$ 即可使边界得到类似比拟。

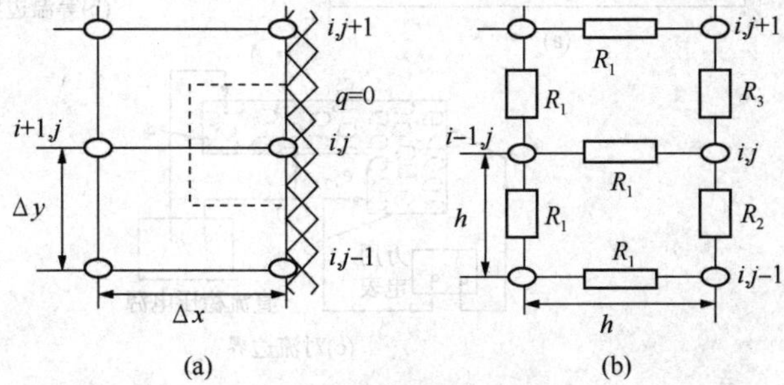

图 3-3 绝热边界网络单元

3）对流边界条件(如图 3-4 所示)只要取 $R_2=R_3=2R_1$ 以及 $R_4=R_1\dfrac{\lambda}{a\times h}$，并维持电模拟外部节点相应于流体温度 t_∞ 的等电势，就可以使边界条件得到类似。其中 λ 为固体的导热系数，a 为边界上的对流换热系数，h 为换热系统中的网络间距。

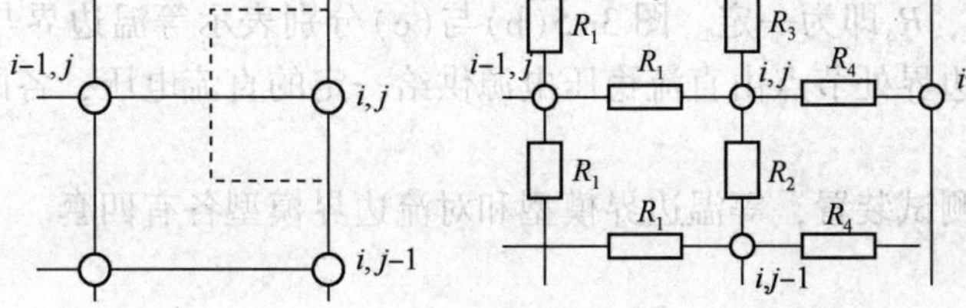

图 3-4 对流边界网络单元

电阻网络节点上的电压值换算到相应热网络节点上的温度，要用到电势与温差的比例常数。它是系统中的电势差与热系统中相应的温度差之间的比例系数。对图 3-5 所示的墙角(a)，其内外表面温度均为已知值时(b)，比例常数为：

$$C=\frac{e_1-e_2}{t_1-t_2} \tag{3-2}$$

当两表面均为对流边界条件时[图 3-5(c)]，则比例系数为：

$$C=\frac{e_{\infty1}-e_{\infty2}}{t_{\infty1}-t_{\infty2}} \tag{3-3}$$

其中 e_1、e_2分别为相应于外墙和内墙壁温的电势值；$e_{\infty1}$、$e_{\infty2}$则为相应与流体温度 $t_{\infty1}$及 $t_{\infty2}$的电势值。也就是图 3-4(b)中的节点($i+1$，j)上的电势值在选定了比例系数 C 后，就可以决定应加到电模型最外层两边界上节点的电势差(e_1-e_2)或$(e_{\infty1}-e_{\infty2})$的值。利用系数 C 就可以从测得的电势值换算出相应的温度值。

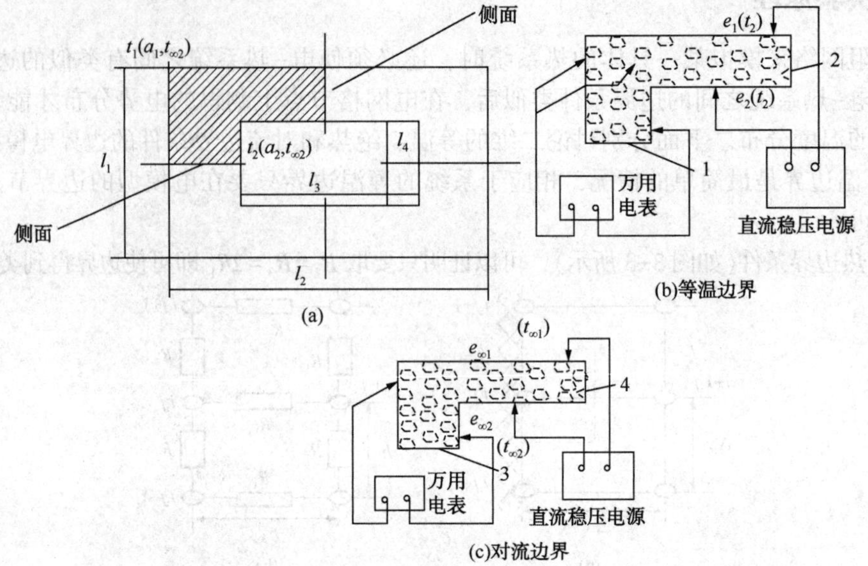

图 3-5　墙角的电模型及测量系统

1~4—绝热边界

3.2.3　实验装置

本实验是模拟流道的稳态导热。假定该建筑结构中的导热为二维问题，且由于其对称性，则仅研究结构横剖面的四分之一部分，见图 3-5(a)。装置为一电阻网格，其节点间的电阻按 R_1、R_2、R_3、R_4的关系选配，模拟等温条件、绝热条件和对流条件。其中 R_1 和 λ、a、h 确定后，R_2、R_3、R_4即为一定。图 3-5(b)与(c)分别表示等温边界与对流边界电模拟测试系统。电阻网络边界处节点由直流稳压电源供给一定的直流电压，各网络节点的电压用数字万用表测量。

本实验共有八套测试装置，等温边界模型和对流边界模型各有四套。

3.2.4　实验步骤

1）按图 3-5(b)或图 3-5(c)接线。

2）经检查无误后，根据选取的比例常数 C 值，确定要加的电压值。本实验中 C 取 0.1。

3）启动直流稳压电源，把电压调整到已确定的数值。

4）用数字万用表依次测量各节点的相应电压，并记录。

3.2.5　注意事项

1）直流稳压电源的输出电压不得超过 10V，电压过高将使电阻网络过载。

2）万用表必须放在直流档，其测量量程与所加电压大小相一致。

3）测量时，万用表测棒勿用力太猛。

3.2.6　数据记录与处理

1）墙角的几何尺寸为 $I_1=2.2\text{m}$、$I_2=3\text{m}$、$I_3=2\text{m}$、$I_4=1.2\text{m}$；材料的导热系数 $\lambda=$

0.53W/(m·℃)。等温边界外表面温度 $t_1=30℃$，内表面温度 $t_2=0℃$；对流边界外表面与周围流体的换热系数 $a_1\approx10\text{W}/(\text{m}^2\cdot℃)$，流体温度 $t_{\infty1}=40℃$；内表面与周围流体的换热系数 $a\approx4\text{W}/(\text{m}^2\cdot℃)$，流体温度 $t_{\infty2}=10℃$，a 的具体数值，请参见各台设备上的标牌所注。

2）数据整理包括下列三项：

① 将实验数据填入附表中；

② 根据从电阻网络测得的电压值计算墙角各点的温度值；

③ 根据求出的温度分布画出至少三条等温线。

本实验的电阻网络与图 3-6 所示的计算单元的划分方法相对应。在计算通过墙角表面的导热(等温边界)或对流换热(对流边界)时，图 3-7 中的节点 a、b、c、d、e、f 诸点为不完整单元体，其计算应分别按下述方式考虑：

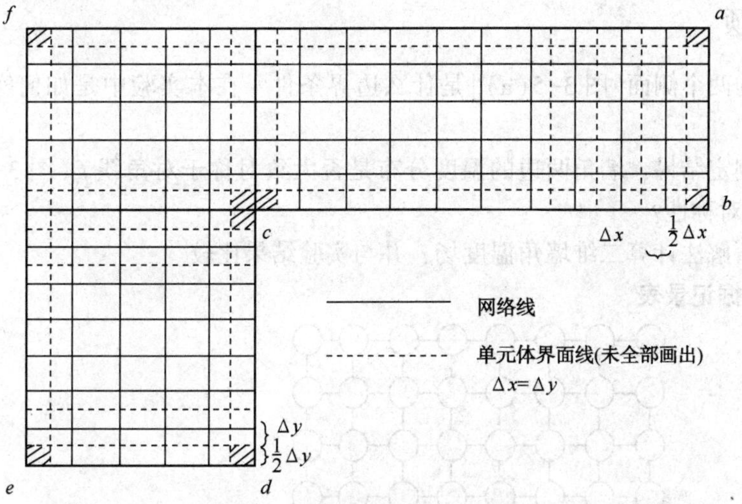

图 3-6　墙角计算单元划分

(1) 等温边界条件

节点 a、b、d、e 所代表的单元体的导热面积均为 $\frac{1}{2}\Delta x$，节点 c 在计算内壁 x 方向及 y 方向的导热面积均取 Δx[见图 3-7(a)]，如果只用 $\frac{1}{2}\Delta x$，则就无法计算如图 3-7(b)中箭头所示的那部分的导热量。对于节点 f，计算外壁导热量时不应再用到，因为通过尖角的导热量已由节点 f 左右两邻节点所代表的单元体计算进去[见图 3-7(c)中双斜线部分]。

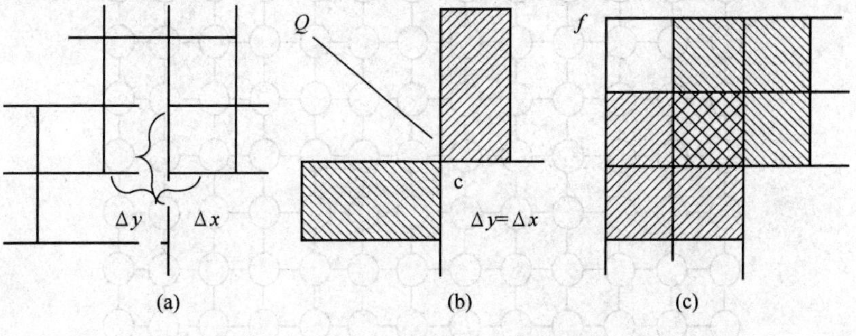

图 3-7　等温边界条件较角处导热计算

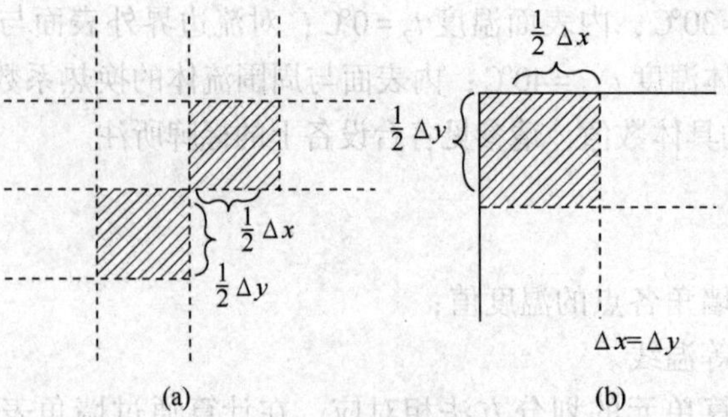

图 3-8　对流边界条件交角处换热计算

(2) 对流边界条件

节点 a、b、d、e 的对流换热面积同上，亦仅为$\frac{1}{2}\Delta x$。节点 c 的对流换热面积应取 x 方向及 y 方向总和为 $\Delta F=\frac{1}{2}\Delta x+\frac{1}{2}\Delta y=\Delta x$，见图 3-8(a)。节点 f 也应取 $\Delta F=\frac{1}{2}\Delta x+\frac{1}{2}\Delta y=\Delta x$，见图 3-8(b)。

思考题

1) 墙角的两个侧面[图 3-5(a)]是什么边界条件？在本实验中是如何实现这一条件的模拟的？

2) 分析测定结果，墙角两边的温度分布是否大致对称于对角线 f_c(图 3-7)？为什么会有这种近似的对称性？

3) 用数值解法计算二维墙角温度场，并与实验结果比较。

附表　墙角数据记录表

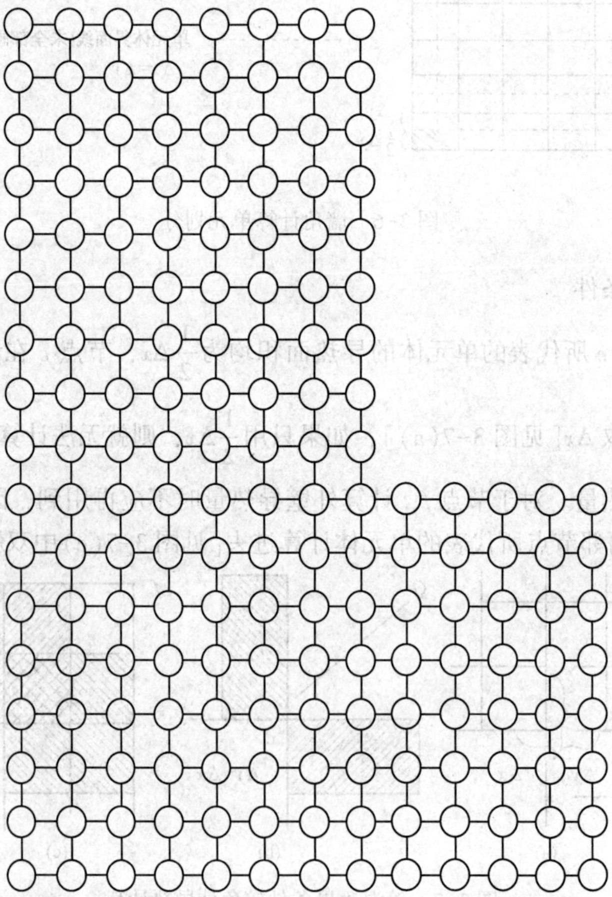

3.3 非稳态(准稳态)法测材料的导热性能实验

3.3.1 实验目的

1) 测量绝热材料(不良导体)的导热系数和比热容，掌握其测试原理和方法；

2) 掌握使用热电偶测量温差的方法。

3.3.2 实验原理

平板各处温度和时间呈线性关系，温度随时间变化的速率是常数，并且到处相同，这种状态称为准稳态。本实验是根据第二类边界条件，无限大平板的导热问题来设计的。设平板厚度为 2δ，初始温度为 t_0，平板两面受恒定的热流密度 q_c 均匀加热(见图3-9)。

在准稳态时，平板的导热系数：

$$\lambda = \frac{q_c \delta}{2\Delta t} \tag{3-4}$$

式中 q_c——沿 x 方向从端面向平板加热的恒定热流密度，W/m^2；

Δt——在准稳态时，平板中心面 $x=\delta$ 处、$x=0$ 处的温差，℃。

已知 q_c 和 δ，再测出 Δt，就可以由式(1)求出导热系数。

根据势平衡原理，在准态时，材料的比热：

$$c = \frac{q_c}{\rho\delta \dfrac{d_t}{d_\tau}} \tag{3-5}$$

式中 c——试件的比热，J/kg·℃；

ρ——试件的密度，kg/m^3；

$\dfrac{d_t}{d_\tau}$——准稳态时的温升速率，℃/s；

实验时，$\dfrac{d_t}{d_\tau}$以试件中心处为准。

3.3.3 实验装置

实验设备按上述理论及物理模型设计的实验装置如图 3-10 所示。

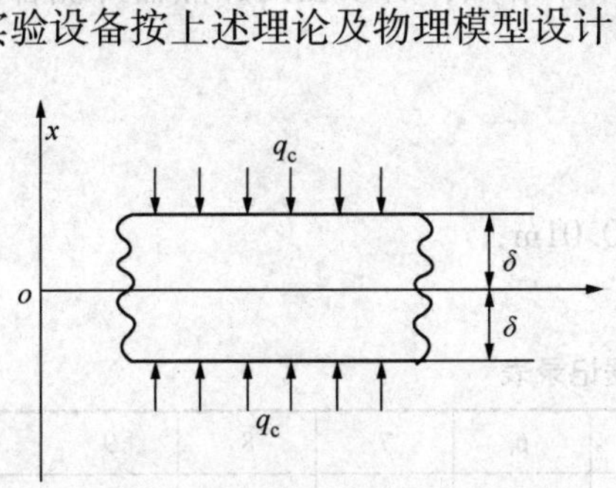

图 3-9 第二类边界条件无限大平板导热的物理模型

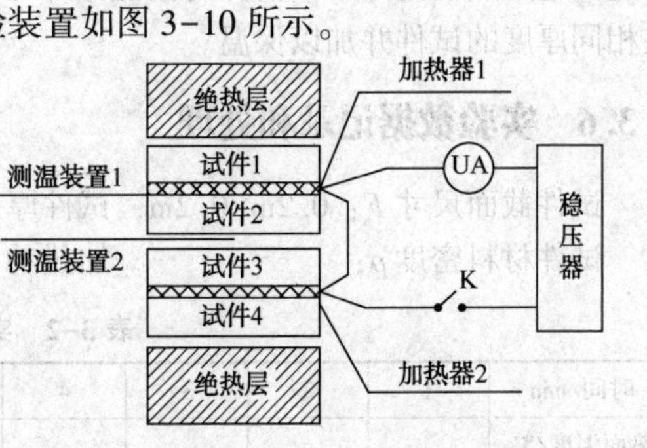

图 3-10 实验装置图

（1）试件

试件尺寸为 200mm×200mm×δ，共四块，尺寸完全相同，δ=10mm，每块试件上下面要平齐，表面要平整。

（2）加热器

采用高电阻康铜箔平面加热器，康铜箔厚度仅为 20μm，加上保护箔的绝缘薄膜，总共只有 70μm，其电阻值稳定，在 0～100℃范围内几乎不变。加热器的面积和试件的端面积相同，也是 200mm×200mm 的正方形，两个加热器的电阻值应尽量相同，相差应在 0.1%以内。

（3）绝热层

用导热系数比较小的材料作绝热层，力求减少热量通过，使试件 1、4 与绝热层的接触面接近绝热，这样，可假定式(1)中的热量 q_c 等于加热器发出热量的 0.5 倍。

（4）热电偶

利用热电偶测量试件 2 两面的温度及试件 2、3 接触面中心处的温升速率。

实验时，把四个试件齐叠放在一起，分别在试件 1、2 及试件 3、4 之间放入加热器 1 和 2，试件和加热器要对齐，温度传感器的放置如图 3-10 所示。

3.3.4 实验步骤

1）用卡尺测量试件的尺寸：面积 F 和厚度 δ。

2）按图 3-10 放好试件、加热器和温度传感器，接通电源。

3）接通电源，给加热器通以恒定电流(实验过程中，电流不允许变化)，同时启动秒表，每隔 1min 记录试件 2 两侧热电势(由热电势查温度值)，经一段时间后(一般在 10～20min)系统进入准稳态。

4）第一次实验结束，将加热器开关 K 切断，取下试件及加热器，用电扇将加热器吹凉，将其和室温平衡后才能继续做下一组实验。但试件不能连续做实验，必须经过 4h 以上放置，使其冷却至与室温平衡后，才能再做下一次实验。

5）实验全部结束后，必须切断电源，一切恢复原状。

3.3.5 注意事项

1）实验时加热器温度值最高不超过 100℃。

2）根据实验原理，仅研究电加热器对中间两块试件加热时的温度变化就可以了，但为避免因电加热器向外难以估计的散热给 q_c 的计算带来麻烦，所以在两加热器外侧各补上一块相同厚度的试件并加以保温。

3.3.6 实验数据记录和处理

试件截面尺寸 F：0.2m×0.2m；试件厚度 δ：0.01m；

试件材料密度 ρ；　　　　加热功率 P。

表 3-2　实验数据记录表

时间/min	1	2	3	4	5	6	7	8	9	10
热面温度/℃										
冷面温度/℃										

计算：

1）计算热流密度 q_c（W/m^2）；

2）准态时的温差 Δt（平均值）（℃）；

3）准态时的温升速率 $\frac{d_t}{d_\tau}$（℃/s）；

4）计算试件的导热系数 λ［W/（m·K）］和比热容 c［J/（kg·℃）］。

思考题

1）写出非稳态导热的概念。

2）导热系数取决于哪些因素？

3）说明无限大平板的物理概念，并举一两个可以按无限大平板处理的非稳态导热问题。

3.4 空气横掠单管时平均换热系数的测定

热交换器中广泛使用各种管子作为传热元件，其外侧通常为流体横向掠过管子的强制对流换热方式，因此测定流体横向掠过管子时的平均换热系数是传热中的基本实验。本实验是测定空气横向掠过单圆管时的平均换热系数。

3.4.1 实验目的

1）了解实验装置，熟悉空气流速及管壁温度的测量方法，掌握测试仪器、仪表的使用方法；

2）掌握空气横向掠过单圆管时的平均换热系数的系数。

3.4.2 实验原理

空气流对管外壁和平均换热系数 h：

$$h=\frac{Q}{A(t_w-t_f)} \tag{3-6}$$

式中 h——空气横掠单管时的平均换热系数，W/（m^2·℃）；

Q——实验管工作段 a，b 间的发热量，W；

A——电压测点 a，b 间实验管的外表面积，m^2。

t_w——管外壁温度，℃。

t_f——空气温度，℃。

1）由于所用管壁很薄，仅 0.2~0.3mm，且空气对管外的换热系数很小，可足够准确地认为管内壁温度 $t_1=t_w$。

2）
$$Q=IV \tag{3-7}$$

① 流过试验管的电流 I：

标准电阻为 50A/75mV， $I=\frac{2\times V_1}{3}$

式中 V_1——标准电阻两端的电压降，mV。

② 实验管工作段 a，b 间的电压降 V：

$$V=T\times V_2\times 10^{-3} \tag{3-8}$$

式中　T——分压箱倍率，T=201；

V_2——a，b 间电压经分压箱后测得的值，mV。

③ 管的外表面积 A：

$$A=\pi dL \tag{3-9}$$

式中　d——管道直径，m；

L——管道长度，m。

本实验采用不同直径的管子做实验管求得平均换热系数的平均值。测量的基本量为；空气温度、管子表面的温度及管子表面散出的热量。

3.4.3　实验装置

实验装置本体是由一风源和试验段构成。风源为一箱式风洞，风机、稳压箱、收缩口都设置在工作台内。风箱中央为空气出风口，形成均匀流速的空气射流。试验段的风道直接放置在出风口上。

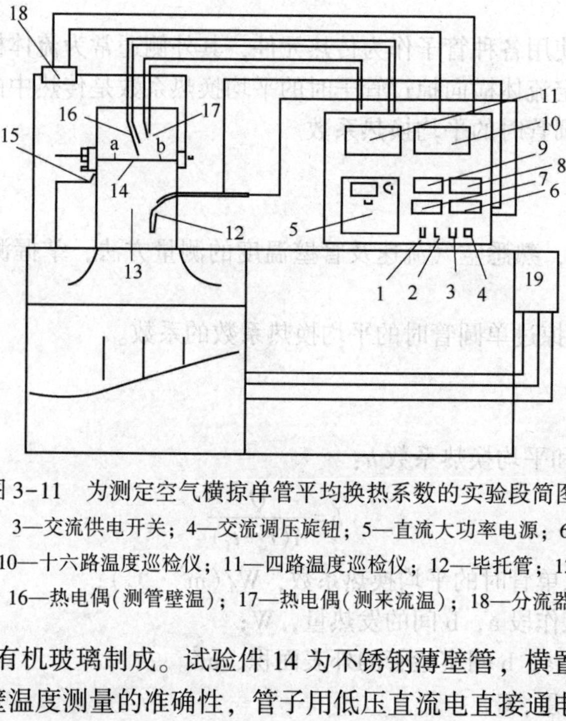

图 3-11　为测定空气横掠单管平均换热系数的实验段简图

1—电源开关；2—仪表开关；3—交流供电开关；4—交流调压旋钮；5—直流大功率电源；6—差压表；7—交流功率表；8—电流表；9—电压表；10—十六路温度巡检仪；11—四路温度巡检仪；12—毕托管；13—风道；14—单管试件；15—供电电极；16—热电偶(测管壁温)；17—热电偶(测来流温)；18—分流器；19—变频器

实验段风道 13 由有机玻璃制成。试验件 14 为不锈钢薄壁管，横置于风道中间。为了保证管子加热测量及管壁温度测量的准确性，管子用低压直流电直接通电加热，管子两端经接座与电源导板 15 连接，并易于更换不同直径的试验管。为了准确测定试验管上的加热功率，在离管端一定距离处有两个电压测点 a、b，以排除管子两端的影响。铜-康铜电偶 16 设在管内，在绝热条件下准确测出管内壁温度，从而确定管外壁温度。

试验管加热用的低压大功率直流电源 5 供给，输出电流(压)可改变对管子的加热功率，电路中串联一标准电阻 18。用直流电压表 9 测量电阻 18 上的电压降，然后确定流过单管试件的电流量。试件两测压点 a、b 间的电压亦用直流电压表测量。

为了简化测量系统，测量管内壁温度 t_w 的热电偶，其参考点温度不是摄氏零度，而是来流空气温度 t_f。即热电偶的热端 16 设在管内，冷端 17 则放在风道空气中。所以热电偶反映的为管内壁温度与空气温度之差(t_w-t_f)。

3.4.4 实验步骤

1）连接并检查所有线路与设备。将硅整流电源电压调节旋钮转至零位，然后接通风机电源，调节风门至最大风量。再接通整流电源，将电流调到指定的参考值。将微压计、热电偶读数稳定后即可测量各有关数据。

2）调整加热电压和电流值，使管壁与空气间有适当的温差，待微压计、热电偶读数后等稳定后能测量各有关数据。

3）实验完毕时，必须先关加热电源，待试件冷却后，再关风机。

3.4.5 注意事项

1）首先了解整个实验装置各部分，并熟悉仪表的使用，特别是电位差计必须按操作步骤使用，以免损坏仪器。

2）为确保管壁温度不致超过允许的范围，启动及工况改变时都必须注意操作顺序。启动时必须先开风机，调整风速，然后对实验管通电加热，并调整到要求的工况。注意电流表上的读数，不允许超过工作电流参考值。

3.4.6 数据记录与处理

实验用不锈钢管：直径5mm范围，管长为160mm。测压点 a，b 间距离约100mm。将实验数据填入表3-3中。

表3-3 实验数据记录

序号	电流 I/A	电压降 U/V	发热量 Q/W	管外壁温度 t_w/℃	空气温度 t_f/℃	管道截面积 A/m²
1						
2						

思考题

1）什么是强制对流传热？

2）外掠单管与管内流动这两个流动现象在本质上有什么不同？

3）换热系数的影响因素有哪些？

3.5 大空间自然对流横管管外传热规律实验研究

3.5.1 实验目的

1）了解空气沿横管表面自然对流传热规律的实验研究方法，巩固课堂上学过的传热学知识；

2）测定横管的自然对流传热系数 h；

3）通过数据处理，整理出自然对流传热准则方程式。

3.5.2 实验原理

（1）自然换热系数公式

$$h=\frac{Q_\varepsilon}{A(t_w-t_\infty)}=\frac{UI}{A(t_w-t_\infty)}-\frac{\varepsilon C_0}{(t_w-t_\infty)}\left[\left(\frac{T_w}{100}\right)^4-\left(\frac{T_\infty}{100}\right)^4\right] \tag{3-10}$$

式中 Q_ε——对流换热量，W；

ε——管表面黑度；

C_0——黑体的辐射系数，$C_0=5.67[\mathrm{W/(m^2 \cdot K^4)}]$；

t_w——管壁平均温度，℃；

t_∞——室内空气温度，℃；

A——管表面积，m^2；

h——自然对流传热系数，W/(m^2 · ℃)。

(2) 自然对流传热准则方程式

根据相似理论，对于自然对流传热，努谢尔特数 Nu 是格拉晓夫数 Gr、普朗特数 Pr 的函数，可表示成：

$$Nu=C\,(Gr \cdot Pr)^n \tag{3-11}$$

为了确定上述关系式的具体形式，根据所测的数据，求出准则数：

$$Nu=\frac{hd}{\lambda} \tag{3-12}$$

$$Gr=\frac{g\alpha_v \Delta t d^3}{\nu^2} \tag{3-13}$$

式中 Pr、α_v、λ、ν——空气的物性参数，由定性温度 $t_m=\frac{t_w+t_\infty}{2}$ 从教科书中查出；

d——定型尺寸，取管外径；

$\Delta t=t_w-t_\infty$，t_w 为横管平均壁温，取各测点温度平均值，即 $t_w=\frac{t_1+t_2+\cdots+t_n}{n}$。

测出稳定状态下四根横管的管壁温度、加热功率和空气温度，即可求得 4 组 Nu、$Gr \cdot Pr$ 数，把 4 组数据取对数绘在直角坐标纸上，得到以 $\ln Nu$ 为纵坐标，以 $\ln(Gr \cdot Pr)$ 为横坐标的一系列点，画一条直线，使大多数点落在这条直线上或周围，根据：$\ln Nu=\ln C+n\ln(Gr \cdot Pr)$ 这条直线的斜率即为 n，截距为 $\ln C$。因此可以求出常数 C 和 n。

3.5.3 实验设备

实验装置有实验管(四种类型)，支架、测量仪表电控箱等组成，如图 3-12 所示。

实验管内有加热丝，通一恒定电流可加热，产生的热量通过自然对流传热、辐射传热和轴向导热向周围传递，由于管长径比较大，轴向导热可忽略不计，只考虑自然对流传热、辐射传热，为了减少辐射传热量，管壁采用电镀，使其黑度系数减小，辐射传热量的比例减小，在总加热功率中减掉辐射传热量，则是自然对流传热量。经过一段时间后，管壁温度趋于稳定，实验管上有热电偶安装在管壁上，可以测出管壁的温度，由安装在电控箱上的测温数显表通过转换开关读取温度值。电加热功率则可用数显电压表、电流表读取，并计算出加热功率。

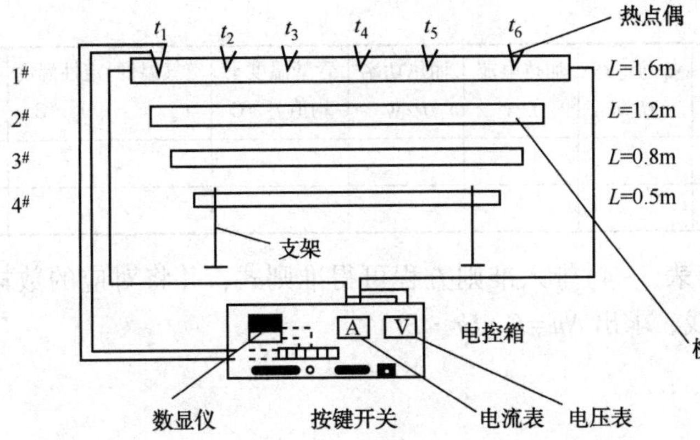

图 3-12 实验装置示意图

3.5.4 实验步骤

1）熟悉实验装置的组成、各部分的作用、测量线路和加热线路。

2）实验装置已提前加热基本趋于稳定，实验时不要调节加热电压。

3）开始测量各参数。管壁温度通过数显仪表和按键开关依此测量，其中 1#、2#管有 6 个测温点，3#、4#管有 4 个测温点，室内空气温度 t 用数显温度计测量，加热电流和加热电压直接从数显仪表上读取。

4）间隔 20min 再测一次，若两次数据误差小于 1%，则说明达到稳态，即不再测量。用最后一次测的数据进行数据处理。若误差较大，可过 20min 再测一次。

5）测量完结束实验，但不要关闭电源，以备后面的同学进行实验。

6）测试数据记录表

3.5.5 注意事项

1）由于加热功率的限制，一根试件能达到的格拉晓夫数 Gr 是有限的，为了增大 Gr 范围，取四根管径的试管，在不同的加热功率下测量各自的壁温 t_w、计算 Gr 及 Nu，处理数据时在同一坐标上。

2）为减少辐射散热的影响，保持试件表面光洁，使试件黑度 $\varepsilon \leqslant 0.25$。

3）试件与支架的连接处用绝缘材料连接。

3.5.6 数据记录与处理

已知数据：管径 $d=80$mm；$d=60$mm；$d=40$mm；$d=20$mm。

管长 $L=1800$mm；$L=1600$mm；$L=1400$mm；$L=1200$mm。

黑度 $\varepsilon_1=0.11$；$\varepsilon_2=\varepsilon_3=\varepsilon_4=0.15$。

表 3-4 数据记录

项目	管子直径 d/m	管子表面积 A/m²	加热电压 U/V	加热电流 I/A	加热功率 P/W	管壁温度平均值 t_w/℃	空气温度 t_∞/℃	定性温度 t_m/℃	Pr	Gr	Nu
1#管											
2#管											

续表

项目	管子直径 d/m	管子表面积 A/m^2	加热电压 U/V	加热电流 I/A	加热功率 P/W	管壁温度平均值 t_w/℃	空气温度 t_∞/℃	定性温度 t_m/℃	Pr	Gr	Nu
3#管											
4#管											

将求得的有关数据（表 3-4）带入准则方程可得准则式，并将对应的数标在坐标纸上，几组数据可得到一条直线，求出 $Nu=C\,(Gr\cdot Pr)^n$。

思考题

1）Nu、Gr、Pr 的物理意义是什么？

2）简述大空间自然对流与有限空间自然对流的区别？

3）实验结果会有哪些误差存在？

3.6 强迫对流管簇管外放热系数测定实验

3.6.1 实验目的

1）测求空气横向流过管簇表面时的放热系数，并将数据整理成准则方程式；

2）学会翅片管簇管外放热和阻力的实验研究方法；

3）巩固和运用传热学的基本概念和基本知识。

3.6.2 实验原理

用威尔逊方法测求管外放热系数，先测求出传热系数，然后从传热热阻中减去已知的各项热阻，可间接地求出管外放热热阻和放热系数。即

$$\frac{1}{\alpha}=\frac{1}{K}-\frac{1}{\alpha_i}-R_w \tag{3-14}$$

式中　K 为翅片管的传热系数

$$K=\frac{Q}{n\cdot \pi D_o\cdot L\cdot (T_v-T_\alpha)} \tag{3-15}$$

式中　Q——总放热量；

n——放热管子的根数；

$\pi D_o L$——一支管的光管换热面积，m^2；

T_v——管内流体的平均温度；

T_a——空气平均温度，℃。

实验管内采用蒸汽冷凝放热的换热方式，管内放热系数 $\alpha_i>>\alpha$，管内热阻 $\frac{1}{\alpha_i}$ 将远远地小于管外热阻 $\frac{1}{\alpha}$，这时，α_i 的某些计算误差将不会明显地影响管外放热系数 α 的大小。

管内放热系数 α_i 可用 Nusselt 层流膜层凝结原理公式计算：

$$\alpha_i = 1.88\left(\frac{4\Gamma}{\mu}\right)^{-\frac{1}{3}}\left(\frac{\lambda^3\rho^2 g}{\mu^2}\right)^{\frac{1}{3}} \tag{3-16}$$

式中，$\Gamma=\dfrac{Q}{rn\pi D_i}$为单位冷凝宽度上的凝液量，kg/s，其中，$r$ 为汽化潜热，J/kg；D_i 为管子内径，式(3)中第 2 个括号中的物理量为凝液物性的组合。

圆筒壁的导热热阻为：

$$R_w = \frac{1}{2\pi\lambda_w}\ln\frac{D_o}{D_i} \tag{3-17}$$

应当注意，式(1)中的各项热阻都是以光管外表面积为基准的。

3.6.3 实验装置

实验装置简图如图 3-13 所示，翅片管簇的几何特点见表 3-5。

表 3-5 翅片管束的几何特点

翅片管内径 D_i/mm	翅片管外径 D_o/mm	翅片高度 H/mm	翅片厚度 δ/mm	翅片间距 B/mm	横向管间距 P_t/mm	纵向管间距 P_l/mm	管排数 N
20	25.5	9.75	0.2	2.7	75	80	5

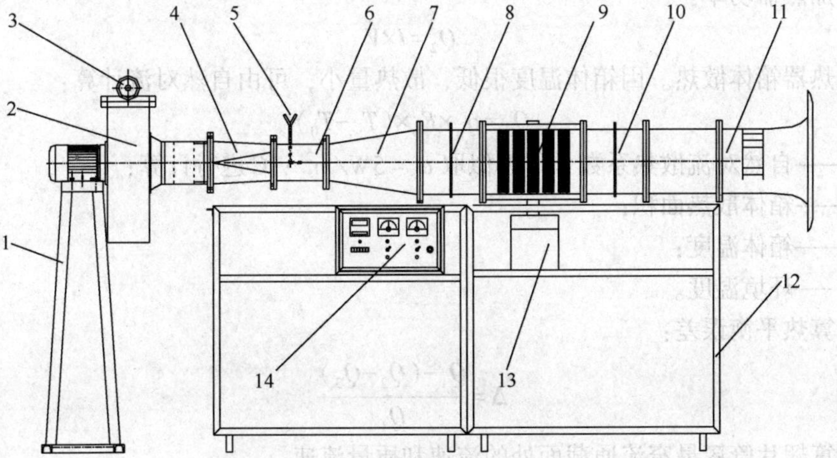

图 3-13 实验风洞系统简图

1—风机支架；2—风机；3—风量调节手轮；4—过渡管；5—测压管；6—测速段；7—过渡管；8—管簇后测压管；9—实验管段；10—管簇前测压管；11—吸入管；12—支架；13—加热元件；14—控制盘

3.6.4 实验步骤

1）熟悉实验原理，实验设备；

2）调整风机的阀门，使风机在空载启动，空气风速应从小到大逐渐增加，实验中，根据毕托管压差读值，可改变 4 个风速值，这样，就有 4 个实验工况；

3）在每一个实验工况下，待确认设备处于稳定状态后，进行所有物理量的测量和记录，将测量的数值记录到预先准备好的数据记录表格中；

4）所有工况的测量结束以后，应先切断电加热器电源，待 10min 后，再停风机；

5）进行实验数据的计算和整理，将结果记入数据整理表格中，对实验结果进行分析讨论。

3.6.5 注意事项

实验结束以后，先切断电加热器电源，再停风机。

3.6.6 数据处理

将实验数据填入表 3-6 中，将计算整理后的数据填入表 3-7 中。

1）算风速和风量：

测量截面的风速：

$$U_{测}=\sqrt{\frac{2g\Delta h}{\rho}} \tag{3-18}$$

单位换算系数：$g=9.8\ \frac{\mathrm{kg\cdot m}}{\mathrm{kgf\cdot s^2}}$

风量：$M_a=U\times F\times\rho_{测}$

2）空气侧吸热量：

$$Q_1=M_a\times C_{pa}\times(t_{a2}-t_{a1}) \tag{3-19}$$

3）电加热器功率：

$$Q_2=I\times V \tag{3-20}$$

4）加热器箱体散热。因箱体温度很低，散热量小，可由自然对流计算：

$$Q_3=\alpha_c\times F_b\times(T_w-T_0) \tag{3-21}$$

式中 α_c——自然对流散热系数，可近似取 $\alpha_c=5\mathrm{W/m^2\cdot ℃}$进行计算；

F_b——箱体散热面积；

T_w——箱体温度；

T_0——环境温度。

5）计算热平衡误差：

$$\Delta=\frac{Q_1-(Q_2-Q_3)}{Q_1} \tag{3-22}$$

6）计算翅片管簇最窄流通截面处的流速和质量流速：

$$U_m=\frac{U_{测}\times F_{测}}{F_{窄}} \tag{3-23}$$

$$G_m=U_m\times\rho \tag{3-24}$$

7）计算 Re 数：

$$\mathrm{Re}=\frac{D_oG_m}{\mu} \tag{3-25}$$

8）计算传热系数：

$$K=\frac{Q_1}{n\cdot\pi\cdot D_0\cdot L\times(T_v-T_a)} \tag{3-26}$$

9）计算管内凝结液膜放热系数：

由式(3)进行计算，对于以水为工质的热管，液膜物性值都是管内温度 T_v 的函数，因此，式(3)可简化为：

$$a_1=(245623+3404T_v-9.677T_v^2)\left(\frac{Q_1}{nD_i}\right)^{-\frac{1}{3}} \tag{3-27}$$

10）计算管壁热阻，由式(4)计算。

11）由式(1)计算管外放热系数。

12）计算 $N_u=\dfrac{aD_i}{\lambda}$。

13）在双对数坐标纸上标绘 N_u-R_e 关系曲线，并求出其系数和指数。

此外，空气流过管簇的阻力 ΔP 一般随 Re 数的增加而急剧增加，同时，与流动方向上的管排数成正比，一般用下式表示：

$$\Delta P=f\cdot\frac{NG_m^2}{2g\rho} \tag{3-28}$$

式中　f 为摩擦系数，在几何条件固定的条件下，它仅仅是 Re 数的函数，即

$$f=C\,Re^m \tag{3-29}$$

思考题

1）影响管束传热性能的因素有哪些？

2）分析实验存在哪些误差？

表 3-6　数据记录表

序号	电流/A	电压/V	功率/W	管内温度					流速压头 Δh/mm水柱	阻力 Δp/mm水柱	入口气温 T_1/℃	出口气温 T_2/℃	室内温度 T_0/℃	炉外温度 T_w/℃
				T_a/℃	T_b/℃	T_c/℃	T_d/℃	平均 $T+T_0$/℃						
1														
2														
3														
4														

注：最窄流通截面积 $F_{窄}=0.053\text{m}^2$；测量截面积 $F_{测}=0.0225\text{m}^2$。

表 3-7　数据整理

序号	空气流速 $U_{测}$/(m/s)	质量流速 G/[kg/(m²·s)]	最窄截面质量流速 G/[kg/(m²·s)]	雷诺数 Re	空气吸热 Q_1	电加热 Q_2	散热损失 Q_3	热平衡误差 DQ/Q/%	传热系数/[kW/(m²·℃)]	管外放热系数 α/[W/(m²·℃)]	Nu 数 $Nu=\dfrac{\alpha Do}{\lambda}$	摩擦系数 $f=\dfrac{2g\rho}{NG_m{}^2}\cdot\Delta P$
1												
2												
3												
4												

3.7 中温辐射时物体黑度的测试

3.7.1 实验目的

用比较法，定性的测量中温辐射时物体的黑度 ε。

3.7.2 实验原理

本实验中的辐射传热为三表面封闭系统内的辐射传热，各辐射表面之间的关系如图 3-14 所示。

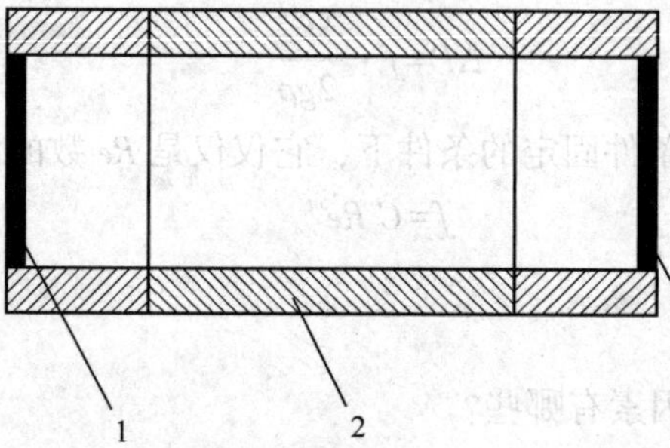

图 3-14 辐射换热简图

1—热源；2—传导圆筒；3—待测物体

根据本实验中的设备情况，要求如下：

1）热源 1 和黑体腔体 2 均为黑体表面，且保证热源 1 和黑体腔体 2 的表面温度一致；

2）热源 1、黑体腔体 2 与待测表面(受体)3 各自表面温度均匀；

3）不同的待测物体(受体)a，b，其中 b 为黑体。

因此，通过比较法测得待测物体的黑度为

$$\varepsilon_{a}=\frac{T_{3a}-T_{f}}{T_{3b}-T_{f}}\cdot\frac{T_{1b}^{4}-T_{3b}^{4}}{T_{1a}^{4}-T_{3a}^{4}} \tag{3-30}$$

式中 T_{1a}——待测物体为 a 时热源的热力学温度，K；

T_{1b}——待测物体为 b 时热源的热力学温度，K；

T_{3a}——待测物体为 a 时的热力学温度，K；

T_{3b}——待测物体为 b 时的热力学温度，K；

T_{f}——环境的热力学温度，K。

3.7.3 实验装置

实验装置如图 3-15 所示。

3.7.4 实验步骤

1）将热源腔体 1 和受体腔体 3(先用“待测”状态的受体)对正靠近传导体 2 并在受体腔体与传导体之间插入石棉板隔热。

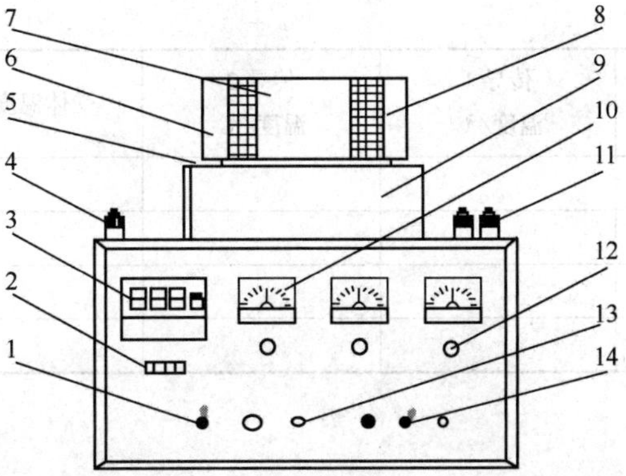

图 3-15　实验装置简图

1、2、4、10、11、12、13—功能键；3—显示屏；5—导轨；6—热源；7—传导腔体；8—待测物体(受体)；9—导轨支架；14—电源开关

2）接通电源，调整热源、传导左和传导右的调温旋钮，使相应的加热电压调到合适的数值。加热 30min 左右，对热源和传导体两侧的测温点进行监测，根据温度值，微调相应的加热电压，直到所有测点的温度稳定在要求的温度上。

3）系统进入恒温后(各测点的温度基本接近，且各点的温度波动小于 3℃)，去掉隔热板，使受体腔体靠近传导体，然后每隔 10min 对受体的温度进行监测、记录，测得一组数据，在此同时，要检测热源和传导体温度，并随时进行调整。

4）取下受体腔体，对受体冷却后，用松脂(带有松脂的松木)或蜡烛将受体表面熏黑。然后重复上述方法，对“黑体”进行测试，测得第二组数据。

5）将两组数据进行整理后代入公式，即可测得待测物体的黑度 ε。

3.7.5　注意事项

1）仪器上限温度为 85℃，实验时设定温度值最高不超过 80℃。

2）当黑体 b 表面有痕迹时，要重新熏黑。

3）同一台仪器先后两次测量(a、b)，必须是相同的设定温度(即设定只进行一次)，否则实验数据无效。

4）决对不许拆卸热源。

3.7.6　数据记录与处理

将实验数据记录于表 3-8 中。

表 3-8　黑度实验记录表

序号	热源温度/℃	传导 1 温度/℃	传导 2 温度/℃	受体温度(光面 a)/℃	环境温度/℃
1					
2					
3					
平均值					

续表

序号	热源温度/℃	传导1温度/℃	传导2温度/℃	受体温度(光面b)/℃	环境温度/℃
1					
2					
3					
平均值					

思考题

1）什么是黑度？实际物体表面的黑度大小取决于哪些因素？

2）何为灰体？实际物体在什么样的条件下可以看作灰体？

3）何为镜体和透明体？

3.8 换热器综合测试

3.8.1 实验目的

1）熟悉套管式、螺旋板式、列管式换热器的结构，掌握其传热性能及测试计算方法；

2）加深认识顺流、逆流对传热性能的影响。

3.8.2 实验原理

根据传热方程和热平衡方程得：

$$K=\frac{Q}{F\Delta t_m} \tag{3-31}$$

式中 Q——换热器整个传热面上的热流量，W；

K——总传热系数，W/(m^2·℃)；

F——总传热面积，m^2；

Δt_m——换热器的平均温差,℃。

1）设热水放热量和冷水吸热量之和的平均值为整个换热面上的热流量，则有：

$$Q=\frac{Q_r+Q_L}{2}=\frac{G_r C_{pr}(t_{r1}-t_{r2})+G_L C_{pL}(t_{L1}-t_{L2})}{2} \tag{3-32}$$

式中 G_r、G_L——热、冷水的质量流量，kg/s；

C_{pr}、C_{pL}——热、冷水的质量定压热熔，J/(kg·℃)；

t_{r1}、t_{r2}——热水的进、出口温度,℃；

t_{L1}、t_{L2}——冷水的进、出口温度,℃。

热、冷水的质量流量 G_r、G_L是根据浮子流量计体积流量读数转换来的，计算中可以按 $L/h=0.000278$kg/s 来换算。

2）其中的平均温差，无论顺流、逆流都可采用对数平均温差的形式。

$$\Delta t_m = \frac{\Delta t_{max} - \Delta t_{min}}{\ln \frac{\Delta t_{max}}{\Delta t_{min}}} \tag{3-33}$$

式中　Δt_{max}——冷、热水在换热器某一端最大的温差，℃；

Δt_{min}——冷、热水在换热器某一端最小的温差，℃。

3）F 为总传热面积，m^2，参照表 3-9。

3.8.3　实验装置

实验装置上的套管式、螺旋板式、列管式换热器(图 3-16～图 3-18)，都属于间壁式金属换热器，热交换介质为冷热水。图 3-19 为换热器综合试验台装置图。

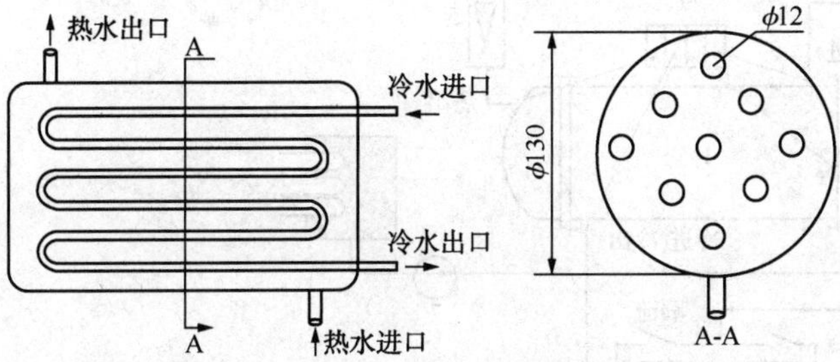

图 3-16　列管式换热器原理图

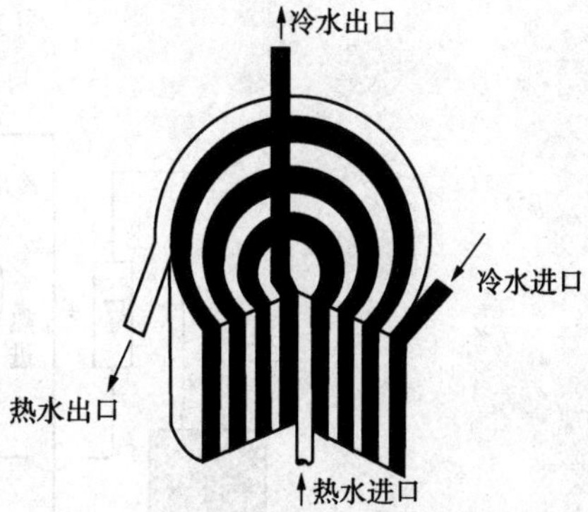

图 3-17　螺旋板式换热器原理图

如图 3-18 所示，换热器中使用冷热水交换热量，冷水通过换向阀门组可任意调整为顺流和逆流形式。热水加热系统采用自动限温和自动控温，冷热水的进出口温度采用数字显示表通过琴键开关转换来测量。试验台有关参数见表 3-9。

表 3-9　实验台参数

换热器总传热面积/m^2			电加热器功率/kW			热水泵	
列管式	螺旋管式	套管式	自动	手动	手动	功率/W	允许水温/℃
1.05	0.65	0.45	1	2	2	60	<80

3.8.4　实验步骤

（1）实验前的准备工作

1）熟悉实验台的工作流程和各个仪表的工作原理、使用方法；

2）选择需要测试的换热器；

3）按顺流和逆流方式调整好冷水换向阀门；

4）热水箱充水至溢流管水平面，冷水进出管路连接好。

（2）实验步骤

1)接通电源，启动电加热器；

2）调整控温仪，使加热水温被控制在 75℃以下的某一指定温度；

3）当自动电加热器第一次动作以后，可切断手动电加热器开关，这时水箱加热系统就

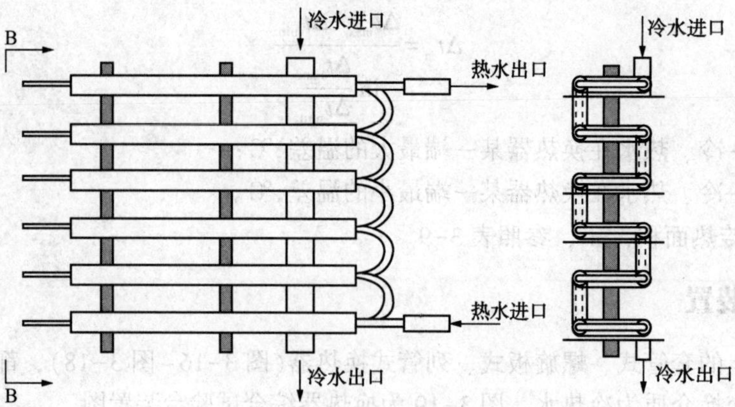

图 3-18　套管式换热器原理图

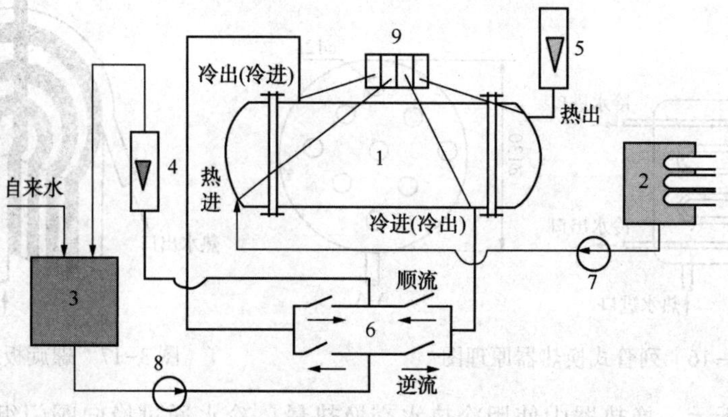

图 3-19　换热器综合试验台装置

1—换热器；2—热水箱；3—水池；4—冷水转子流量计；5—热水转子流量计；
6—顺、逆流冷水换向开关；7—热水泵；8—冷水泵；9—冷、热水温度数显表

进入自动控制温度的状态；

4）启动冷水泵，并调整到合适流量。经过一段时间，冷热水热交换达到相对稳定状态(所谓相对稳定状态是指利用琴键开关和温度数字显示表观测换热器冷却水的进出口温度，且不随时间变化的状态)，注意测定传热性能曲线时要改变几个冷热水的流量参数。

3.8.5　注意事项

1）热流体在热水箱中的加热温度不得超过 80℃；

2）实验台使用前应加接地线，以保安全；

3）启动冷水泵后，当切换冷水阀门顺逆流时，要注意先打开某一对阀门通路再关闭另一对阀门通路，否则会使泵出问题；

4）设备不用时，水泵要过半个月开启一次，如若不转可用螺丝刀旋转电机后面轴。

3.8.6　数据记录与处理

1）当状态稳定后记录相关数据于表 3-10 中。

2）计算总传热系数。

3）绘制换热器温度分布简图。

① 以换热器入口和出口位置为横坐标，以温度为纵坐标，绘制换热器顺逆流温度分布简图；

② 以冷水流量为横坐标，以传热系数为纵坐标，绘制换热器传热性能曲线；

③ 以热水流量为横坐标，以传热系数为纵坐标，绘制换热器传热性能曲线。

表 3-10　实验数据记录表

换热器型式	热交换形式	测量次数	热流体			冷流体		
	顺流	1	进水 t_{r1}/℃	出水 t_{r2}/℃	流量 Q_r/(L/h)	进水 t_{L1}/℃	出水 t_{L2}/℃	流量 Q_L(L/h)
		2						
	逆流	1						
		2						
	顺流	1						
		2						
	逆流	1						
		2						
	顺流	1						
		2						
	逆流	1						
		2						

思考题

1）试比较套管式、螺旋板式、列管式换热器的特点及优缺点；

2）根据实验结果和三种换热器的结构特点和换热方式，分析影响传热系数的因素。

3）换热器在石油行业中的应用？

3.9　综合传热实验

3.9.1　实验目的

1）通过实验，可对各种不同影响传热因素进行分析，从而建立起影响传热因素的初步认识和概念；

2）通过单位时间凝水量的多少，可以观察和分析影响传热的诸多因素，并且可以计算出每根管子的总传热系数 K 值。

3.9.2　实验原理

$$K=\frac{Q}{F\Delta t} \tag{3-34}$$

式中　K——总传热系数，W/(m²·℃)；

Δt——管内外温差，℃，$\Delta t=t_1-t_f$，其中 t_f 为实验时的室内温度，t_1 为饱和温度，当

$P=0.02\text{MPa}$，$t_1=105℃$（饱和温度）。

$$F=\pi dL \tag{3-35}$$

式中　F——传热面积，m^2；

d——铜管外径，m；

L——自然对流时的被测试管长度，m。

L_1——强迫对流时风口的长度，m。

$$Q=G\times\gamma \tag{3-36}$$

式中　γ——汽化潜热，kJ/kg，当 $P=0.02\text{MPa}$，$\gamma=2243$，kJ/kg；

Q——传热量，W；

$$G=\frac{hg_s\gamma}{1000\tau\times60} \tag{3-37}$$

式中　G——凝结水量；

h——蓄水器的水位高度，cm；

g_s——每厘米高度的凝结水量，m^3；

γ——凝结水重度，kg/m^3；

τ——供汽时间，min。

3.9.3　实验装置

实验台由电热蒸汽发生器、一组表面状态不同（光管、涂黑、镀铬、管外加铝翅片以及两种不同保温材料的保温管）的六根铜管、分汽缸、冷凝管、冷凝水蓄水器（可计量）及支架等组成。强制通风时，配有一组可移动的风机（图中未绘出），用它来对管子吹风。实验装置示意图如图 3-20 所示。

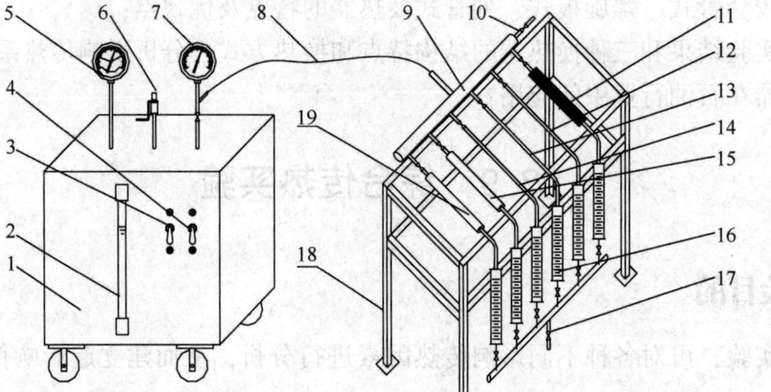

图 3-20　综合传热实验装置示意图

1—电热蒸汽发生器；2—水位计；3—自动加热开关；4—手动加热开关；5—电接点压力表；6—安全阀 7—压力表；8—连接软管；9—分汽缸；10—排水放气阀；11—翅片管；12—光管；13—涂黑管；14—镀铬管；15—锯末保温管；16—凝结储水器；17—放水阀；18—支架台；19—玻璃丝保温管

3.9.4　实验步骤

1）打开电热蒸汽发生器上的供汽阀，然后从底部的给水阀门（兼排污）往蒸汽发生器的锅炉加水，当水面达到水位计的三分之二高处时，关闭给水阀门。

2）打开蒸汽发生器上的电加热器（手动）开关，指示灯亮，内部的电锅炉加热。待电接点压力表达到要求压力时（事先按需要用螺丝扳手调定），电接点压力表动作（断电）。此时，将手动开关闭掉，由电接点压力表控制继电器，使加热器按一定范围进行加热，以供实验所需的蒸汽量。

3）打开配气管上所有阀门（或按实验需要打开其中几个阀门）和玻璃蓄水器下方的放水阀。然后，打开供汽阀缓慢向测试管内送汽（送汽压力略高于实验压力），预热整个实验系统，并将系统内的空气排净。

4）待蓄水器下部放水阀向外排出蒸汽一段时间后关闭全部放水阀门，预热完毕。此时，要调节配气管底部放水阀门使其微微冒汽，以排除在胶管内和配气管中的凝水。调节送汽压力，即可开始实验。

5）做自然对流实验时，将蓄水器下部的全部水阀全部关闭，注视蓄水器内的水位变化，待水位上升至“0”刻度水位时开始计时（如实验多根管子，只要在开始计时，记下每根蓄水器水位读数即可），实验正式开始。凝结水水位达到一定高度时，记下供汽时间和凝结水量。

6）如要进行强迫对流实验，放掉积存在蓄水器及管路中的水，开动风机对被试管进行强迫通风，实验方法同上。

7）实验完毕时，关闭电源，打开所有的放水阀、排气阀，水排净后再将所有阀门关闭，并切断电源即水源。

3.9.5 注意事项

为防止玻璃蓄水器破坏，建议实验压力为 0.02MPa，最大不超过 0.05MPa。

3.9.6 数据处理

将实验所得数据记录于表 3-11 中。

铜管外径：$d=0.025\text{m}$。

被试管长度：自然对流时 $L=0.74\text{m}$；

强迫对流时 $L_1=0.5\text{m}$（风口长度）。

凝结水重度 $\gamma=1\times10^3\text{kg/m}^3$。

表 3-11 实验数据记录表

管路类型	h	h_1	τ	Δt	τ_1	G	G_1	Q	Q_1	K	K_1
翅片管											
光管											
涂黑管											
镀铬管											
锯末保温管											
玻璃丝保温管											

思考题

1）影响凝结传热的因素有哪些？

2）凝结传热的定义及分类？

4 泵与压缩机实验

本章教学是附属于《泵和压缩机》课程的实验教学，主要内容为离心泵的拆装、离心泵性能参数的测定、性能曲线的绘制、活塞压缩机的拆装、螺杆压缩机的性能参数测定实验等。其任务是为配合课堂理论教学，培养学生的基本实验能力和实际动手操作能力，加深对理论知识的理解，对泵和压缩机的基本构造、基本性能和泵和压缩机的运行工况及串并联运行，有一个更全面、更系统的认识、了解和掌握。各专业老师可根据课程的教学基本要求及学时情况选用实验项目。

4.1 离心泵构造与拆装实验

4.1.1 实验目的

1）了解单级离心泵的结构，熟悉各零件的名称、形状、用途及各零部件之间的装配关系；

2）通过对离心泵总体结构的认知，掌握离心泵的工作原理；

3）培养学生对离心泵主要零件尺寸及外观质量的检查和测量能力。

4.1.2 实验原理

通过对离心泵的结构和设计特点来了解和分析其工作原理、性能特点和适用场合；通过对离心泵的了解和观察，正确使用各种工具对离心泵进行拆装操作；通过泵的拆装了解泵的具体结构和安装特点以及各部件的形状和结构特点，并在此基础上完成主要零件的测量和绘制工作。

4.1.3 主要实验仪器设备

离心泵、钳工工具、长度测量工具(游标卡尺)等。

4.1.4 实验步骤

1. 拆卸顺序

(1) 机座螺栓的拆卸

(2) 泵壳的拆卸

1）拆卸泵壳，首先将泵盖与泵壳的连接螺栓松开拆除，将泵盖拆下。

2）用专用扳手卡住叶轮前端的轴头螺母，沿离心泵叶轮的旋转方向拆除螺母，并用双手将叶轮从轴上拉出。

3）拆除泵壳与泵体的连接螺栓，将泵壳沿轴向与泵体分离。泵壳在拆除过程中，应将其后端的填料压盖松开，拆出填料，以免拆下泵壳时增加滑动阻力。

(3) 泵轴的拆卸

1）拆下泵轴后端的大螺帽，用拉力器将离心泵的半联轴节拉下来，并且用通芯螺丝刀或錾子将平键冲下来。

2）使用拉力器卸联轴节，具体方法是：将轴固定好，先拆下固定联轴节的锁紧帽，再用拉力器的拉勾钩住联轴节，而其丝杆顶正泵轴中心，慢慢转动手柄，即可将联轴节在钩拉过程中，可用铜锤或铜棒轻击联轴节，如果拆不下来，可用棉纱蘸上煤油，沿着联轴器四周燃烧，使其均匀热膨胀，这样便会容易拆下，但为了防止轴与联轴器一起受热膨胀，应用湿布把泵轴包好。

3）拆卸轴承压盖螺栓，并把轴承压盖拆除。

4）用手将叶轮端的轴头螺母拧紧在轴上，并用手锤敲击螺母，使轴组沿轴向向后端退出泵体。

5）拆除防松垫片的锁紧装置，用锁紧扳手拆卸滚动轴承的圆形螺母，并取下防松垫片。

6）用拉力器或压力机将滚动轴承从泵轴上拆卸下来。

离心泵拆卸完毕后，应用轻柴油或煤油将拆卸的零部件清洗干净，按顺序放好，以备检查和主要零件的测量。

2. 离心泵的检查

（1）叶轮的检查

叶轮遇有下列缺陷之一时，应予记录。

1）表面出现较深的裂纹或开式叶轮的叶瓣断裂。

2）表面因腐蚀而出现较多的砂眼或穿孔。

3）轮壁因腐蚀而显著变薄，影响了机械强度。

4）叶轮进口处有较严重的磨损而又难以修复。

5）叶轮已经变形。

（2）泵壳的检查

泵壳在工作中，往往因机械应力或热应力的作用出现裂纹。检查时可用手锤轻轻敲泵壳，如出现破哑声，则表明泵壳已有裂纹，必要时可用放大镜查找。裂纹找到后，可先在裂纹处浇以煤油，擦干表面，并涂上一层白粉，然后用手锤轻敲泵壳，使裂纹内的煤油因受振动而渗出，浸湿白粉，从而显示出一条清晰的黑线，借此可判明裂纹的走向和长度。如果泵壳有缺陷，应予以记录。

（3）转子的检查

泵轴拆洗后外观检查，并对下列情况予以记录。

1）泵轴已产生裂纹。

2）表面严重磨损或腐蚀而出现较大的沟痕，以至影响轴的机械强度。

3）键槽扭裂扩张严重。

泵轴要求笔直，不得弯曲变形，拆洗后可在平板上检查泵轴弯曲量。检查时，在平板上放置好两块V形铁，泵轴两端置于其上，将百分表架放在平板上，装好百分表，将百分表顶针顶在泵轴中间的外圆柱面上，用手慢慢转动泵轴，观察百分表指针的变化，记录下最大值和最小值及轴面上的位置，百分表读数的最大值和最小值之差的一半即为轴的弯曲量。

上述测量实际上是测量轴的径向跳动量，一般轴的径向跳动量，中间不超过0.05mm，两端不超过0.02mm，否则应校直。转子的测量与泵轴的测量方法相同，一般叶轮密封环处的径向跳动不超过0.03mm，轴套不超过0.04mm，两轴颈不超过0.02mm。

（4）轴承的检查

对于滚动轴承，检查时发现松动，转动不灵活等缺陷则应予以记录。

滚动轴承其常见故障有：滚子和滚道严重磨损，表面腐蚀等。一般来说轴承磨损严重，其运转时噪声较大，主要是因磨损后其径向和轴向间隙变大所致。一般轴承的内径为30~50mm，径向间隙不大于0.035~0.045mm。

滚动轴承径向间隙的测量方法为：将轴承平放于板上，磁性百分表架置于平板上，装好百分表，然后将百分表顶针顶在轴承外圆柱面上(径向)，一只手固定轴承内圈，另一只手推动轴承的外圈，观察百分表指针的变化量，其最大值与最小值之差即为轴承的径向间隙。

滚动轴承轴向间隙的测量方法为：在平板上放好两高度相同的垫块，将轴承外圈放在垫板上，使内圈悬空，然后将磁性表座置于平板上，装好百分表，将百分表顶于内圈上平面，然后一只手压住外圈，另一只手托起内圈。观察百分表指针的变化量，其最大值与最小值之差即为轴承的轴向间隙。

(5) 检查叶轮密封环间隙是否合适

测量叶轮密封环间隙：通过测量叶轮吸入口外圆和密封环内圆上下、左右两个位置的直径，分别取平均值，其差值的一半为其间隙，记录这个间隙值。

3. 离心泵的安装

离心泵零部件检查后即可以进行装配。

整个转子除叶轮外，其余全部组装完毕，包括轴套、滚动轴承、定位套、联轴器侧轴承端盖、小套、联轴器及螺母等的安装。

转子从联轴器侧穿入泵内，注意填料压盖不要忘记装，轴承端盖上紧后，必须保证：

1）轴承端盖应压住滚动轴承外圈。

2）轴承端盖对外圈的压紧力不要过大，轴承的轴向间隙不能消失。然后用手盘动转子，应灵活轻便。

3）把叶轮及其键、螺母等装在轴上，装上泵盖，盘动转子，

看叶轮与密封环是否出现相应磨擦现象。

4）轴封的装配。该泵采用填料密封，打开填料压盖，依泵原旧填料的根数，然后一根一根的将旧填料压入，压入时每根接口应180°错开，最后装上压盖，但不拧紧螺丝，等到泵工作时，再慢慢拧紧螺丝，直到不漏为止。

5）将泵放到泵座并将其固定。

4.1.5 注意事项

1）对一些重要部件拆卸前应做好记号，以备装复时定位。

2）拆卸的零部件应妥善安放，以防失落。

3）对各接合面和易于碰伤的地方，应采取必要的保护措施。

4.1.6 实验处理

绘制泵的结构装配草图，并标出主要零部件的名称及尺寸。

思考题

1）离心泵的工作原理是什么？

2）离心泵在运转中泵壳发热的原因是什么？如何处理？

3）离心泵防内漏靠什么起作用？

4.2 离心泵性能测定实验

4.2.1 实验目的

1）了解离心泵输送装置的组成、结构特点，熟练掌握离心泵的基本操作；

2）掌握离心泵特性曲线的概念以及性能参数的测定方法；

3）测定离心泵在一定转速下，H(扬程)、N(轴功率)、η(效率)与Q(流量)之间的特性曲线；

4.2.2 实验原理

离心泵的性能参数主要有流量Q、扬程H(也叫压头)、轴功率N和效率η。在一定的型号和转速下，离心泵的扬程H、轴功率N及效率η均随流量Q的大小而改变。通常用水通过实验测出$H-Q$、$N-Q$及$\eta-Q$之间的关系，并用曲线表示称为特性曲线。特性曲线是确定泵的适宜操作条件和选用泵的重要依据。

实验时，利用各阀门的开、关调节，形成泵1(或泵2)的单台泵工作回路，在不同流量下，测定一组相应的压力表、真空表、电功率和流量计的读数(或利用计量水箱和秒表来计量)，即可得出一组泵的流量Q、扬程H，轴功率N等数据，可以绘出泵的$H-Q$、$N-Q$及$\eta-Q$等特征曲线。

1）泵的流量(利用计量水箱和秒表来计量)：

$$Q=\frac{(h_2-h_1)\times S}{t}\text{m}^3/\text{s} \tag{4-1}$$

式中 h_1——小水箱初始液面高度，m；

h_2——小水箱终止液面高度，m；

S——小水箱的横截面积，m^2；

t——小水箱初始液面到终止液面高度所需时间，s。

2）泵的扬程：

$$H=\frac{p_2-p_1}{\rho g}+z+\frac{u_2{}^2-u_1{}^2}{2g}\text{m} \tag{4-2}$$

式中 p_1——离心泵入口压力表读数，Pa；

p_2——离心泵出口压力表读数，Pa；

z——泵入口中心到出口中心的垂直距离，m；

u_1——泵入口水的流速，m/s；

u_2——泵出口水的流速，m/s；

ρ——水的密度，kg/m^3；

g——重力加速度，9.81m/s^2。

3）轴功率N：

$$N=N_D\times\eta_{电机} \tag{4-3}$$

式中 N_D——电机的电功率，W；

$\eta_{电机}$——电机的效率，取$\eta_{电机}=0.88$。

4）效率即为泵的有效功率和轴功率之比，由下式求得：

$$\eta=\frac{Ne}{N}=\frac{QH\rho g}{N}\times 100\% \tag{4-4}$$

式中 Q——泵的流量，m^3/s；

H——泵的扬程，m；

ρ——水的密度，kg/m^3；

g——重力加速度，$9.81m/s^2$；

N——泵的轴功率，kW。

4.2.3 实验设备

主要有离心泵、电机、控制装置和测功仪表、真空表、压力表、闸阀、孔板流量计等。其装置如图4-1所示。

离心泵用电动机带动，将水从水槽中吸入，然后由压出管排至水槽。在泵的吸入口和压出口处，分别装有真空表和压力表，以测量水的进出口处的压力，泵的出口管线装有文氏流量计(或计量水箱和秒表)，用来计量水的流量，并装有阀门，用来调节水的流量或管内压力，另电子显示屏可读出电机的电功率，泵的轴功率要经过换算得出。

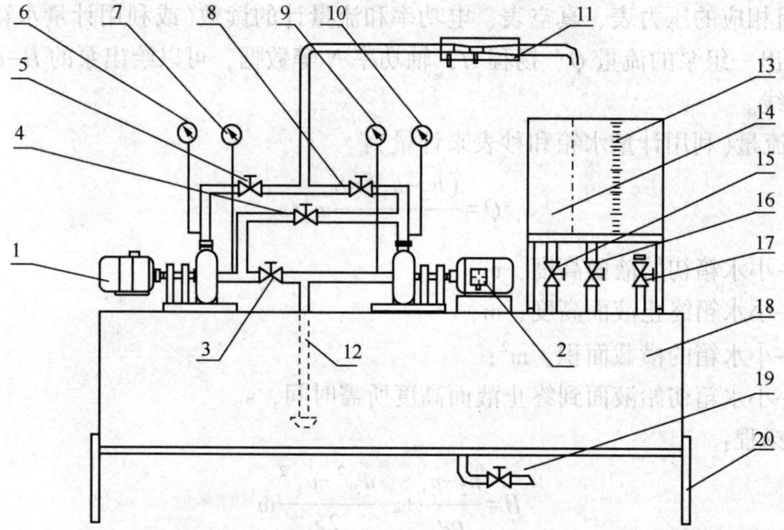

图4-1 离心泵试验台的结构示意图

1—泵Ⅰ；2—泵Ⅱ；3—进水阀；4—串联阀；5—出水阀(泵1)；6—压力表；7—真空压力表；8—出水阀(泵Ⅱ)；9—真空压力表；10—压力表；11—孔板流量计；13—计量水箱；14—回水箱；15—回水阀；16—计量水箱放水阀；17—排气阀；18—水箱；19—放水阀；20—试验台支架

4.2.4 实验步骤

(1) 试验前准备

1）将水箱注满水。

2）拧开泵1的充水孔盖，向水泵充水，直到泵体内充满水为止(此时，应关闭进口阀3)。

3）关闭阀门4、阀门8；打开阀门5。

（2）进行试验

1）启动泵 1。泵运转后，即打开阀门 3，再关闭阀门 5。此时，流量为 0，为空载状态。测量压力 6，真空压力 7 的读数和电机的功率。

2）打开阀门 5 至一定开度，水泵开始给水，再测读压力 6、真空压力 7 和电机的功率。泵的流量也可用计量水箱和秒表(用户自备)来测量。

3）逐步开大阀门 5，改变泵的流量(一般改变 10~15 次)，在每一流量下，测量并记录上述试验数据。

这样，可以测得相应于不同流量下的试验数据，从而就可以绘出泵的特性曲线。

4.2.5 注意事项

在接电运转前，必须做好下列准备工作：

1）仔细检查各阀门、接头和表头等有无松动，如有松动，应加以紧固。

2）用橡胶管将文丘里流量计的测压口与压差计相连接。

3）将测力矩力臂用限位装置锁住。

4）将水箱注满水，并使泵内全部充满水。完成上述安装工作以后，即可接电试运转。启动水泵，观察有无漏水现象，如漏水，应设法处理。

5）试验台应很好的接地，以保安全。

4.2.6 数据记录与处理

将实验数据记录于表 4-1 中。

表 4-1 实验数据记录表

编号	泵出口压力 P_2/MPa	泵入口压力 P_1/MPa	轴功率 N/W	初始液面高度 h_1/m	终止液面高度 h_2/m	时间 t/s	泵流量 $Q/(m^3/s)$	扬程 H/m
1								
2								
3								
4								

根据测试数据，在坐标纸上点出测试点，最后光滑的绘制出泵的 $H-Q$，$N-Q$ 及 $\eta-Q$ 曲线。

思考题

1）离心泵启泵前为什么需要灌泵？

2）采用文丘里流量计，如何计算流量值？

2）根据实验结果分析，如何减小实验误差？

4.3 离心泵串并联实验

4.3.1 实验目的

1）掌握离心泵串联与并联的运行方式；

2）掌握离心泵串、并联产生的效果；

3）验证离心泵联合运行，即串联与并联工作时的性能以及与单泵运行时性能的关系。

4.3.2 实验原理

（1）离心泵的串联

离心泵串联运行就是将泵的出口、入口首尾相连，即前一台泵的出口是后一台泵的入口，输送介质以同一流量依次通过各台泵。离心泵串联的工作特点是每台泵的流量相等，串联后总扬程等于每台泵的扬程之和。

（2）离心泵并联

离心泵并联运行是指两台或多台离心泵的出口管线合并为一条输出管线，其工作特点是：每台泵的扬程相等，并联后的流量等于各台泵的流量之和。

本实验中流量测量运用的是流量计直接读数或计量水箱；

$$Q=\frac{(h_2-h_1)\times S}{t} \tag{4-5}$$

式中 h_1——小水箱初始液面高度，m；

h_2——小水箱终止液面高度，m；

S——小水箱的横截面积，m^2；

t——小水箱初始液面到终止液面高度所需时间，s。

离心泵的扬程：

$$H=\frac{p_2-p_1}{\rho g}+(z_2-z_1) \tag{4-6}$$

式中 p_1——离心泵入口压力表读数，Pa；

p_2——离心泵出口压力表读数，Pa；

z——泵入口中心到出口中心的垂直距离，m；

ρ——水的密度，kg/m^3；

g——重力加速度，$9.81m/s^2$。

4.3.3 实验装置

主要有离心泵、电机、控制装置和测功仪表、真空表、压力表、闸阀、孔板流量计等。其装置如图 4-2 所示。

离心泵用电动机带动，将水从水槽中吸入，然后由压出管排至水槽。在泵的吸入口和排出口处，分别装有真空表和压力表，以测量水的进出口处的压力，泵的出口管线装有文氏流量计(或计量水箱和秒表)，用来计量水的流量，并装有阀门，用来调节水的流量或管内压力。

4.3.4 实验步骤

（1）串联实验操作

1）在相同流量下，测出单台泵运行时的泵 1 和泵 2 的扬程 H_1和 H_2。其试验步骤和方法可参照泵的特性试验方法。

2）在与单台泵运行时的相同得流量下，测出两台泵的串联时的扬程 $H_{串}$。

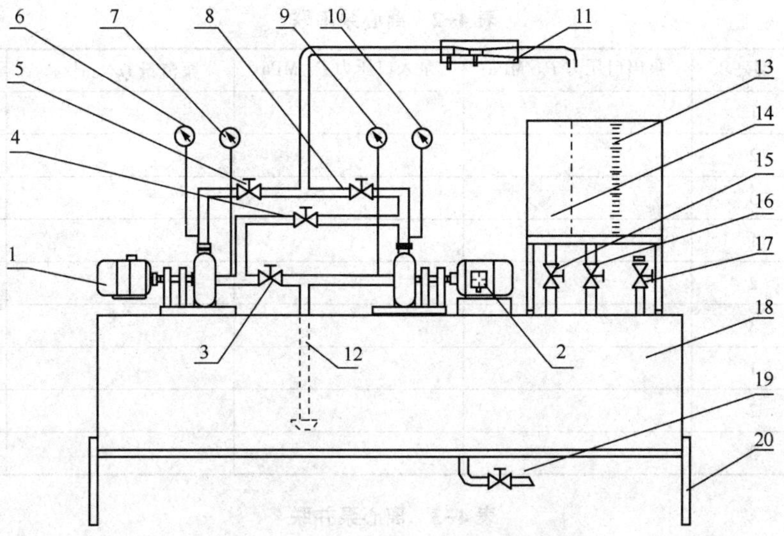

图 4-2　离心泵试验台的结构示意图

1—泵Ⅰ；2—泵Ⅱ；3—进水阀；4—串联阀；5—出水阀(泵 1)；6—压力表；7—真空压力表；8—出水阀(泵Ⅱ)；9—真空压力表；10—压力表；11—孔板流量计；13—计量水箱；14—回水箱；15—回水阀；16—计量水箱放水阀；17—排气阀；18—水箱；19—放水阀；20—试验台支架

具体步骤如下：

① 打开阀门 15；关闭阀门 3，4，5，8，16。

② 接通电源，首先启动泵 2，运行正常后，打开串联阀门 4，再启动泵 1，待运行正常后，然后打开阀门 5。

③ 调节阀门 5，使流量指示与单台泵运行时相同。

④ 在压力 6 和 10 上进行扬程 $H_{串}$ 读值。

（2）并联实验操作

1）在相同的扬程下，测出单台水泵进行时泵 1 和泵 2 的流量 Q_1 和 Q_2。

2）在与单台泵运行时的相同的扬程下，测出两台泵并联时的流量 $Q_{并}$。

具体步骤如下：

① 开阀门 3，15；关闭阀门 4，5，8，16。

② 启动水泵 1 和水泵 2，运行正常后，打开阀门 5，8。

③ 调节阀门 5，8，使压力 6，10 的扬程一致，并与单台泵运行时相同。

④ 用流量计或计量水箱进行流量 $Q_{并}$ 测量。

4.3.5　注意事项

1）实验中注意观察，离心泵运转声音是否正常；发现异常或仪表失灵现象应及时报告指导老师。

2）每改变一次工况，待流量稳定后，同时读出记取各参数；改变工况和记取各参数读值，由指挥同学指挥进行。

4.3.6　数据记录与处理

将实验数据记录于表 4-2、表 4-3 中。

表 4-2　离心泵串联

	编号	泵出口压力 P_2/MPa	泵入口压力 P_1/MPa	泵流量 Q/(m^3/s)	扬程 H/m
1#泵	1				
	2				
	3				
2#泵	1				
	2				
	3				
2 台泵串联	1				
	2				
	3				

表 4-3　离心泵并联

	编号	泵出口压力 P_2/MPa	泵入口压力 P_1/MPa	泵流量 Q/(m^3/s)	扬程 H/m
1#泵	1				
	2				
	3				
2#泵	1				
	2				
	3				
2 台泵并联	1				
	2				
	3				

1）通过数据测量计算出扬程，并以流量为横坐标、扬程为纵坐标把计算的单泵数据绘制在坐标纸上；

2）将两台单泵扬程与流量性能曲线分别按照竖加法和横加法原理，绘出串联与并联的扬程与流量的性能曲线，并且与实测值进行比较。

思考题

1）什么是离心泵的串并联运行？

2）离心泵串并联工况的特点？

3）假设单泵叠加曲线与实测值不相符，分析原因？

4.4　活塞压缩机的拆装实验

4.4.1　实验目的

1）了解压缩机的结构和工作原理，为进一步学习压缩机理论打好基础。

2）了解压缩机主要零部件的结构及作用。

4.4.2 实验原理

通过活塞压缩机的结构和设计特点来了解和分析其工作原理、性能特点和适用场合；通过对活塞压缩机的了解和观察，正确使用各种工具对活塞压缩机进行拆装操作；通过活塞压缩机的拆装了解活塞压缩机的具体结构和安装特点。

4.4.3 实验设备

活塞压缩机、扳手和橡胶锤等。

4.4.4 实验步骤

1）打开气阀阀盖，拆气阀并将气阀、阀盖与相应的安装位置做上标记。

2）旋下汽缸螺母，取下汽缸盖。

3）拆卸活塞杆与十字头连接装置，卸下活塞、活塞杆，在拆卸过程中应避免碰伤十字头滑道与汽缸内界面。

4）拆下制油器、填料函，拆卸过程中应注意其排列的顺序并做好记号。

5）打开活塞杆大头连接螺栓及十字头销，取出连杆，均应对应做好标记，以免装配时装错。

6）拆下十字头，拆卸时应避免敲击。

7）拆曲轴。

8）汽缸的组装：汽缸的组装包括汽缸水压实验、测量汽缸的水平度及同轴度。汽缸中心线应与十字头滑道中心线重合，同轴度满足标准要求。

9）曲轴、轴承的安装：曲轴、轴承的安装包括曲轴水平度测量、曲轴中心线与机体十字头滑道中心线的垂直度测量、轴瓦瓦背与轴承座孔或斜垫的贴合度测量、轴瓦与轴或轴销的贴合度测量。

10）连杆、十字头组装包括连杆组装及十字头装配。

11）填料和刮油环的组装包括填料盒端面研磨及各填料环的装配顺序。

4.4.5 注意事项

1）拆卸的零部件应妥善安放，以防失落；

2）对各接合面和易于碰伤的地方，应采取必要的保护措施，对于损坏的部件应及时更换；

3）工具的选取使用，正确得当。

思考题

1）试述活塞压缩机的主要构件和工作原理。

2）活塞压缩机的防泄漏部件有哪些？

3）活塞压缩机冷却方式有哪些？

4.5 螺杆压缩机的性能测定实验

4.5.1 实验目的

1）通过实验，使学生加深对螺杆式空气压缩机的工作原理和基本性能参数的理解；

2）掌握螺杆式空气压缩机的吸、排气温度、转速、排气量等基本性能参数的测试方法；

3）掌握螺杆式空气压缩机、性能实验装置启动过程和运行操作及日常维护方法。

4.5.2 实验原理

压缩机的的吸气温度即室温，排气温度即在压缩机标准排气位置测得的温度，可通过温度传感器在计算机上读出；

压缩机的排气量：

$$Q_s = Q_d \frac{P_d}{P_s} \times \frac{T_s}{T_d} \tag{4-7}$$

式中 P_s、P_d——压缩机的进、排气压力，Pa；

T_s、T_d——压缩机的进、排气温度，K；

Q_s——压缩机的实际排气量，m^3/min；

Q_d——在压缩机标准排气位置测得的排气量，m^3/min。

4.5.3 实验设备

实验所需设备：螺杆式空气压缩机，温度计，压力变送器，温度传感器，涡轮流量计、计算机等。测试流程如图 4-3 所示。

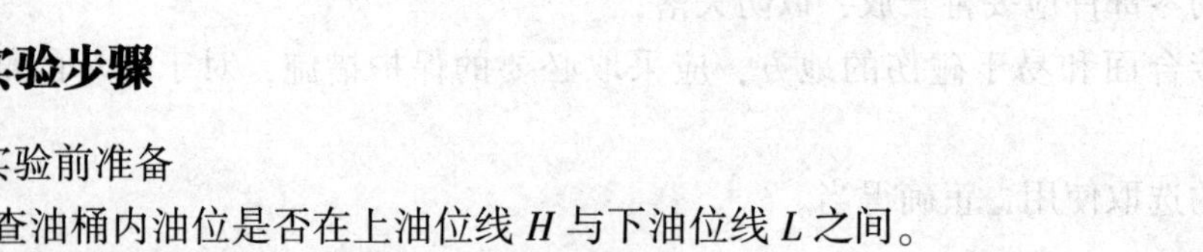

图 4-3 螺杆压缩机性能测试流程图

4.5.4 实验步骤

（1）实验前准备

1）检查油桶内油位是否在上油位线 H 与下油位线 L 之间。

2）若压缩机很久没有运行时，应从进气阀内加入 0.5L 左右之润滑油，并用手转动空压机数转，防止起动时压缩机内失油烧毁，请特别注意不可让异物掉入压缩机机体，以免损坏压缩机机体。

3）检查冷却系统。

4）按下“ON”起动后几秒内，立即按“紧急停止”钮，若转向不对；请将三条电线中任意两条线调换即可。

(2) 实验步骤

1) 开启 XV01，KV01，XV02，XV03、XV15 等相关阀门。

2) 用电脑开启螺杆压缩机 C1，再按下“ON”钮，空压机开始运转。

3) 启动后，当出口 PI01 压力表读数分别为 0.02MPa、0.04MPa、0.06MPa 和 0.08MPa 时，记录压缩机的排气温度、压缩机排气量、输入功率等参数。

4) 按下“OFF”钮 10~15s，计时继电器动作，电动机才会停转，这是为了避免空压机在重负何情况下直接停机。

5) 当按下“OFF”钮后泄放阀会自动排气。

4.5.5 注意事项

1) 当运转中有异音及不正常振动时应立即停机。

2) 运转中管路及容器内均有压力，不可松开管路或栓塞，以及打开不必要之阀门。

3) 在长期运转中若发现油位计上的油不减，且油位太低指示灯亮时，应立即停机。

4) 观察油位应在停机 10min 后，在运转中油位可能与停机时相比油位稍低。

5) 运转中每 30min 检查仪表记录电压、电流、排气压力、排气温度、油位等，供以后检修维护参考。

4.5.6 数据记录与处理

将实验数据记录于表 4-4 中。

表 4-4 螺杆式空气压缩机的性能实验数据

No	压缩机排气压力 Pa/MPa	压缩机吸气温度/℃	压缩机排气温度/℃	输入功率 N/W	压缩机排气流量 Q/(m^3/s)	转速 N/min
1						
2						
3						
5						

通过数据测量计算出压缩比，并以压缩机排气量为横坐标、压缩比为纵坐标把计算的数据绘制在坐标纸上。

思考题

1) 螺杆压缩机的工作原理是什么？

2) 压缩机压缩比如何计算？

3) 压缩机的冷却方式有哪些？

5 油品物性测量实验

油品物性的各项指标与要求是化工厂、炼油厂、油库、化验室等部门依据国家标准与行业要求经常测得的重要数据，对其生产流程与工艺有其重要意义。

本章主要包括七项内容“油品密度测量”、“油品凝点测量实验”、“油品冷滤点测量实验”、“油品黏度及流变性测定实验”、“石油产品闪点、燃点测定”、“石油产品馏程测定法”。使学生在了解标准规范要求的前提下，掌握油品物性测量实验的步骤与实验结果分析，同时加深实验注意事项的重要性，对以后从事油品相关行业打好扎实的基本功。

5.1 油品密度测量

5.1.1 实验目的

1）了解石油密度计法测定油品密度的原理和方法；

2）掌握密度计法测定油品密度的操作。

5.1.2 实验原理

GB/T 1884—2000 密度计法是以阿基米德定律为基础的。当密度计沉入液体时，排开一部分液体，并受到自下而上的、等于其所排开液体重量的浮力的作用。当密度计处于静止时，密度计所排开的液体重量等于密度计本身的重量，即单位体积内油品的质量，称为油品的密度。用石油计量表把观察到的密度读数换算成标准密度。

5.1.3 实验装置

（1）仪器

石油产品密度试验器（符合 GB/T 1884—2000 技术规定）。或由以下仪器组合：密度计（符合 SH/T 0316—1998 的技术要求，定期检定）；量筒（透明玻璃或塑料材质，250mL 或 500mL）；温度计（两种：$-1\sim38$℃，最小分度值为 0.1℃；$-20\sim102$℃，最小分度值为 0.2℃）；恒温浴（能容纳量筒，使试样完全浸没在恒温浴液面以下，可控制试验温度变化$\pm$0.25℃以内）。

（2）试剂

煤油、柴油、汽油机油。

5.1.4 实验步骤

（1）试样的准备

充分混合试样，对饱和蒸汽压大于 50kPa 的轻质石油产品在原来的容器和密闭系统中混合；对含蜡原油在混合前，要先加热到能够充分流动的温度，保证既无蜡析出，又不致引起轻组分损失。

将调好温度的试样小心地沿管壁倾入到洁净的量筒中，注入量为量筒容积的70%左右。若试样表面有气泡聚集时，要用清洁的滤纸除去气泡。将盛有试样的量筒放在没有空气流动并保持平稳的实验台上。

（2）选择密度计

根据试样的状况选择合适的密度计，将干燥、清洁的密度计小心地放入搅拌均匀的试样中时，密度计底部与量筒底部的间距至少保持25mm，否则应向量筒注入试样或用移液管吸出适量试样。

（3）测定试样密度

选择合适的密度计慢慢地放入试样中，达到平衡时，轻轻转动一下，放开，使其离开量筒壁，自由漂浮至静止状态。并按图5-1所示的方法读数。对不透明黏稠试样，读取液体上弯月面与密度计干管相切的刻度读数；对透明低黏度试样，要将密度计再压入液体中约两个刻度，放开，待其稳定后，读取液体下弯月面与密度计干管相切的刻度。记录读数后，立即小心地取出密度计，并用温度计垂直地搅拌试样，记录温度，准确到0.1℃。

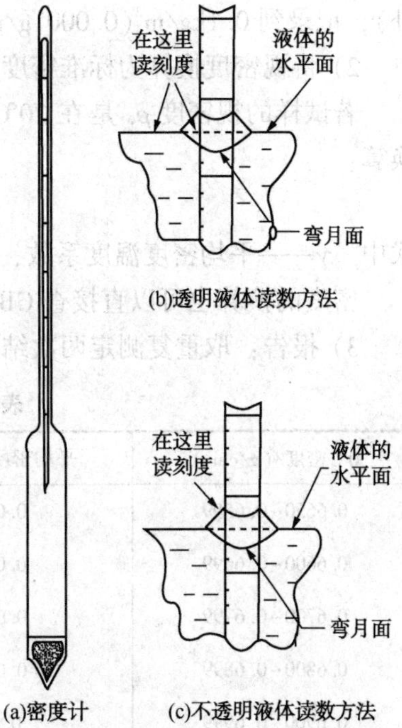

图5-1　石油密度计及其读数方法

若与开始试验温度相差大于0.5℃，应重新读取密度和温度，直到温度变化稳定在0.5℃以内。如果不能得到稳定温度，把盛有试样的量筒放在恒温浴中，再按步骤(3)重新操作。

记录连续两次测定的温度和视密度。

5.1.5　注意事项

1）用密度计测密度时，在接近或等于标准温度20℃时最准确，在整个试验期间，若环境温度变化大于2℃时，要使用恒温水浴，以免测定温度变化过大。当密度计用于散装石油计量时，需在接近散装石油温度3℃以内测定密度，这样可以减少石油体积修正误差。

2）对未知试样根据预先估计的密度值，选择合适的密度计进行测定。密度计要轻轻放入试样，防止密度计快速下沉到底部，撞坏密度计。其次要注意避免弄湿液面以上的干管。试样必须搅拌均匀。试样内或表面上不应存在气泡，否则会影响读数。

3）密度计在使用前应擦拭干净，擦拭后不要再握拿最高分度线以下部分，以免影响读数。密度计只能握拿最高分度线以上的杆管部分，垂直取放，切勿横着拿取密度计的细管一端，以防折断。

4）记下密度计读数后，应立即测定试样温度。

5.1.6　实验数据记录及数据处理

1）对密度计读数修正：由于密度计读数是按读取液体下弯月面作为检定标准的，不透明试样读数时以干管的上弯月面为准，因此需加以修正(SY-1型或SY-2型石油密度计除外)，记录到 0.1kg/m³(0.0001g/mL)。

2）将视密度换算为标准密度：

若试样的视密度 ρ_t 是在 20℃±5℃范围内测定的，则试样的标准密度 ρ_{20} 可以按下式换算：

$$\rho_{20}=\rho_t+\gamma(t-20) \tag{5-1}$$

式中　γ——平均密度温度系数，g/cm³℃；可根据试样密度查油品平均密度温度系数表。

密度的换算也可以直接查 GB/T 1885—1998《石油计量表》，见表 5-1。

3）报告：取重复测定两次结果的算术平均值，作为试样的密度。

表 5-1　油品平均密度温度系数表

0℃密度/(g/cm³)	平均密度温度系数	0℃密度/(g/cm³)	平均密度温度系数
0.6650~0.6599	0.00097	0.8000~0.8099	0.00073
0.6600~0.6699	0.00095	0.8100~0.8199	0.00071
0.6700~0.6799	0.00093	0.8200~0.8299	0.0007
0.6800~0.6899	0.00091	0.8300~0.8399	0.00069
0.6900~0.6999	0.0009	0.8400~0.8499	0.00068
0.7000~0.7099	0.00088	0.8500~0.8599	0.00066
0.7100~0.7199	0.00086	0.8600~0.8699	0.00065
0.7200~0.7299	0.00085	0.8700~0.8799	0.00064
0.7300~0.7399	0.00083	0.8800~0.8899	0.00063
0.7400~0.7499	0.00081	0.8900~0.8999	0.00062
0.7500~0.7599	0.0008	0.9000~0.9099	0.00061
0.7600~0.7699	0.00078	0.9100~0.9199	0.0006
0.7700~0.7799	0.00077	0.9200~0.92299	0.00059
0.7800~0.7899	0.00076	0.9300~0.9399	0.00058
0.7900~0.7999	0.00074	0.9400~0.9499	0.00057

思考题

1）为什么记下密度计读数后，应立即测定试样温度？

2）为什么试样内或表面上不应存在气泡？

3）为什么密度计在被测液体中达到平衡时，轻轻转动一下？

5.2　油品凝点测量实验

5.2.1　实验目的

掌握凝点的测定方法和操作技能，了解凝点对油品生产及使用的重要性。

5.2.2 实验原理

冷却液态样品，当液体中有固体生成时，体系中固体、液体共存，两相成平衡，温度保持不变，在规定的实验条件下，观察液态样品在凝固过程中温度的变化，就可测出其凝固点。

5.2.3 实验装置

(1) 仪器

石油产品凝点试验器。

圆底试管：高度 160mm±10mm，内径 20mm±1mm，在距管底 30mm 的外壁处有一环形标线；圆底玻璃套管：高度 130mm±10mm，内径 40mm±2mm。

温度计：供测定凝点低于−35℃石油产品使用，最小分度 1℃；水浴。

(2) 试剂

无水乙醇(化学纯)。

5.2.4 实验步骤

1) 仪器预热，设置冷槽温度，打开仪器电源开关，设置试验冷槽的温度比试样预期凝点低 7~8℃。

2) 试样脱水，若试样含水量大于标准允许范围，必须先行脱水。脱水时加入新煅烧的粉状硫酸钠或小粒氯化钠，定期振摇 10~15min，静置，用干燥的滤纸滤取澄清部分。

3) 在干燥清洁的试管中注入试样，使液面至环形刻线处，用软木塞将温度计固定在试管中央，水银球距管底 8~10mm。

4) 预热试样。将装有试样和温度计的试管垂直浸在50℃±1℃的水浴中，直至试样温度达到 50℃±1℃为止。

5) 冷却试样。取出试管，擦干外壁，将试管安装在套管中央，垂直固定在支架上，在室温条件下，使试样冷却到 35℃±5℃为止。然后将试管放入已恒温的实验冷槽的铜制套管中。

6) 测定试样凝点范围。当试样冷却到预期凝点时，将凝点试管倾斜 45°保持 1min，然后小心取出仪器，迅速地用工业酒精擦拭套管外壁，垂直放置仪器，透过套管观察试样液面是否有过移动。

当液面有移动时，从套管中取出试管，重新预热到 50℃±1℃，然后用比前次低 4℃的温度重新测定，直至某试验温度能使试样液面停止移动为止。

当液面没有移动时，从套管中取出试管，重新预热到 50℃±1℃，然后用比前次高 4℃的温度重新测定，直至某试验温度能使试样液面出现移动为止。

7) 确定试样凝点。找出凝点的温度范围(液面位置从移动到不移动或从不移动到移动的温度范围)之后，采用比移动的温度低 2℃或比不移动的温度高 2℃的温度，重新进行试验。如此反复试验，直至能使液面位置静止不动而提高 2℃又能使液面移动时，取液面不动的温度作为试样的凝点。

8) 重复测定。试样的凝点必须进行重复测定，第二次测定时的开始试验温度要比第一次测出的凝点高 2℃。

5.2.5 注意事项

1）为防止过冷超过 0.5℃，当温度低于粗测凝固点温度时，必须及时调整调速旋钮，加快搅拌速度，以控制过冷程度。

2）实验的环境气氛和溶剂、溶质的纯度都直接影响实验的效果。

3）冰浴槽温度应不低于溶液凝固点 3℃为佳。一般控制在低于 2～3℃。本装置除可用自动搅拌外，同时可配置手动搅拌器。

传感器和仪表必须配套使用(传感器探头编号与仪表的出厂编号应一致)，以保证检测的准确度，否则，温度检测准确度将有所下降。

5.2.6 实验数据记录及数据处理

取重复测定两次结果的算术平均值，作为试样的凝点，填入表 5-2 中。

用以下数值来判断测定结果的可靠性(置信水平为 95%)。

1）重复性。同一操作者重复测定两次，结果之差不应超过 2℃。

2）再现性。由不同实验室提出的两个结果之差不应超过 4℃。

表 5-2 实验数据记录表

第一次测得凝点/℃	第二次测得凝点/℃	算术平均值凝点/℃

思考题

1）为什么实验的环境气氛和溶剂、溶质的纯度影响实验的效果？

2）为什么试样必须先行脱水？

3）凝点对油品生产及使用有哪些重要性？

5.3 油品冷滤点测量实验

5.3.1 实验目的

掌握石油产品冷滤点的测定方法和计算方法，掌握冷滤点装置的安装和操作方法。

5.3.2 实验原理

冷却液态样品，当液体中有固体生成时，体系中固体、液体共存，两相成平衡，温度保持不变，在规定的实验条件下，观察液态样品在凝固过程中温度的变化，就可测出其冷滤点。

5.3.3 实验装置

(1) 仪器及材料

石油产品冷滤点试验器。

试杯：玻璃制，平底筒形，规格如图 5-2 所示。

套管：黄铜制，平底筒形。

温度计：选择与被测试样对应的温度计。

过滤器：各部件均为黄铜制，内有黄铜镶嵌 363 目的 004 号不锈钢丝网。

吸量管：玻璃制，20mL 处有一刻线，规格如图 5-3 所示。

三通阀：玻璃制，分别与吸量管上部、抽空系统和大气相通。

橡胶塞：用以堵塞试杯的上口，塞子上有三个孔，各用来装温度计、吸量管和通大气支管。稳压水槽上的塞子也有三个孔，分别用来连接水流泵、试验系统和大气。

抽真空系统：由 U 形管压差计、稳压水槽和水流泵组成。

冷浴：机械制冷或半导体制冷装置。

其他：聚四氟乙烯隔环和垫圈，秒表，电吹风机等。

(2) 试剂

溶剂油：符合 GB—1922 中 90#或 SH—0005 的规定；无水乙醇(化学纯)；苯(化学纯)；柴油。

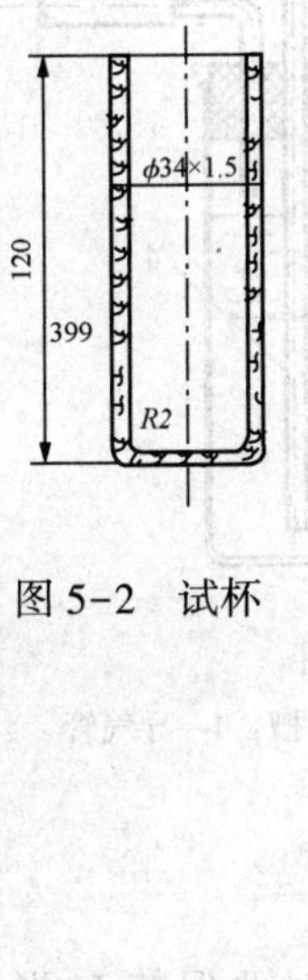

图 5-2　试杯

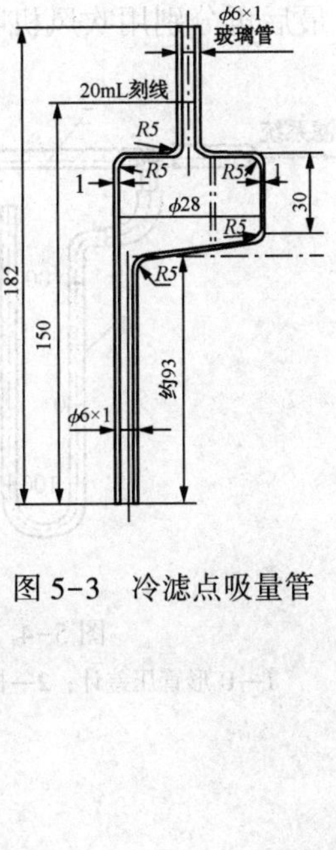

图 5-3　冷滤点吸量管

5.3.4　实验步骤

1. 准备工作

(1) 试样除杂

试样中如有杂质，必须将试样加热到 15℃以上，用不起毛的滤纸过滤。

(2) 试样脱水

试样中如含有水，应加入煅烧并冷却的食盐、硫酸钠或无水氯化钙处理，脱水后才能进行测定。

(3) 准备冷浴

按照试样预期冷滤点设定试验冷槽的温度。也可按预期冷滤点，准备不同温度和数目的冷浴。在整个操作过程中，冷浴要搅拌均匀。

2. 试验步骤

(1) 安装装置

仪器按照如图 5-4 所示，安装温度计、吸量管，过滤器要垂直放于试杯底部，然后置其于热水浴中，使油温达到 30℃±5℃。打开套管口的塞子，将准备好的试杯垂直放置于预先冷却到预定温度冷槽的套管内。

（2）连接抽真空系统

将抽真空系统与吸量管上的三通阀连接好。在进行测定前，不要使吸量管与抽真空系统接通。启动水流泵进行抽空，U 形管压差计应稳定在指示压差为：1.961kPa(200mmH_2O)。

（3）测定冷滤点

当试样冷却到比预期温度稍高时(一般比冷滤点高 5~6℃)，开始第一次测定。转动三通阀，使抽空系统与吸量管接通，同时用秒表计时。当试样上升到吸量管 20mL 刻线处，关闭三通阀，同时秒表停止计时，转动三通阀，使吸量管与大气相通，试样自然流回试杯。

（4）确定冷滤点

每降低 1℃，重复测定操作，直至 60s 通过过滤器的试样不足 20mL 为止。记下此时的温度，即为试样冷滤点。

（5）试验仪器洗涤与整理

试验结束时，将试杯从套管中取出，加热熔化，倒出试样，洗涤试验设备。用溶剂油清洗试杯、三通阀等，最后再分别用吹风机吹干。

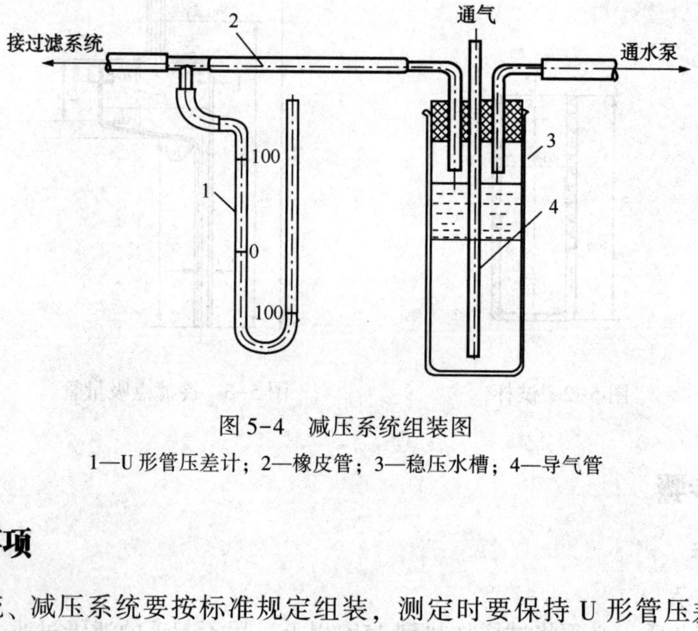

图 5-4　减压系统组装图

1—U 形管压差计；2—橡皮管；3—稳压水槽；4—导气管

5.3.5　注意事项

1）过滤系统、减压系统要按标准规定组装，测定时要保持 U 形管压差，使之稳定在 1961Pa(200mmH_2O)。

2）按试样冷滤点的范围，按规定控制好冷槽温度。

3）试样中如有杂质应过滤除去。

4）转动和关闭三通阀时要平稳，不能使过滤系统振荡，同时启动和停止秒表，保证计时准确。

5）过滤网的孔径大小直接影响试样过滤的结果，因此，不锈钢滤网经过 20 次测定后要重新更换，以保证滤网的目数为 363。

6）试杯从套管中共取出时，套管口要塞上塞子，防止空气中湿气在套管中冷凝成水。

5.3.6 数据处理和报告

记录实验所得数据于表 5-3 中，取两次重复试验结果的算术平均值，报告为本试验结果。

表 5-3 实验记录表

第一次测得凝点/℃	第二次测得凝点/℃	算术平均值凝点/℃

用下述规定判断试验结果的可靠性：

（1）重复性

同一操作者重复测定的两个结果之差，不应超过由下式计算的数值。

$$R=0.033(30-X) \tag{5-2}$$

式中 R——重复性最高允许值,℃；

X——两个测定结果的平均值,℃

（2）再现性

有两个实验室各自提出的结果之差，不应超过由下式计算的数值。

$$R=0.092(30-X) \tag{5-3}$$

式中 R——再现性最高允许数值,℃；

X——两个测定结果的平均值,℃。

思考题

1）试样中为何过滤除去杂质？

2）为什么转动和关闭三通阀时要平稳，不能使过滤系统振荡？

3）为什么不锈钢滤网经过 20 次测定后要重新更换？

5.4 油品黏度及流变性测定实验

5.4.1 实验目的

1）学会旋转黏度计使用方法，测定原油在不同温度和剪切速度下的黏度；

2）掌握油品黏度随温度变化的规律；

3）绘制剪切应力与剪切速率的曲线。

5.4.2 实验原理

如图 5-5 所示，在半径为 R1 的外筒里，同轴地安装了半径为 R2 的内圆筒，在两圆筒之间的间隙内充满了黏性液体，现在来考察一下内圆筒（或外圆筒）以一定角速度旋转的情况。首先假定满足以下条件：

1）两圆筒为同轴无限长；

2）液体在流动中保持稳态层流；

3）液体为不可压缩的均质流体；

4）液体在壁面没有滑移；

5）液体流变性与时间无关，其剪切应力与剪切率之间存在一一对应的关系；

6）液体是等温的。

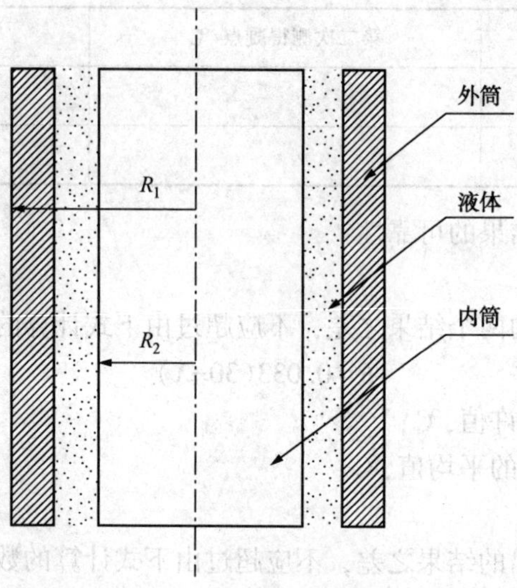

图 5-5　同心旋转构件

设在半径 R_1 和 R_2 之间，任意半径 r 处流体的线速度为 u，旋转角速度为 ω，则

$$u=r\omega \tag{5-4}$$

那么速度梯度为

$$\frac{du}{dr}=r\frac{d\omega}{dr}+\omega \tag{5-5}$$

（1）牛顿流体的流变性测定

对黏度为 μ 的牛顿流体，如果外圆筒以 ω_1 的角速度旋转，内圆筒以 ω_2 的角速度旋转，通常所用的同轴圆筒旋转流变仪，只是使内圆筒和外圆筒的一个旋转。如果内圆筒固定，外圆筒以一定的角速度 Ω 旋转，即 $\omega_1=\Omega$，$\omega_2=0$，则：

$$\mu=\frac{M(R_1^2-R_2^2)}{4\pi hR_1^2R_2^2\Omega} \tag{5-6}$$

若外圆筒固定，内圆筒以一定的角速度 Ω 旋转，即 $\omega_1=0$，$\omega_2=\Omega$，则：

$$\mu=\frac{-M(R_1^2-R_2^2)}{4\pi hR_1^2R_2^2\Omega} \tag{5-7}$$

上式中的负号意味着内圆筒旋转方向与阻力矩方向相反，并不表明计算的黏度为负值。总之，不管哪一个圆筒旋转，都可用同一关系式表示为

$$\mu=A\frac{M}{\Omega} \tag{5-8}$$

其中 $A=\dfrac{R_1^2-R_2^2}{4\pi hR_1^2R_2^2}$

公式说明，当选定旋转黏度计的型号和内外圆筒系统后，R_1、R_2 和 h 为已知，则 A 为

已知的常数，只要测取圆筒的旋转角速度 Ω 和力矩 M，就能确定被测牛顿流体的黏度。

（2）非牛顿流体的流变性测定

同轴圆筒系统的基本方程，根据假设条件，液体在圆筒表面无滑动，可确定如下边界条件：

$$r=R_1 \text{ 时}，\omega=0，\tau=\tau_1$$
$$r=R_2 \text{ 时}，\omega=\Omega，\tau=\tau_2$$

代入边界条件，可得

$$\Omega=\frac{1}{2}\int_{\tau_1}^{\tau_2}\frac{f(\tau)}{\tau}\mathrm{d}\tau \tag{5-9}$$

式(5-6)则表示了圆筒的旋转角速度与圆筒壁面剪切应力的关系，它们是同轴圆筒旋转流变仪的基本方程。

5.4.3 实验装置

（1）旋转黏度计结构图

旋转黏度计结构图如图 5-6 所示。

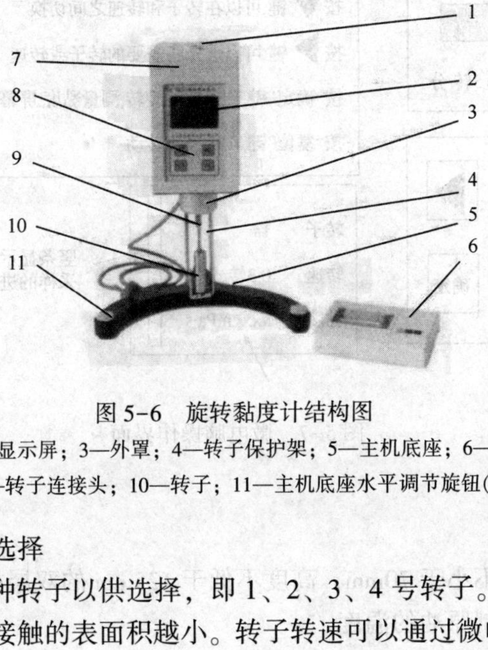

图 5-6 旋转黏度计结构图

1—黏度计机头水准泡；2—液晶显示屏；3—外罩；4—转子保护架；5—主机底座；6—微型打印机；7—黏度计机头；8—操作键盘；9—转子连接头；10—转子；11—主机底座水平调节旋钮(使水准泡居中)

（2）转子类型及转速选择

该旋转黏度计配有四种转子以供选择，即 1、2、3、4 号转子。转子编号越大，转子直径越小，转子与被测液体接触的表面积越小。转子转速可以通过微电脑进行调整，共设有 8 个档位，即 0.3、0.6、1.5、3、6、12、30、60r/min。4 种转子和 8 档转速有 32 种组合方式，可以测量出测定范围内的各种液体的黏度值，见表 5-4。

表 5-4 不同转子和转速组合的满量程值

量程/mPa·s　转子 转速/(r/min)	1	2	3	4
60	100	500	2000	10000
30	200	1000	4000	20000

续表

量程/mPa·s 转子 转速/(r/min)	1	2	3	4
12	500	2500	10000	50000
6	1000	5000	20000	100000
3	2000	10000	40000	200000
1.5	4000	20000	80000	400000
0.6	10000	50000	200000	1000000
0.3	20000	100000	400000	2000000

微电脑操作界面说明如图 5-7 所示。

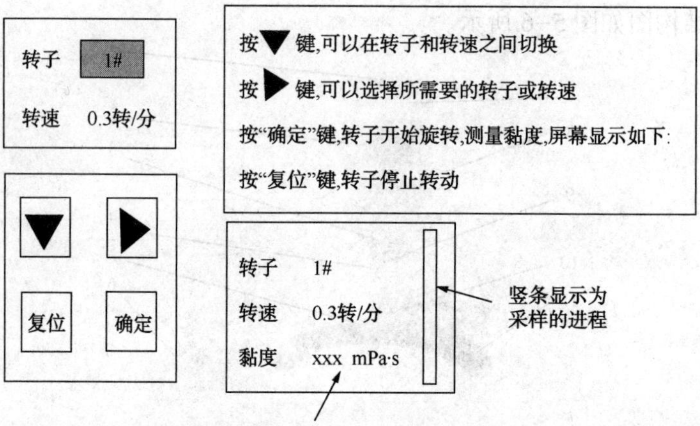

图 5-7 微电脑操作界面

5.4.4 实验步骤

1）将原油置于直径不小于 70mm，高度不低于 125mm 的双层杯中。

2）通过水浴准确控制原油的温度。

3）调整仪器水平：将仪器的水准器气泡调至居中。

4）估计原油的黏度范围，选择适宜的转子和转速。若估计不出原油的大致黏度时，应视为较高黏度。选用由小到大的转子(转子号由高到低)和由慢到快的转速。原则上高黏度的液体选用小转子(转子号高)；低黏度的液体选用大转子(转子号低)，快转速。为保证测量精度，测量时量程百分比读数应在 10%~100%之间。如测量显示值闪烁，表示溢出或不足，应更换量程。

5）缓慢调节升降旋钮，调整转子在原油中的高度，直至转子的液面标志(凹槽中部)和液面相平为止。

6）选择好转子和转速档位后，按"确定"键，转子开始旋转，仪器开始进行测量。

5.4.5 注意事项

1）装卸转子时应小心操作，要将仪器下部的连接螺杆轻轻地向上托起后进行拆装，不要用力过大，不要使转子横向受力，以免转子弯曲。连接螺杆和转子连接端面及螺纹处应保持清洁，否则将影响转子的正确连接及转动时的稳定性。

2）装上转子后不得在无液体的情况下“旋转”，以免损坏轴尖和轴承。

3）每次使用完毕后应及时清洗转子，清洗时要拆卸下转子进行清洗，严禁在仪器上进行转子的清洗，转子清洁后要妥善安放在存放箱中。

4）悬浊液、乳浊液、高聚物及其他高黏度液体中很多都是“非牛顿液体”，其表观黏度往往随切变速度和时间的变化而变化，故在不同的转子、转度和时间下测定，其结果不一致是属正常情况，并非仪器不准。一般非牛顿流体应规定转子、转速和时间进行测定。

5）遵循以下各条件的要求进行测量，可测得较准确的数值：

① 精确控制被测液体的温度。

② 将转子以足够长的时间浸于被测液体中间同时进行恒温，使其能与被测液体温度一致。

③ 保证被测液体的均匀性。

④ 测量时尽可能将转子置于容器中央。

⑤ 使用保护架进行测量。

⑥ 保证转子的清洁。

⑦ 防止转子浸入被测液体时有气泡附在转子下面。

5.4.6 数据处理

1）乌氏黏度计测量法数据记录。在使用乌式黏度计的测量使用中，当原油将要流至上下刻度线时需要注意，特别是流至下刻度线时特别快，需要眼疾手快，在实验中与同组同学分工协作，记录于表 5-5 中。

表 5-5　原油在毛细管中流动的时间 t 记录表

编　号	黏度计常数 c/cSt	密度 $\rho/(g/cm^3)$	时间 t/s		动力黏度 $\mu/(mPa\cdot s)$
			t_1		
			t_2		
			t_3		
			t_4		

根据上表的时间记录可得平均时间为：

$t_{平均}=(t_1+t_2+t_3+t_4)/4=$ ____s，所以 $\mu=\rho ct=$ ____mPa · s。

2）记录脱气原油在不同温度和剪切速度下的黏度于表 5-6 中。

表 5-6　不同温度及转速下黏度记录表

编号	温度/℃	转子	转速/(r/min)	黏度/mPa·s	百分比/%
1					
2					
3					
4					

3）绘制原油剪切应力与剪切速率关系曲线，如图 5-8 所示。

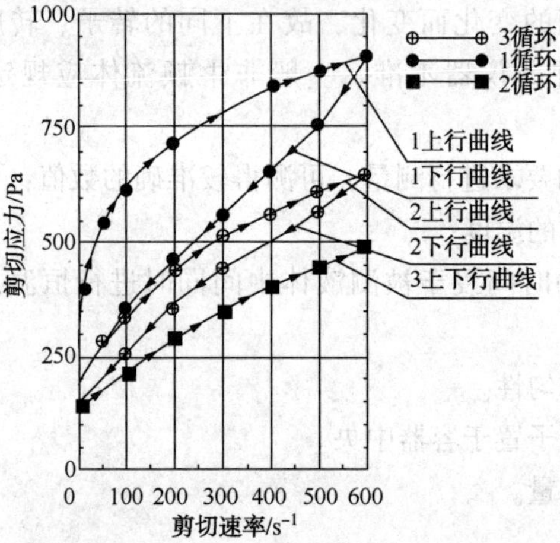

图 5-8　原油剪切应力与剪切速率的关系曲线

思考题

1）为什么精确控制被测液体的温度？

2）为什么将转子与被测液体温度一致？

3）为什么保证被测液体的均匀性？

4）为什么连接螺杆和转子连接端面及螺纹处应保持清洁？

5）为什么装上转子后不得在无液体的情况下"旋转"？

5.5　石油产品闪点、燃点测定(开口杯法)

闪点是在规定的条件下，加热油品所逸出的蒸汽和空气组成的混合物与火焰接触发生瞬间闪火时的最低温度。闪点的高低与试验容器有关，闭口和开口闪点的差别很大。用规定的闭口杯闪点测定器所测的闪点称闭口闪点，用规定的开口杯闪点测定器所测的闪点称开口闪点，以℃表示。

闪点是微小的爆炸，并不是任何油气和空气的混合气都能闪火爆炸，闪火的必要条件是：混合气中烃或油气的浓度要有一定的范围。低于这一范围，油气不足，高于这一范围，则空气不足，均不能闪火爆炸。必须在这上下限范围之内才能闪火、爆炸。在测闪点时，通常测出的是样品闪火的下限温度，就是加热使它们的蒸汽含量在空气中增高而达到闪火下限。低沸点油品(如煤油和轻质油品)的闪点通常都是指爆炸上限温度。高沸点油品的闪点一般都是测定其爆炸下限温度。

测定闪点的仪器有两种，闭口闪点仪和开口闪点仪。它们的区别在于加热蒸发及引火条件的不同，所测闪点数值也不一样，适用于不同的油品。开口闪点仪一般用来测定重质油，闭口闪点仪则对轻重质油都适用。同一油品的闭口闪点比开口闪点低得多，油品的闪点越高，这种差别也就越大。一般同一油品的开口闪点比闭口闪点高 10~30℃。

闪点：指在规定的条件下，试验火焰引起试样蒸汽着火，并使火焰蔓延至液体表面的最低温度，修正到标准大气压(101. 3kPa)下。

燃点：指在规定的条件下，试验火焰引起试样蒸汽着火且至少持续燃烧 5s 的最低温度，修正到标准大气压(101. 3kPa)下。

5. 5. 1 实验目的

闪点是评定石油产品储藏、运输及使用安全管理方面的一个重要指标。

1）从油品闪点可判断其馏分组成的轻重。一般的规律是：油品蒸气压愈高，馏分组成愈轻，则油品的闪点愈低。反之，馏分组成愈重的油品则有较高的闪点。在常减压蒸馏过程中，若发现装置上某一侧线出来的油品闪点低于指标，这是该馏分中含有轻馏分之故。在此情况下，必须加大该侧线汽提量，以便汽提出其中所含的轻质馏分。

2）从闪点可鉴定油品发生火灾的危险性。因为闪点是有火灾危险出现的最低温度。闪点愈低，燃料愈易燃，火灾危险性也愈大。所以易燃液体也根据闪点进行分类。闪点在 45℃以下的液体叫做易燃液体，闪点在 45℃以上的液体叫做可燃液体。按闪点的高低可确定其运输、贮存和使用的各种防火安全措施。

3）对于某些润滑油来说，同时测定开、闭口闪点，可作为油品含有低沸点混入物的指标，用于生产检查。

5. 5. 2 实验原理

将样品倒入试验杯至规定的刻度线，先迅速升高试样的温度，当接近闪点时再缓慢地以恒定的速度升温。在规定的温度间隔，用一个小的试验火焰扫过试验杯，使试验火焰引起试样液面上部蒸汽闪火的最低温度即为闪点。如需测定燃点，应继续进行试验，直到试验火焰引起试样液面的蒸汽着火并至少维持燃烧 5s 的最低温度即为燃点。在环境大气压下测得的闪点和燃点用公式修正到标准大气压下的闪点和燃点。

5. 5. 3 实验装置

仪器：克利夫兰开口杯试验仪。

开口闪点温度计：符合 GB/T 514 的要求。

大气压力计：精度 0. lkPa，不能使用气象台或机场使用的已预校准至海平面读数的气压计。

加热浴或烘箱：用于加热样品，要求能将温度控制在 5℃之内。可通风且能防止加热样品时产生的可燃蒸汽闪火，推荐使用防爆烘箱。

防护屏：约 460mm×460mm，高 610mm，有一个开口面。

清洗溶剂：用于除去试验杯沾有的少量试样（清洗溶剂的选择依据被测试样及其残渣的黏性）。

样品处理：

1）分样：在低于预期闪点至少 56℃下进行分样。如果在试验前要将一部分原样品分装贮存，应确保每份样品充满其容器容积的 50%以上。

2）含有未溶解水的样品：如果样品中含有未溶解的水，在样品混匀前应将水分离出来。

3）室温下为液体的样品，取样前应先轻轻地摇动混匀样品，再小心地取样，应尽可能避免挥发性组分损失，然后按实验步骤进行操作。

4）室温下为固体或半固体的样品，将装有样品的容器放入加热浴或烘箱中。在低于预期闪点 56℃以下加热，要避免加热过度，因为这会导致挥发性组分的损失，轻轻混匀样品后，然后按实验步骤进行操作。

5.5.4 实验步骤

1）观察气压计，记录试验期间仪器附近的环境大气压。

2）将室温或已升过温的试样装入试验杯，使试样的弯月牙顶部恰好位于试验杯的装样刻线。如果注入试验杯的试样过多，可用移液管或其他适当的工具取出；如果试样沾到仪器的外边，应倒出试样，清洗后再重新装样。弄破或除去试样表面的气泡或样品泡沫，并确保试样液面处于正确位置，如果在试验最后阶段试样表面仍有泡沫存在，则此结果作废。

3）点燃试验火焰，并调节火焰直径为 3.2~4.8mm。如果安装了金属比较小球，应与金属比较小球直径相同。

4）开始加热时，试样的升温速度为 14~17℃/min。当试样温度达到预期闪点前约 56℃时减慢加热速度，使试样在达到闪点前的最后 23℃±5℃时升温速度为 5~6℃/min。试验过程中，应避免在试验杯附近随意走动或呼吸，以防扰动试样蒸汽。

5）在预期闪点前至少 23℃±5℃时，开始用试验火焰扫划，温度每升高 2℃扫划一次，用平滑、连续的动作扫划，试验火焰每次通过试验杯所需时间约为 1s，试验火焰应在与通过温度计的试验杯的直径成直角的位置上划过试验杯的中心，扫划时以直线或沿着半径至少为 150mm 圆来进行。试验火焰的中心必须在试验杯上边缘面上 2mm 以内的平面上移动。先向一个方向扫划，下次再向相反方向扫划。如果试样表面形成一层膜，应把油膜拨到一边再继续进行试验。

6）当在试样液面上的任何一点出现闪火时，立即记录温度计的温度读数，作为观察闪点，但不要把有时在试验火焰周围产生的淡蓝色光环与真正的闪火相混淆。

7）如果观察闪点温度与最初点火温度相差少于 18℃，则此结果无效。应更换新试样重新进行测定，调整最初点火温度，直到得到有效结果，即此结果应比最初点火温度高 18℃以上。

8）测定闪点之后，以 5~6℃/min 的速度继续升温。试样每升高 2℃就扫划一次，直到试样着火，并能连续燃烧不少于 5s，记录此温度作为试样的观察燃点。

9）如果燃烧超过 5s，用带手柄的金属盖或其他阻燃材料做的盖子熄灭火焰。

5.5.5 注意事项

1）试样水分超过 0.1%时，必须脱水。脱水处理是在试样中加入新煅烧并冷却的食盐、硫酸钠或无水氯化钙进行。闪点低于 100℃ 的试样脱水时不必加温，其他试样允许加热至 50~80℃时用脱水剂脱水。脱水后，取试样的上层澄清部分供试验使用。

2）测定装置应放在避风和较暗的地方并用防护屏围着，使闪点现象能够看得清楚。

3）先用清洁溶剂冲洗试验杯，以除去上次试验留下的所有胶质或残渣痕迹。再用清洁的空气吹干试验杯，确保除去所用溶剂。如果试验杯上留有碳的沉积物，可用钢丝绒擦去。

4）使用前将试验杯冷却到至少低于预期闪点 56℃。

5）试样向试验杯注入时，不应溅出，而且液面以上的试验杯壁不应沾有试样。

6）将温度计垂直放置，温泡离试验杯底部 6mm，并位于试验杯中心与试验杯边之间的中点，和测试火焰扫过的弧(或线)相垂直的直径上，并在点火器臂的对边。

7）离预期闪点前 17℃时，必须注意避免由于试验操作或凑近试验杯呼吸引起试验杯中蒸汽的流动而影响试验结果。

8）试样蒸汽的闪火同点火器火焰的闪光不应混淆。如果闪火现象不明显，必须在试样升高 2℃继续点火证实。

5.5.6 实验数据记录及数据处理

(1) 闪点或燃点的修正

用公式将观察到的闪点或燃点修正到标准大气压(101.3kPa)，并记录于表 5-7 中。

$$T_c = T_o + 0.25(101.3 - p) \tag{5-10}$$

式中 T_o——观察闪点或燃点,℃；

p——环境大气压，kPa。

表 5-7 实验记录表

T_o(观察闪点或燃点)	标准大气压/kPa	p 环境大气压	T_c(修正后闪点或燃点)
	101.3		
	101.3		

(2) 精密度

按下述规定判断试验结果的可靠性(95%的置信水平)。

(3) 重复性 r

在同一实验室，由同一操作者使用同一仪器，按照相同的方法，对同一试样连续测定的两个试验结果之差对于闪点和燃点均不超过 8℃。

(4) 再现性 R

在不同实验室，由不同操作者使用不同的仪器，按照相同的方法，对同一试样测定的两个单一、独立的试验结果之差闪点不能超过 17℃，燃点不能超过 14℃。

思考题

1）如试油含水大于 0.1%时，加热时试油易起泡而溢出杯外，使试验无法进行。即使试油不外溢，水分汽化，降低了混合气中的油蒸汽分压也会导致闪点增高。为什么？

2）点火火焰液面高低及停留时间长短都对闪点有影响。火焰离油液面愈近，停留时间愈长，测得结果会怎样？

3）为什么应避免在试验杯附近随意走动或呼吸？

5.6 石油产品闪点、燃点测定(闭口杯法)

闪点是一个重要的指标，这有利于评估某一批石油的具体价值和性能，从而更好地利用石油的性能为人的生活提供便利。关于石油闪点的测定，需要把石油试样在一定的条件下加热，然后不停的搅拌，使试样由于加热产生蒸汽。当石油产生的蒸汽在空气中能够和和火焰发生闪燃的现象时，测量此时的最低温度，这就是石油的闪点。我国目前测定闪点的方法有GB/T 3536(克利夫兰法)，GB/T 267(开口法)，GB/T 261(闭口杯法)，SH/T 0733(泰克闭口杯法)。

5.6.1 实验目的

本方法适用于测定煤油、柴油、润滑油的闪点。油品的闪点可以判断其在储存、运输和使用中的安全性；重质油(如润滑油)的闪点还反应了油品的均匀性(是否混入低沸组分)。生活上也是一样，汽车使用的汽油和润滑油有不同的型号，区分它们性能的就是闪点和黏度等，不同的使用方向需要选择不同的类型，根据其闪点的不同来选择，方便自己的生活。

5.6.2 实验原理

石油气或油品蒸气与空气的混合物，在一定浓度范围内，遇到明火能产生爆炸。如果混合气中可燃气体过少或过多，超出上述浓度范围，混合物不会爆炸。此浓度范围称为爆炸范围，其上限浓度称为爆炸上限，下限浓度称为爆炸下限。爆炸范围决定于混合物的化学组成和物理条件，如测定它的方法、温度、压力等。

当其他条件不变时，在石油产品液面上的蒸气浓度，决定于油品的温度。当蒸气浓度达到爆炸下限(汽油以外的各种产品)或爆炸上限(汽油)时的油品温度称为闪点，由于油品液面上部的蒸气浓度和爆炸限度与油品温度以外的条件如加热温度、蒸发速度、蒸发空间的大小、压力等有关，所以石油产品的闪点与测定仪器及操作方法有密切关系，是一个条件性很强的指标。

外界压力对闪点影响很大，在外压超过一定范围时，需进行压力校正。

5.6.3 实验装置

1) 闭口闪点测定器(见图5-9)：符合SH/T 0315—92(2004)《闭口闪点测定器技术条件》。

2) 温度计：符合GB/T 514《石油产品试验用液体温度计技术条件》。

3) 防护屏：用镀锌铁度皮制成，高度550~650mm，宽度以适用为宜，屏身内涂成黑色。

5.6.4 实验步骤

1) 试样的水分超过0.05%时，必须脱水。脱水处理是在试样中加入新煅烧并冷却的食盐、硫酸钠或无水氯化钙，试样闪点估计低于100℃时不必加温，闪点估计高于100℃时，可以加热到50~80℃。脱水后，取试样的上层澄清部分供试验使用。

2) 油杯要用无铅汽油洗涤，再用空气吹干。

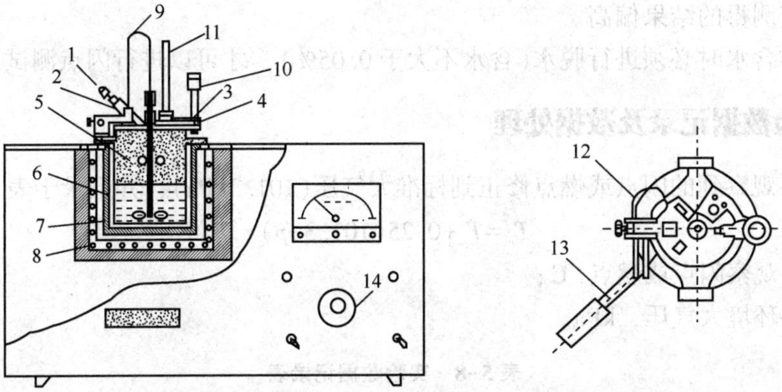

图 5-9　闭口闪点测定器

1—点火器调节螺丝；2—点火器；3—滑板；4—油杯盖；5—油杯；6—浴套；7—搅拌浆；8—电炉；9—搅拌传动软轴；10—手柄；11—温度计；12—点火管(备用火)；13—油杯手柄；14—温控调节

3）在试样和油杯的温度都低于试样脱水温度的情况下，向杯中注入试样到环状标记处，然后盖上清洁、干燥的杯盖，插入温度计，并将油杯放在空气浴中。如闪点低于 50℃时，应预先将空气浴冷却到室温(20℃±5℃)。

4）将点火器的灯芯或煤气引火点燃，并将火焰调整到接近球形，其直径为 3~4mm。

5）为便于观察闪火，避免气流和光线的影响，闪点测定器应围着防护屏，并放在避风和较暗的地方。

6）用检定过气压计，测出试验时的实际大气压力 P。

7）用煤气灯或带变压器的电热装置加热时，应注意下列事项：

① 闪点低于 50℃时，从试验开始到结束要不断地进行搅拌，并使试样温度每分钟升高 1℃。

② 闪点高于 50℃时，开始加热速度要均匀，并定期进行搅拌。到预计闪点前 40℃时，调整加热温度，使在预计闪点前 20℃时，升温速度能控制在每分钟升高 2~3℃，并不断进行搅拌。

8）试样温度到达预期闪点前 10℃时，对于闪点低于 104℃的试样每经 1℃进行点火试验；对于闪点高于 104℃的试样每经 2℃进行点火试验。

试样在试验期间都要转动搅拌器进行搅拌；只有在点火时才停止搅拌。点火时，使火焰在 0.5s 内降到杯上含蒸气的空气中，留在这一位置上 1s 立即迅速回到原位。如果看不到闪火，就继续搅拌试样，并按本条的要求重复进行点火试验。

9）在试样液面上方最初出现蓝色火焰时，立即从温度计读出温度作为闪点的测定结果。得到最初闪火之后，继续按照步骤 8)进行点火试验，应能继续闪火。在最初闪火之后，如果再进行点火却看不到闪火，应更换试样重新试验；只有重复试验的结果依然如此，才能认为测定有效。

5.6.5　注意事项

试油含水大于 0.1%时，加热时试油易起泡而溢出杯外，使试验无法进行。即使试油不外溢，水分汽化，降低了混合气中的油蒸汽分压也会导致闪点增高。试样含水时，在加热的过程中飞散在油中的水就会气化形成水蒸气，覆盖在油面上，影响油品的正常汽化，推迟闪火的时间，使测得的结果偏高。

因此试样含水时必须进行脱水(含水不大于 0.05%)，才可以进行闪点测试。

5.6.6 实验数据记录及数据处理

用公式将观察到的闪点或燃点修正到标准大气压(101.3kPa)，并记录于表 5-8 中。

$$T_c = T_o + 0.25(101.3 - p) \tag{5-11}$$

式中 T_o——观察闪点或燃点，℃；

p——环境大气压，kPa。

表 5-8 实验数据记录表

实验数据	温度/℃	实验现象
闭口闪点		

要求$-35^{\#}$和$-50^{\#}$轻柴油的闪点不低于 45℃，$-20^{\#}$轻柴油的闪点不低于 60℃，其余牌号柴油的闪点均要求不低于 65℃。本实验中采用$0^{\#}$柴油。

思考题

1) 为什么点火器火焰大小、火焰离油面高度、停留时间长短均会影响结果？

2) 为什么外界压力对闪点影响很大？

3) 为什么闪点是一个重要的指标？

5.7 石油产品馏程测定法

5.7.1 实验目的

油品的馏程是汽油、煤油、柴油的重要质量指标，又是工艺计算的重要基础数据，在生产与炼制中常用作控制操作条件的依据。

5.7.2 实验原理

本方法适用于测定发动机燃料、溶剂油和轻质石油产品的馏分组成。它是一种间歇式的渐次气化过程。

在一定压力下加热纯物质时，其蒸气压随温度升高而增大，当蒸气压与外界压力达到相等时，液体开始沸腾，此时温度称为沸点。纯物质的沸点是压力的单值函数，与测定方法无关。石油及其产品是烃类和非烃类的复杂混合物，它被加热蒸馏时，沸点较低的组分最先汽化馏出，此时的温度称为初馏点(IBP)。在不断加热的情况下，蒸出来的组分的沸点由低逐渐升高，直到最高的组分被蒸馏出来为止，此时温度称为终馏点(EBP)。初馏点到终馏点代表油品的沸点范围，称为沸程或馏程。

5.7.3 实验装置

1) 石油产品馏程测定器：符合 SH/T 0121—92(2004)《石油产品馏程测定装置技术条

件》的各项规定。如图 5-10 所示。

2）温度计：符合 GB/T 514—83(91)《石油产品试验用液体温度计技术条件》。

3）秒表。

4）配有自耦变压器的电炉或喷灯。

5）量筒：0~100mL，刻度 1mL。

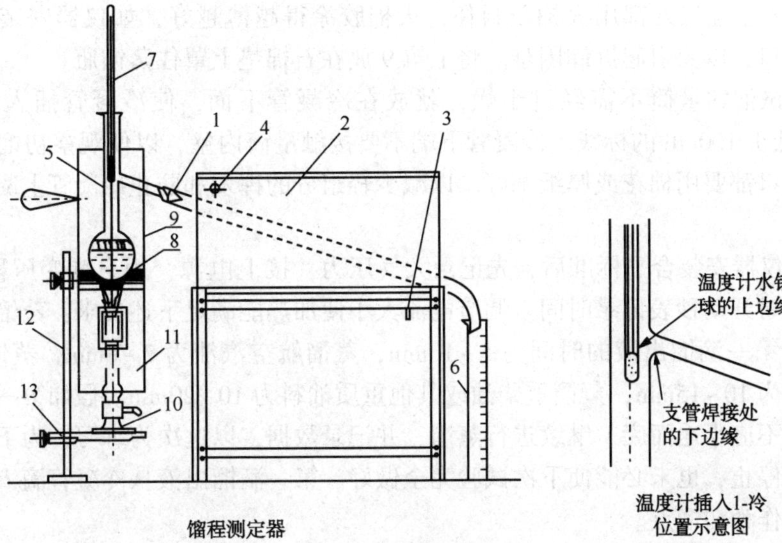

图 5-10　恩式蒸馏

1—凝管；2—冷凝器；3—进水支管；4—排水支管；5—蒸馏烧瓶；6—量筒；
7—温度计；8—石棉垫；9—上罩；10—喷灯；11—下罩；12—支架

5.7.4　实验步骤

1）试样如含水，试验前应先脱水。实验室中一般采用在试油中加入无水氯化钙，摇动 10~15min，静置后把澄清部分经过干燥滤纸过滤，即可供试验之用。

2）蒸馏前，用缠在金属丝上的软布或棉花擦试冷凝管的壁，以除去上次蒸馏遗留的液体或空气中冷凝下来的水分。擦试方法是将金属丝上缠有布片的一端由冷凝管上端插入，当金属丝从冷凝管下端穿出时，将金属丝连同布片一起由下端拉出来。

3）蒸馏汽油时，为保证油蒸气全部冷凝，冷凝器水槽中应装满冰块或雪，再加入冷水，使水面达到排水支管 4 的高度，蒸馏时水温必须保持在 0~5℃，必要时可添加冰水。

4）在装试样前，蒸馏烧瓶必须洗净、干燥。如瓶底有少许积炭，对蒸馏没有影响，并能防止突沸，所以每次蒸馏后不必都把积炭除净。如积炭很厚，可用铬酸洗液或碱洗液洗涤除去，用过的蒸馏瓶先用轻汽油洗涤，再用空气吹干或烘干。

5）测定试样温度如不在 20℃±3℃ 范围内，应将试样放在水浴中，使其温度为 20℃±3℃。

6）用清洁干燥的 100mL 量筒取 20℃±3℃ 的试油 100mL，体积按凹液面的下边缘计算，试样在注入蒸馏烧瓶时，拿蒸馏烧瓶时注意应使支管向上，以免试油从蒸馏烧瓶支管中流失。

7）向蒸馏烧瓶中放入数粒无釉碎瓷片，以免蒸馏时产生突沸(如烧瓶底部有少量积聚的焦炭，则不必加瓷片)。在蒸馏烧瓶口上紧密的塞上插有干净温度计的软木塞，使温度计与蒸馏烧瓶的轴心线相重合，并使水银球的上边缘与支管焊接处的下边缘在同一水平面。如图 5-9所示。

8）装有汽油的蒸馏瓶安装在 30mm 孔径的石棉垫上。

9）蒸馏瓶支管用软木塞与冷凝器上端相连接。支管插入冷凝管内长度为 25~40mm，注意不要与冷凝管的内壁相接触。安装时注意切勿折断支管。

10）在软木塞连接处都用火棉胶封住，火棉胶涂得越薄越好，如仪器安装本身是紧密的，可不必封口，以免引起拆卸困难。将上罩 9 放在石棉垫上罩住蒸馏瓶。

11）量取试油的量筒不需经过干燥，就放在冷凝管下面，使冷凝管插入量筒不少于 25mm，也不低于 100mL 的标线。冷凝管下端不要接触量筒内壁，以便观察初馏的第一滴液体下落。量筒口都要用棉花或厚纸塞好。以减少轻组分的挥发和防止冷凝管上凝结的水珠落入量筒中。

12）检查仪器安装合乎标准后，先记录大气压力，接上电源，用自耦变压器调节电流，开始加热，同时开动秒表记录时间。调节电流大小使加热能满足下述要求：蒸馏汽油时，从开始热到落下第一滴馏出液的时间为 5~10min，蒸馏航空汽油为 7~8min，蒸馏喷气燃料、煤油、轻柴油为 10~15min，蒸馏重柴油或其他重质油料为 10~20min。假如第一次未能掌握好这一时间，不应半途而废，继续进行蒸馏，并记录数据，以这次为练习，为下次试验打好基础。如中途停止，也未必能使下次试验完全做好。第一滴馏出液从冷凝管滴入量筒时，记录此时的温度作为初馏点。

13）得到初馏点后，移动量筒时其内壁与冷凝管未端接触，让冷凝液沿量筒壁流下，以便读取量筒内体积。

得到初馏点后应注意馏出速度应控制在每分钟馏出 4~5mL，如开始时馏出速度过快，可将电流适当调小，随着沸点升高，根据馏出速度大小，再逐渐加大电流。大约每隔 20~30mL 便需将电流稍稍调大一些。

14）记录初馏点及开始加热到初馏点的时间，随后每馏出 10%（即 10mL）记录一次温度和时间。

15）蒸馏汽油时，当量筒中馏出液达到 90mL 时，立即最后一次加大电流，要求在 3~5min 内达到干点。如果这段时间超过规定，实验无效。记录到达干点的时间及干点。干点定义为温度计的水银柱在继续加热的情况下停止升高并开始下降时的最高温度。干点与油品最后馏分的沸点及瓶底的加热强度有关，因此达到干点时间必须符合规定。在达到干点前瓶内尚有微量液体烃类和胶状物质，因局部过热而分解。生成的气体与烃类蒸汽在瓶内形成白雾，并在瓶底下沉积一些炭渣。到达干点后，立即停止加热，让冷凝管中液体流出 5min 后，记录量筒中的总体积作为总馏出量。

16）蒸馏时，所有读数必须准确到 0.5mL、1℃和 10s。

17）试验结束时，取出上罩，让蒸馏瓶冷却 5min 后，从冷凝管上卸下蒸馏瓶，取下瓶塞和温度计。将蒸馏瓶中热的残留物仔细倒入 5mL 或 10mL 的量筒内，冷至 20℃±3℃时，记下残留物体积，准确至 0.1mL。在蒸馏瓶支管中的液体亦应倒入这个量筒中。

试油 100mL 减去馏出液和残留物的总体积之差就是蒸馏损失。其中蒸馏瓶与冷凝管内壁沾去的部分损失是固定的，其他部分损失是汽油中含有的石油气体与轻组分在蒸馏时未冷凝造成的，另一部分是干点时油品分解引起的。

5.7.5 注意事项

1）试验用温度计、蒸馏烧瓶和量筒符合标准要求。

2）注入烧瓶的试油温度和收集的馏出液温度应基本一致。

3）试验前必须擦拭冷凝管内壁，清除前次试验留有的液体。

4）选择合适孔径的烧瓶支板(石棉垫)，既要保证加热速度又要避免油品过热。

5）温度计的安装位置很重要，直接影响温度计读数的准确性。

6）测定不同石油产品的馏程时，冷凝器内水温控制要求不同。

7）加热速度和馏出速度的控制是操作的关键。

8）若试样含水较多影响测定数据的准确性。

9）注意减少蒸馏损失量。

5.7.6 实验数据记录及数据处理

将实验所得数据记录于表 5-9 中。

表 5-9 实验数据记录表

P_R/%	第一次		第二次	
	t/℃或 V/%	T/min	t/℃或 V/%	T/min
初馏点				
5				
10				
15				
20				
30				
40				
50				
60				
70				
80				
85				
90				
终馏点				

表格中：P_R为回收百收数,%；t 为对应的观察值温度读数,℃；T 为时间间隔或总时间，min。

绘制恩氏蒸馏曲线图。

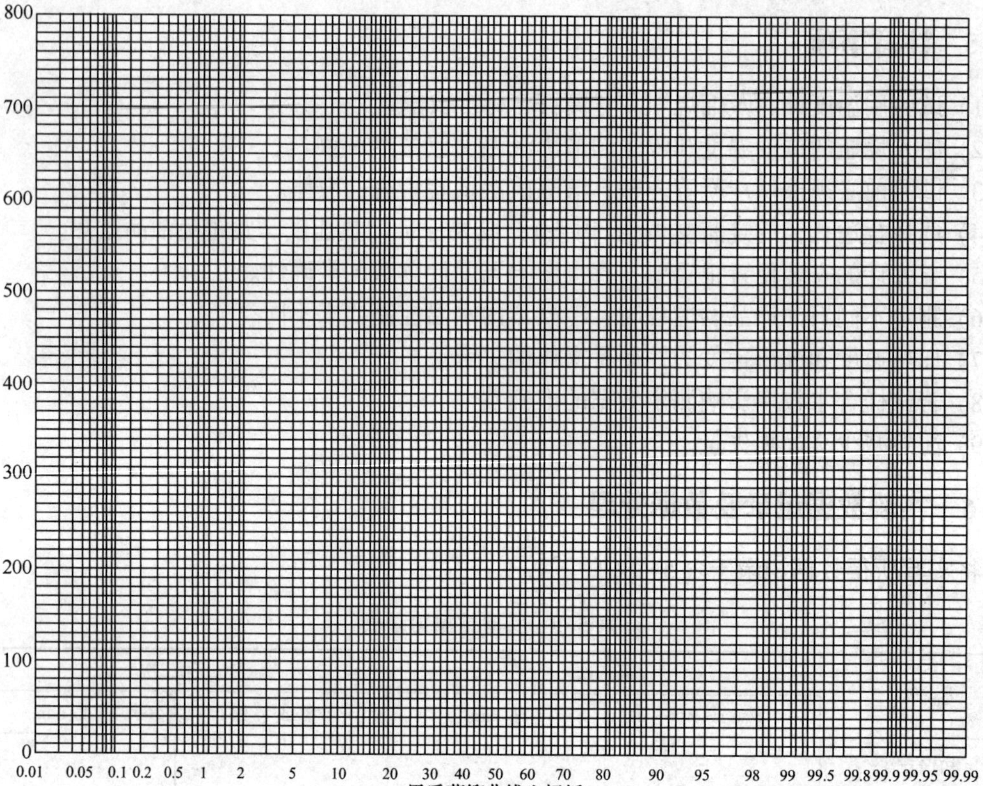

恩氏蒸馏曲线坐标纸

思考题

1）蒸馏时温度计的安装要注意什么？

2）测定馏程为什么要严格控制加热速度？本试验加热速度控制如何？

3）石油产品馏程测定在生产和应用上有何意义？

4）馏程测定时的温度计安装正确与否对试验结果有何影响？

5）为什么说正确选用石棉垫是控制蒸馏速度的关键？如何正确选用？

6 燃气物性测量实验

6.1 燃气相对密度测定

燃气的相对密度是指一定体积干燃气的质量与同温度、同压力下同体积干空气的质量比值，亦称密度之比，无量纲，符号为 d。

6.1.1 实验目的

利用喷流法测定燃气相对密度。

6.1.2 基本原理

在相同的温度、压力条件下，具有相等体积的不同种类的气体流过等固定锐孔所需的时间与气体密度的平方成正比。

当压力很小(气体的压缩性可忽略不计时)，气体从锐孔排出的速度 W_1(m/s)可用下式计算：

$$W_1=\mu\cdot\sqrt{\frac{2gH}{r}} \tag{6-1}$$

式中 H——使被测气体排出的压力；

g——重力加速度；

r——气体的比重；

μ——流速系数。

在时间 τ 内从锐孔流出的气体量 V(m^3)：

$$V=W_1\cdot f=\mu\cdot f\cdot\tau\sqrt{\frac{2gH}{r}} \tag{6-2}$$

式中 f——气体流经锐孔的面积；

τ——流出 V 体积所用时间。

在 H 压力作用下，一定量空气体积 V 从锐孔排出时所需时间 τ_1；在同一压力 H 作用下，同样体积 V 燃气，从图 6-1 锐孔排出时所用时间 τ_2，有下列关系式成立：

$$\mu\cdot f\cdot\tau_1\sqrt{\frac{2gH}{r}}=\mu\cdot f\cdot\tau_2\sqrt{\frac{2gH}{r}}$$

$$d_{sh}=\frac{r_2}{r_1}=\left(\frac{\tau_2}{\tau_1}\right)^2 \tag{6-3}$$

6.1.3 实验仪器

西格林气体相对密度计，其结构如图 6-1。气体相对密度计应用纯度达 99.99%的氢与氮进行检验，测出数据与公称相对密度值的相对差值应小于下列数值：

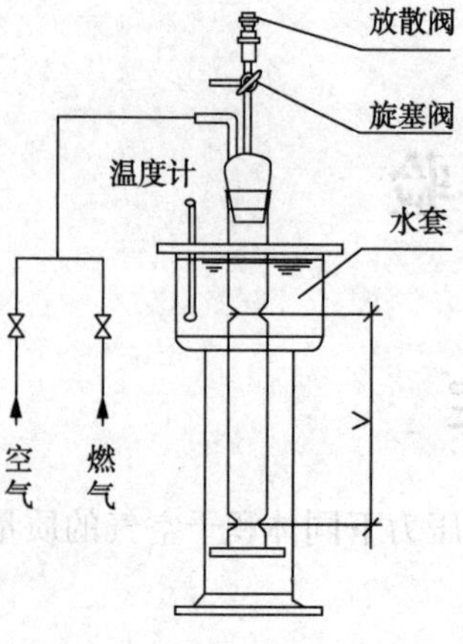

图 6-1 西格林气体相对密度计

纯气	公称相对密度	允许偏差
氢气	0.0695	3%
氮气	0.967	2%

温度计：0~50℃，分度值 0.1℃；

秒表：分度值 0.1s。

6.1.4 操作步骤

1）开启排风扇，保持室内通风。

2）在清洁、明亮并没有辐射源影响的测试环境中，将仪器垂直摆正调平，并向外筒中注入必要数量的水，水温与室温相差不超过 0.5℃。

3）由空气阀将空气注入内筒使内筒的水位降至下部刻度线以下位置，关闭空气阀。经 5min 后，水平位置不动，确认仪器不漏气时，即可进行测试。

4）打开旋塞吹洗，放出空气后再注入空气，重复 3~5 次，至确认仪器内充满符合室温并基本达到水蒸气饱和的纯空气时为止。

5）打开旋塞，使空气自放散阀锐孔流出，记录水位从仪器标示的下线升至上线所需的时间。

6）再次注入空气，按步骤 4）重复两次，取其平均值作为 τ_1。当三次记录的差值与平均值的相对差值大于 1%时，应重测。相对差值 $=\dfrac{\tau_{max}-\tau_{min}}{\tau}\times100\%$，$\tau=\dfrac{\tau_1+\tau_2+\tau_3}{3}$。

7）将燃气通过燃气阀注入仪器，并按步骤 4）、5）求得燃气流过锐孔的时间，重复两次以上，取其平均值作为 τ_2。

6.1.5 实验记录及计算结果

（1）实验记录

将实验所得数据记录于表 6-1 中。

表 6-1 实验记录表

姓名：　　　　　　　　日期：　　　　　　　　指导教师：

气体名称	排 出 时 间/s			
	第一次	第二次	第三次	平均值
空气 τ_1				
燃气 τ_2				
空气 τ_1				
燃气 τ_2				

（2）燃气相对密度的计算

湿燃气的相对密度 d_{sh} 可按下式计算：

$$d_{sh}=\left(\frac{\tau_2}{\tau_1}\right)^2 \tag{6-4}$$

式中　τ_1、τ_2——空气、燃气流过锐孔的平均时间。

（3）干燃气的相对密度的计算

当测试用的燃气、空气均充分被水蒸气饱和时，干燃气的相对密度按下式计算：

$$d=\left(\frac{\tau_2}{\tau_1}\right)^2+\frac{0.627P_1}{P_{amb}+P_2-P_1}\left(\frac{\tau_2^2}{\tau_1^2}-1\right) \tag{6-5}$$

式中　d——干燃气的相对密度；

P_{amb}——测试环境的大气压力，Pa；

P_1——测试温度下的饱和水蒸气压力，Pa，根据水温查表求得；

P_2——测试过程中被测气体的平均压力，Pa，$P_2=\frac{9.807h}{2}$；

h——水位差高度，mm。

当两次平行测试的结果相对差值$\frac{d_1-d_2}{\bar{d}}\leq 2\%$时，取其平均值$\bar{d}=\frac{d_1+d_2}{2}$为测试结果。

思考题

1）为什么测试用的燃气、空气要充分被水蒸气饱和？

2）为什么水温与室温相差不超过0.5℃？

3）为什么开启排风扇，保持室内通风？

6.2　湿式气体流量计校正

6.2.1　实验目的及要求

校正燃气流量具有十分重要的意义。为保证测量的准确性，流量计在使用一段时间后，都需要进行调整或校正。实验利用标准量瓶检查湿式气体流量计读数是否正确，并求出湿式气体流量计的体积修正系数，以备测量燃气流量时使用。

要求掌握测试方法，并能熟练进行操作。

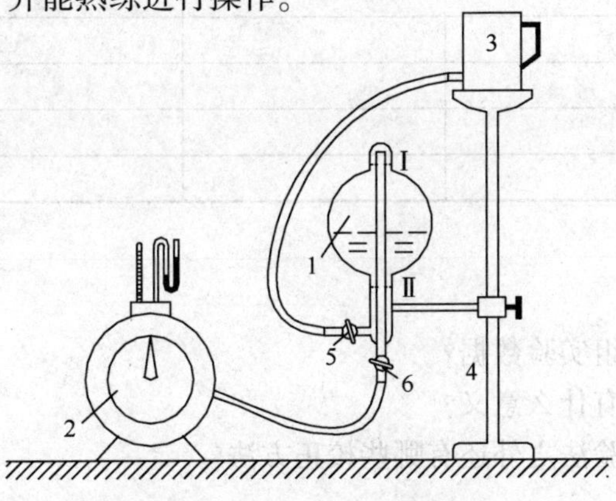

图6-2　湿式流量计校正系统图

1—标准量瓶；2—湿式流量计；3—水杯；4—支架；5—两通旋塞；6—三通旋塞

6.2.2　校正方法

通常利用一个标准的量瓶来进行湿式气体流量计的校正。标准量瓶的容积，在其刻度Ⅰ～Ⅱ之间正好为1L。将该容积内的气体通入湿式气体流量计，若流量计的指针亦转1L，则流量计读数正确；否则应对流量计进行调整或校正。

校正步骤如下：

1）开启排风扇，保持室内通风，防止燃气泄漏造成对人员的危害。

2）按要求调整好湿式气体流量计（将湿式气体流量计灌入适量水，并进行调平）。

3）参照图 6-2，将标准量瓶、水杯与湿式气体流量计连接起来，并在水杯中加入一定量的水。

4）打开旋塞 5，旋转旋塞 6，使标准量瓶内空气通入流量计内，当流量计指针正好指到整数值时，旋转旋塞 6 使标准量瓶内空气与大气相通。

5）放低水杯位置，使水面下降；当水面下降到刻度Ⅱ时，关闭旋塞 5，使水面停止在刻度Ⅱ上。将水杯放回支架 4 的上面。

6）旋转旋塞 6，使标准量瓶内的空气与流量计相通，打开旋塞 5 后，瓶内空气再次流入流量计中。当水面上升至刻度Ⅰ时，关闭旋塞 5。读取流量计读数，填入记录表内。

7）重复上述步骤 3、4、5，读取流量计读数，填入记录表内。直至流量计指针转过 1 整圈。

如果发现流量计的读数总是低于（或高于）标准量瓶的体积，则说明湿式气体流量计内水位较低（或较高），可通过加水（或减水）进行调节。如果发现流量计的读数有时低于标准量瓶的体积，有时又高于标准量瓶的体积，则说明叶轮不均匀，此时应求出校正系数，并画出校正曲线，以备测量时使用。

6.2.3 实验记录及计算

将实验所得数据记录于表 6-2 中。

表 6-2 实验记录表

姓名： 日期： 指导教师：

次数	流量计读数/L		流过流量计的体积	校正系数
	起始值 V_1	终了值 V_2	$V=V_2-V_1$/L	$f=V/V_0$ ($V_0=1$)
1				
2				
3				
4				
5				

思考题

1）为什么要测量五组实验数据？

2）校正燃气流量具有什么意义？

3）除了标准量瓶校验法之外还有哪些校正方法？

6.3 燃气表流量校正

6.3.1 目的及要求

准确测量流量是十分重要的。为保证测量的准确性，任何流量计在使用一段时间后，都需要进行调整或校正。本实验利用比较法（标准流量计法）标定燃气表或其他气体流量计读数是否正确，并求出气体流量计的体积修正系数，以备测量燃气流量时使用。

要求掌握测试方法，并能熟练进行操作。

6.3.2　实验原理

标准流量计法是用精度高一等级的标准流量计(又称校验用流量计)与被校验流量计串联的校验装置，让流体同时流过标准表和被校表，比较两者的示值以达到校验或标定的目的。这是一种费用省、操作简便的流量校验装置，近年来已被重视和认可，并已制定了相应的检验规程。设备系统如图6-3所示。

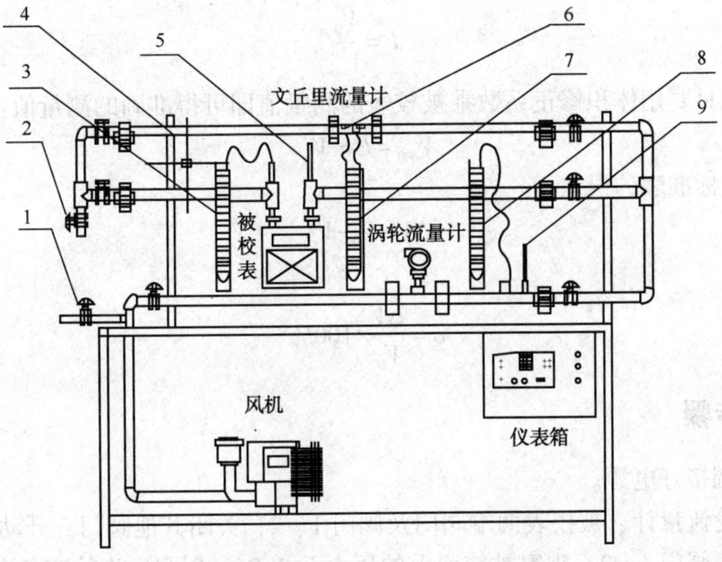

图6-3　燃气表流量校正系统图

1—进口调节阀；2—出口调节阀；3—燃气表压力；4—备用管(测试其他流量计用)；5—燃气温度；6—预留其他流量计；7—差压计；8—气体压力；9—气体温度

气体经过风机加压后由进口调节阀1调节流量进入流量计(因使用翼片式鼓风机，绝对禁止关闭风机排风口，只能调节排风量以达到调节风量的目的)，然后进入标准流量计，测出瞬时流量 V_b 和累计流量及温度、压力，计算至标准状态作为标准值 V_0(m³/h)。

$$V_0=f\cdot V_b \tag{6-6}$$

$$f=\frac{P_a+P_g-P_s}{101325}\times\frac{t}{273+t} \tag{6-7}$$

式中　f——修正系数；

P_a——大气压力，Pa；

P_g——气体压力，Pa；

P_s——t 温度下的饱和蒸汽压，Pa；

t——气体温度，℃。

气体接着流进被校流量计，测量出流量及温度、压力，算出被校表的测量值 Vc，计算至标准状态 V_{c0} 作为标准状态下的被校表测量值。

$$V_{c0}=f_c\cdot V_c \tag{6-8}$$

$$f_c=\frac{P_{ac}+P_{gc}-P_s}{101325}\times\frac{t_c}{273+t_c} \tag{6-9}$$

式中 V_c——被校表的测量值(m^3/h)；

V_{c0}——被校表标准状态示值(m^3/h)；

f_c——被校表修正系数；

P_{ac}——大气压力(Pa)；

P_{gc}——气体压力(Pa)；

t_c——气体温度(℃)；

P_s——t_c 温度下的饱和蒸汽压，(Pa)；

根据所求标准表的标准状态值和被校表的标准状态测量值，求出被校表的体积修正系数：

$$F=\frac{V_0}{V_{c0}} \tag{6-10}$$

在使用中，只要用体积修正系数乘被校表的测量值即可得准确的测量值：

$$V_{cs0}=F\cdot V_{cs} \tag{6-11}$$

计算对应于标准表的误差：

$$\Delta V=V_0-V_{c0} \tag{6-12}$$

相对误差：

$$\sigma=\frac{\Delta V}{V_0}\times 100\% \tag{6-13}$$

6.3.3 测试步骤

1）按要求调接好电源。

2）打开涡轮流量计、被校表两端阀门及阀门 1、2，关闭其他阀门，开动风机。

3）逐渐关小阀门 1、2，观察被校表上的压力至 3kPa，用肥皂泡检查各个节点处是否漏气，应确保不漏气。

4）逐渐开大阀门 1，使被校表上的压力降至额定压力(800Pa 或 1000Pa)。

5）稳定后测试额定流量下的校正系数及误差。

6）用同样的方法(使用阀门 1、2 组合)保证压力为额定值的情况下，改变流量范围各点数值，记录相应数值，填入记录表内。

7）测试完毕关掉电源，经教师检查后方可离开。

6.3.4 数据记录及整理

(1) 记录及计算

将实验所得数据记录于表 6-3 中。

表 6-3 实验记录表

姓名： 日期： 指导教师：

环境压力： 环境温度：

次数	标准流量计读数						被校流量计读数					
	瞬时流量	累计起始值 V_1	累计终了值 V_2	压力	温度	f	起始值 V_1	终了值 V_1	所用时间	压力	温度	f_s
1												
2												

续表

次数	标准流量计读数						被校流量计读数					
	瞬时流量	累计起始值 V_1	累计终了值 V_2	压力	温度	f	起始值 V_1	终了值 V_1	所用时间	压力	温度	f_s
3												
4												
5												

（2）数据整理

$$f=\frac{P_a+P_g-P_s}{101325}\times\frac{t}{273+t}=$$

$$V_0=f\cdot V_b=$$

$$f_c=\frac{P_{ac}+P_{gc}-P_{sc}}{101325}\times\frac{t_c}{273+t_c}=$$

$$V_{c0}=f_c\cdot V_c=$$

校正系数 $F=\frac{V_0}{V_{c0}}=$

最大绝对误差：

最大相对误差：

思考题

1）为什么检查各个节点处是否漏气？

2）为什么记录五组实验数据？

3）简述这种串联校正法的优点？

6.4 燃气热值测定

6.4.1 实验目的及要求

燃气主要用于燃烧加热，因此燃气热值是燃气工程中非常重要的参数。国家有关部门规定城市燃气的热值不得低于 14654kJ/Nm^3，因此在燃气生产、供应及应用过程中，需要经常测定燃气热值。

测定燃气热值方法有多种，本实验采用水流式热量计测定燃气热值。要求了解水流式热量计的基本构造及工作原理，掌握水流式热量计的正确操作方法，学会分析影响其测量精度的因素。

6.4.2 基本原理

在水流式热量计中，用连续流过热量计的水吸收燃气完全燃烧时产生的热量，水吸收热量后温度升高。在稳定工况时，测出相同时间内燃气用量、流过热量计的水量及进、出口水温，即可计算出燃气的高位热值。在测试过程中，还应测出烟气中水蒸气冷凝产生的凝水量，计算出燃气的低位热值。本实验装置适用于采用水流式手动热量计测定城市燃气中人工燃气和天然气的热值。

6.4.3　仪器设备及测试系统

（1）仪器设备

1）水流式热量计(容克式)。

2）湿式气体流量计：测燃气量，分度值≤0.02L。

3）水银温度计：测水温度，量程 0~50℃，分度值≤0.1℃；其他温度计，量程为 0~50℃，分度值≤0.5℃。

4）空气加湿器、燃气加湿器。

5）电子天平(或天平)：称量水重，最大负荷 10kg、分度值≤5g。

6）大气压力计：分度值必须≤10Pa。

7）盛水器：容积 5~10L。

8）凝水量筒：容量 20mL、分度值≤0.5mL。

9）燃气压力计：分度值≤1mm。

10）秒表：分度值必须≤0.1s。

11）水箱：容积≥300L。

12）校正湿式气体流量计的标准容量瓶，其容量应与流量计指针转一周读数相等。

（2）测试系统

测试系统见图 6-4。燃气经过压力调节器调整到额定压力，经燃气加湿器进行加湿，在通过湿式气体流量计时，测量燃气压力、温度、流量，然后进入本生灯与空气进行混合后燃烧。烟气与热量计中水进行热交换，降温后排出。

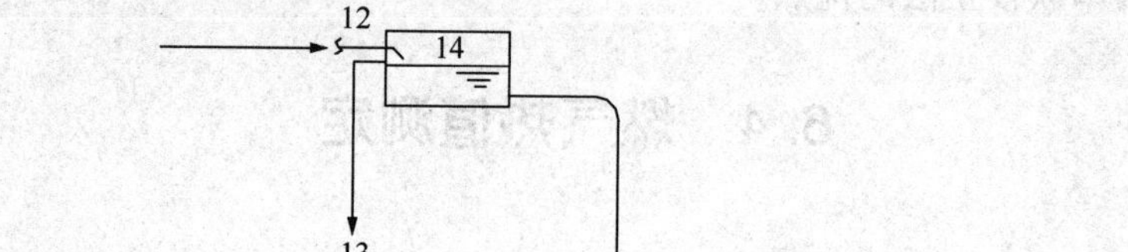

图 6-4　水流式热量计测试系统

1—燃气初次调压器；2—燃气湿润器；3—湿式气体流量计；4—燃气温度计；5—燃气压力计；6—燃气稳压器；7—空气湿润器；8—热量计本体；9—水桶；10—秤；11—凝水量筒；12—自来水入口；13—溢流管；14—恒压水箱；15—热量计进、出水温度计

水从自来水管进入水箱，稳压后流入热量计的恒位水箱，再通过进水调节阀调整水量后，进入热量计内，多余水经溢流管流入下水道。进入热量计的水与燃气燃烧产生的烟气进行热交换后，流入盛容器(在测试准备阶段流入下水道)。

空气经过空气加湿器进行加湿，相对湿度控制在80%±5%。相对湿度通过加湿器上的干、湿球温度计测量，通过加湿器上的调节阀门进行调节。加湿后的空气进入本生灯，与燃气进行燃烧。

6.4.4 操作步骤

(1) 准备

1) 开启排风扇，保持室内通风，防止燃气泄漏造成对人员的危害。

2) 用标准量瓶校正湿式气体流量计得出流量计校正系数 f_1。湿式气体流量计中的水温与室温相差应不大于0.5℃。

3) 根据所测燃气的大致热值范围选择适当的本生灯喷嘴，其尺寸可参考下列数据：

高位热值/(MJ/Nm^3)	喷嘴直径/mm
12.6~16.7	2.5
16.7~37.7	2.0
37.7~46.0	1.5
46.0~62.8	1.0

4) 安装水流式热量计测试系统：安装热量计、湿式气体流量计、温度计等。

5) 打开进水阀门，向热量计内注水。此时热量计的出水口切换阀应指向排水口。进入热量计的水温应低于室温1.2~2.5℃，每次测试的进水温度波动必须小于0.1℃。

6) 调节空气加湿器，使空气的相对湿度为80%±5%。

7) 检查燃气系统的气密性。要求在工作压力下，5min 压力不下降。

8) 排除燃气系统内的空气，点燃本生灯，调节燃气压力达到规定值，调节风板使火焰具有清晰的内焰并且稳定燃烧。

9) 将点燃的本生灯装入热量计内，确保本生灯稳定放在热量计的规定位置上。

10) 调节进水调节阀，使热量计的出、进口水温差为8~12℃。

11) 调节烟气阀门，使排烟温度与室内温度相差0~0.2℃，以免烟气带走热量。

运行30min后，待进出口水温稳定后(一般要求变化不超过0.5℃)，并且冷凝水均匀滴出后，方可进行测定。

(2) 测定

1) 测出盛水器净重，要求读到g。

2) 当湿式气体流量计指针指零时，记录该值 V_1'(填入表6-4中)，并将凝水量筒放在热量计的凝水出口下，开始进行测定。

3) 当湿式气体流量计指针指向某预定值 V_1 时，迅速旋转热量计的出水切换阀，使水流入盛水器内，读取进水温度(精确到0.01℃)。以后，每当湿式气体流量计转过一定体积后(如0.5L)，交替地读取进、出口水温度(精确到0.01℃)，要求读出并记录10次以上进出口水温(t_1 和 t_2)。

4) 测定过程持续一定时间后(如燃气用量为10L)，迅速将出水切换阀转回测定前位置，记录燃气用量 V_2。

5）称量流过热量计的水量 W。

6）重复上述3）~5）项操作步骤，进行第二次测定，并记录下相应的 W、V 及 t_1、t_2。

7）当湿式气体流量计指针指向某预定终了值 V_2'时，迅速取出凝水量筒。记录下燃气用量 V' 及凝水量 w。

8）关闭燃气，最后关闭进水阀门，结束测定。

9）在测试过程中应测以下参数：

大气压力：读到 134Pa；

环境温度：读到 0.5℃；

气体流量计上压力：读到 10Pa；

气体流量计上的温度：读到 0.5℃；

排烟温度：读到 0.5℃。

6.4.5 结果计算

（1）体积修正系数计算

燃气体积换算为标准状态下的体积的换算系数为：

$$F=\frac{(P_a+P_g-P_s)\cdot T_0}{T\cdot P_{a0}}\cdot f_1=\frac{P_a+P_g-P_s}{101325}\times\frac{273.15}{273.15+t_g}\cdot f_1 \tag{6-14}$$

式中 F——燃气体积修正系数；

P_a——大气压力，Pa；

P_g——气体压力，Pa；

P_s——t_g温度下的饱和蒸汽压，Pa；

t_g——燃气温度，℃；

f_1——流量计校正系数。

（2）燃气高位热值计算

$$Q_{GW}=\frac{W\cdot c\cdot(t_2-t_1)}{F\cdot V\cdot f_2} \tag{6-15}$$

式中 Q_{GW}——燃气高位热值，kJ/Nm³；

W——水量，g；

c——水的比热，4.1868kJ/kg℃；

t_1、t_2——平均进出口水温，℃；

V——燃气用量，L；

f_2——热量计修正系数。

两次测定燃气高位热值的平均值为：

$$\overline{Q}_{GW}=\frac{Q_{GW1}+Q_{GW2}}{2} \tag{6-16}$$

$$高位发热量差值=\frac{Q_{GW1}-Q_{GW2}}{Q_{GW}}\times100\% \tag{6-17}$$

当差值超过1%时，应重新测定。

（3）燃气低位热值计算

$$Q_{DW}=\overline{Q}_{GW}-\frac{w\cdot q}{F\cdot V}\times 10^3 \tag{6-18}$$

式中 Q_{DW}——燃气的低位热值，kJ/m^3；

w——冷凝水量，g；

q——冷凝水汽化潜热，2.512kJ/g；

V——与 w 对应的燃气用量，L。

将观察和计算结果记录于表6-4中。

表6-4　城市燃气热值测试记录表

测试日期：　　　　年　　月　　日　　　　　　　　　　测试人员：

燃气种类		大气压力/Pa		室内温度/℃	
燃气温度/℃		燃气压力/Pa		排烟温度/℃	
干球温度/℃		湿球温度/℃		相对湿度/%	
流量计校正系数 f_1		热量计修正系数 f_2		体积修整系数 F	
流量计示值 V_1'/L		流量计示值 V_2'/L		燃气用量 V'/L	
凝水量筒重/g		凝水加量筒重/g		凝水重 w/g	

	第一组测试		第二组测试	
燃气示值 V_1/L				
燃气示值 V_2/L				
盛水器净重/g				
盛水器加水重/g				
水重 W/g				
序号	进口水温 t_1	出口水温 t_2	进口水温 t_1	出口水温 t_2
1				
2				
3				
4				
5				
6				
7				
8				
9				
10				
平均值				
平均温差 t_2-t_1/℃				
燃气高位热值 Q_{GW}/(kJ/m^3)				
高位热值平均值/(kJ/m^3)				
燃气低位热值 Q_{DW}/(kJ/m^3)				

思考题

1）影响燃气热值测定准确性的主要因素是什么？

2）为什么冷凝水滴出后方可开始测定？

3）为什么要将燃气和空气都加水饱和？

6.5 长玻璃管中火焰传播演示

6.5.1 实验目的

观察火焰焰面在长玻璃管内静止的燃气-空气混合物中的传播情况，包括火焰焰面形状、焰面的运动速度，从而增强对火焰传播的认识。利用该实验还可以观察火焰的稳定、回火、脱火、熄火等现象。

6.5.2 实验原理及实验装置

在静止的燃气-空气混合物中，火焰的热量不断地传给未燃的混合气体，使其温度上升而着火燃烧，焰面向可燃气体混合物方向运动。

实验装置见图6-5。

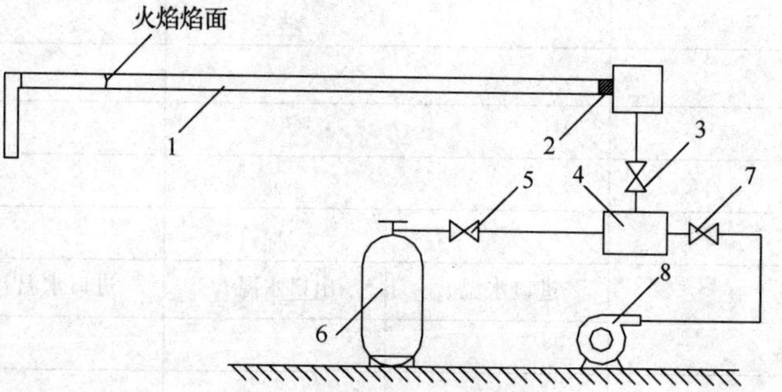

图6-5　火焰传播演示装置

1—长玻璃管；2—铜丝网；3—混合气体调节阀；4—混气装置；
5—燃气阀；6—燃气气源；7—空气阀；8—空气气源

气源可以是液化石油气或其他可燃气体。空气可由压缩机供给，也可以用风机。在长玻璃管内放置铜丝网，其作用是防止回火。

6.5.3 实验方法及步骤

（1）实验准备

打开排烟气系统。

（2）静止燃气-空气混合物中的火焰传播

先打开燃气阀，后打开空气阀少许，使混合气体充满玻璃管。关闭阀门，然后在点火端点燃，观察火焰焰面及其传播情况。

（3）火焰的稳定、回火、脱火

先打开燃气阀，后打开空气阀少许，使混合气体充满玻璃管。然后在点火端点燃，待管内出现火焰前峰停止点火，改变空气阀门大小调节一次空气系数，使火焰峰面清晰。调节混合气调节阀门，以改变玻璃管中混合气的速度。

1）观察火焰稳定情况。调节混合气调节阀门，使气体速度 W 等于火焰传播速度 μ（$W=\mu$），则火焰基本上稳定在管内的某一位置，火焰稳定。此时观察火焰前峰情况：它的色泽同本生灯上的小火焰锥色泽相同，为蓝色，前峰面厚度极薄。前峰面悬于管中不与管壁接触。

2）观察回火情况。调节混合气调节阀，降低气流速度 W，使之小于火焰传播速度 μ（$W<\mu$），火焰前峰将以（$\mu-W$）的相对速度向上游传播。直至铜丝网处。可以在火焰快到末端时打开末端的橡皮塞，能够听见“嘭”的爆炸声。

3）观察火焰吹熄情况（脱火）。调节混合气调节阀，加大混合气体流速 W，使之大于火焰传播速度 μ（$W>\mu$），火焰前峰将以相对速度（$W-\mu$）吹向下游，直到推出管口形成脱火最后被吹熄。

思考题

1）分析火焰前锋面倾斜且成球面状的原因？

2）若用此方法测出火焰传播速度，其数值与法向火焰传播速度有什么区别？

3）实验中燃气和空气的比例是多少？怎么做才能观察到理想的实验现象？

6.6 燃气法向火焰传播速度测定

6.6.1 实验目的及要求

火焰传播速度（又称燃烧速度）是燃气燃烧的重要特性之一。它影响火焰的稳定性，是燃气燃烧器和燃烧设备设计的主要依据，也是判定燃气互换性的基本参数。

实验采用本生火焰法测定燃气的法向火焰传播速度。要求掌握测定原理、测定方法，了解测定的操作过程和所需的仪器设备。

6.6.2 基本原理

火焰前沿焰面沿其法线方向朝邻近未燃气体移动的速度称作法向火焰传播速度。法向火焰传播速度仅与可燃混合气体的物理化学性质有关，决定法向火焰传播速度值的基本量有：燃气成分、可燃混合气体的预热温度以及燃气与氧化剂混合浓度。

利用本生火焰法（图 6-6）测定法向火焰传播速度是一种应用广泛而且较为完善的方法。本生火焰有内焰和外焰两部分组成。当燃烧稳定时，内焰是静止火焰的焰面，焰面上任意点的法向火焰传播速度 S_n 与该点的气流速度对焰面的法向分量 V_n 相等。因此，测出 V_n 即可得到 S_n。

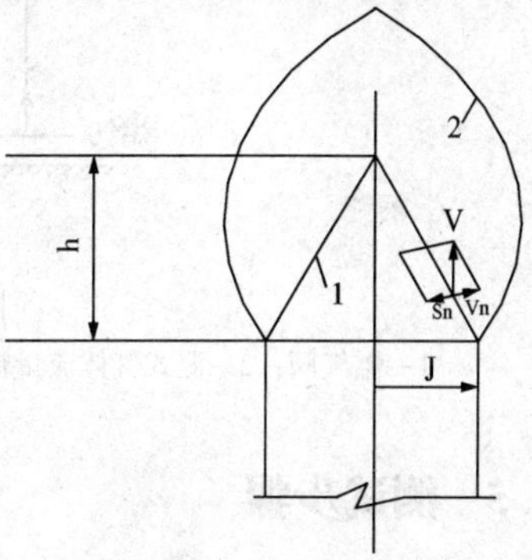

图 6-6 本生火焰

1—内焰；2—外焰

实际上内焰并非是一个几何正锥体，焰面各点上的 S_n 也并不相等。但为了得到比较简单的计算公式，可假定焰面上 S_n 值不变，内焰为几何正锥体，

$$S_n = V_n = V \cdot cos\varphi \tag{6-19}$$

$$cos\varphi = \frac{r}{\sqrt{h^2+r^2}} \tag{6-20}$$

$$V = \frac{L}{\pi \cdot r^2} = \frac{L_g + L_a}{\pi \cdot r^2} \tag{6-21}$$

将式(6-20)、式(6-21)代入式(6-19)得：

$$S_n = \frac{L_g + L_a}{\pi \cdot r \cdot \sqrt{h^2+r^2}} = \frac{L_g \cdot (1 + a \cdot V_0)}{\pi \cdot r \cdot \sqrt{h^2+r^2}} \tag{6-22}$$

根据上式测出混合气体流量 L、火焰高度 h 和管口半径 r 便可求出法向火焰传播速度(空气系数 α)。

6.6.3 仪器设备

燃烧管：用来混合燃气和空气，并使燃气在管口处燃烧；

测高仪：放大倍数 12X；有效工作距离 1~4m；最小读数值 0.02mm；

湿式气体流量计：2 台；分别测定燃气和空气流量；

空气泵：供给燃烧所需的空气；

卡尺：用于测定燃烧管的管口内径；

成分分析仪(或热量计)：用于测定燃气的成分组成。

6.6.4 测量系统

测量系统见图 6-7，燃气与空气分别经湿式气体流量计进入燃烧管，根据燃气与空气的流量以及燃气的理论空气量可以算出一次空气系数 α。可调节空气阀或燃气阀得到不同的 α 值。

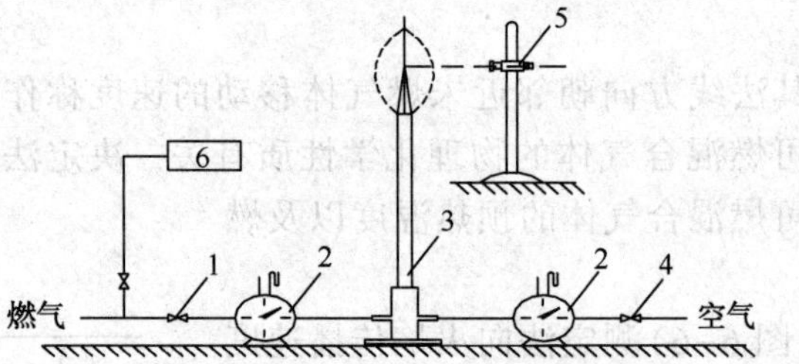

图 6-7 火焰传播速度测试系统

1—燃气阀；2—湿式气体流量计；3—燃烧管；4—空气阀；5—测高仪；6—成分分析仪或热量计

6.6.5 测试步骤

(1) 准备工作

1) 开启排风扇，保持室内通风，防止燃气泄漏造成对人员的危害。

2）校正空气和燃气的流量计，见本章节指导书的相关实验。

3）按测试系统图连接仪器设备。

4）进行气密性实验：打开气源阀门，关闭燃烧管上燃气阀门，要求5min流量计指针不动。

（2）测量方法

1）用卡尺测量燃烧管的管口内半径 r，单位mm；

2）先打开燃气阀，点燃火焰，这时呈扩散式燃烧；

3）慢慢开启空气泵调节阀，送入空气。当出现火焰内锥时，即可测量燃气及空气的流量，同时记录燃气及空气流量计上的压力和温度；

4）用测高仪测得火焰内锥高度 h，单位mm；

5）测量燃气成分或低位发热量，用来计算理论空气需要量。如果被测燃气的成分或发热量已知时，可以不进行此项测定；

6）多次适当增加或减少空气量，即改变一次空气系数 α，测出相应的火焰内锥高度。

将测得的数据填入测试表中。

6.6.6 实验数据处理

(1)理论空气需要量的计算

理论空气的需要量可以按燃气的成分进行计算：

$$V_0 = \frac{1}{21}\left[0.5V_{H_2} + 0.5V_{CO} + \sum\left(m + \frac{n}{4}\right)V_{C_mH_n} + 1.5V_{H_2S} - V_{O_2}\right] \qquad (6-23)$$

式中　V_{H_2}、V_{CO}、$V_{C_mH_n}$、V_{H_2S}、V_{O_2}——燃气各组分的体积百分数，%。

理论空气的需要量也可以按燃气的低热值采用下式进行估算：

当 $Q_{DW}<11000kJ/Nm^3$ 时：

$$V_0 \approx \frac{0.21}{1000}Q_{DW} \qquad (6-24)$$

当 $Q_{DW}>11000kJ/Nm^3$ 时：

$$V_0 \approx \frac{0.26}{1000}Q_{DW} \qquad (6-25)$$

（2）一次空气系数的计算

一次空气系数可按下式计算：

$$\alpha = \frac{L_a}{L_g \cdot V_0} \qquad (6-26)$$

（3）法向火焰传播速度 S_n 的计算

根据测得的燃气及空气流量、火焰内锥高度、燃烧管管口半径按式(4)计算法向火焰传播速度 S_n。

（4）绘制 $S_n-\alpha$ 曲线

根据测试结果，以 α 为横坐标、S_n 为纵坐标，绘制 $S_n-\alpha$ 曲线。由此可以得到最大火焰传播速度 S_{nmax} 和相应的一次空气系数值。

将实验所得数据和计算结果填于表6-5中。

表 6-5　火焰传播速度测试表

日期：　　　　　　　　　　　　　　　　气样来源：

人员：　　　　　　　　　　　　　　　　性　质：

燃烧管半径/mm						
序　号		1	2	3	4	5
室内参数	室内温度/℃					
	大气压力/Pa					
燃气参数	燃气温度/℃					
	燃气压力/Pa					
	体积修正系数 F					
	开始时流量计读数 V/L					
	终了时流量计读数 V/L					
	所用燃气量：V_2-V_1/L					
	时间 τ/s					
	燃气流量 L_g/（标 L/s）					
空气参数	空气温度/℃					
	空气压力/pa					
	体积修正系数 F'					
	开始时流量计读数 V_1'/L					
	终了时流量计读数 V_2'/L					
	所用空气量：$V_2'-V_1'$/L					
	时间 τ/s					
	空气流量 L_a/（标 L/s）					
燃气性质	燃气热值 Q_{DW}/（kJ/Nm^3）					
	理论空气需要量 V_0/（Nm^3/Nm^3）					
火焰传播速度	一次空气系数 α					
	火焰高度 h/mm					
	混合气体流量 $L_m=L_g+L_a$					
	火焰传播速度 S_n/（m/s）					

思考题

1）影响火焰传播速度测量精度的主要因素有哪些？

2）测量法向火焰传播速度的实际意义有哪些？

3）测量法向火焰传播速度还有哪些其他方法？

7 油气管道腐蚀与防护实验

7.1 土壤电阻率测试实验

7.1.1 实验目的

1）掌握测量土壤电阻率的方法；

2）掌握 ZC-8 电阻仪的使用方法。

7.1.2 实验原理

土壤是一种电解质，在外加电场的作用下，会产生导电现象。土壤电阻率与土壤腐蚀性有明显的关系，是地下金属材料腐蚀的主要影响因素，也是金属构件施行阴极保护设计的重要参数。测量土壤电阻率的方法有很多，采用四极法。

如图 7-1 所示，4 个电极 A/B/C/D 在地上按顺序插入，形成回路。回路通电后，在 C 与 D 上形成电位差可由电位差计测得为 ΔU，在 A 与 B 上测得电流 I，该电位差计值与经过 A、B 两极流过的电流 I 和 C、D 两极间的土壤电阻成正比，所以当电极距离已知，土壤电阻率 ρ 可由式 $\rho=K\frac{\Delta U}{I}$ 求得。其中 $K=2\pi a$，a 为两级间的距离。

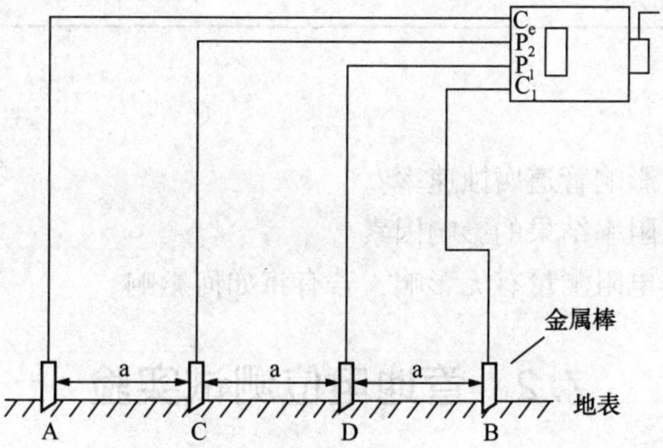

图 7-1　土壤电阻率测试实验装置图

7.1.3 实验装置

4 个金属电极，ZC-8 电阻仪，导线，电压表，电流表。

7.1.4 实验步骤

1）在土壤中按照直线排列金属电极，依次相距 20m 即 a = 10m，将电极插入土壤中。

2）用导线将电极联于仪表的相应端钮。

3）将仪器放置水平，检查检流计指针是否指于中心线上，否则可用机械零位调整器调整。

4）将“倍率标率”置于最大倍数，慢慢转动发电机摇把，同时转动“测量标度盘”使检流计指针指于中心线。

5）当指针接近中心线时，加快发电机摇把转速，使其达到 120r/min 以上，同时调整“测量标度盘”，使指针指于中心线。

6）“测量标度盘”的读数小于 1 时，应将倍率标度置于较小的倍数，再重新调整“测量标度盘”以得到准确的读数。

7）“测量标度盘”的读数乘以倍率标度的倍数即为所测的土壤电阻。

8）利用电压表，电流表测出电位差与电流，代入电阻率计算公式测出电阻率。

7.1.5 注意事项

1）金属电极插入土壤的深度应适当。

2）土壤密实度，土壤成分等都会影响测量结果，尽可能选择性质一样或相似的土壤。

3）土壤密实度会影响测量结果，应多测几组实验。

7.1.6 实验数据记录及数据处理

实验数据记录见表 7-1。

表 7-1 实验数据

实验内容		极间距 a/m	标度盘读数 R/Ω
土壤电阻率测量	东西方向		
	南北方向		

思考题

1）土壤电阻率如何影响管道腐蚀速率？

2）分析影响土壤电阻率结果的影响因素。

3）土壤湿度对土壤电阻测量有无影响，若有将如何影响。

7.2 管地电位测试实验

7.2.1 实验目的

1）掌握测量阳极电位的方法；

2）掌握万用表的使用方法。

7.2.2 实验原理

利用万用表，测量参比电极与金属阳极之间的电位差。将参比电极放在管道顶部上方 1m 范围内的地表潮湿土壤上，必须保证参比电极与上壤接触良好。将万用表调整开关调整到适当电压档量程上，读取数据，准确作好记录。当管道上有杂散电流干扰时，管地电位的变化是判断干扰程度的重要指标。接线方法如图 7-2 所示。

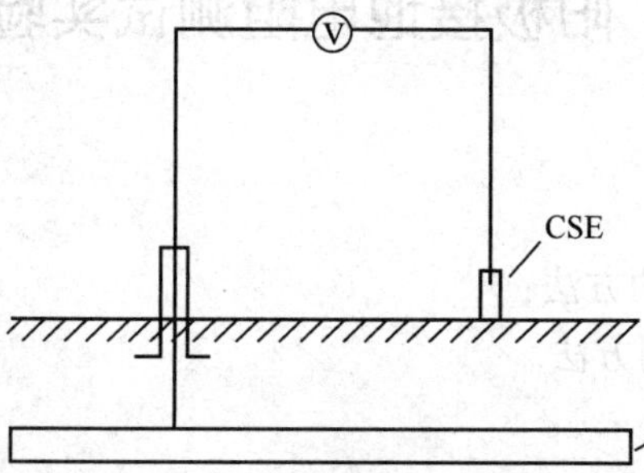

图 7-2　接线方法

7.2.3　实验装置

金属阳极，万用表，导线，饱和硫酸铜参比电极。

7.2.4　实验步骤

1）将饱和硫酸铜参比电极插入湿润的土壤中，应确保饱和硫酸铜参比电极与底部土壤接触良好；

2）将埋于地下的阳极和饱和硫酸铜参比电极分别用导线接在万用表上；

3）记录数据。

7.2.5　注意事项

1）确保参比电极插入的土壤湿度适当。

2）金属电极插入土壤的深度应适当。

3）土壤密实度，土壤成分等都会影响测量结果，尽可能选择性质一样或相似的土壤。

7.2.6　实验数据记录及数据处理

实验数据见表 7-2。

表 7-2　管地电位表

组数	管地电位/V
第 1 组	
第 2 组	
第 3 组	
平均值	

思考题

1）电压值在何范围内能保护管道免受腐蚀？

2）影响管道腐蚀的因素有哪些？

3）管道腐蚀的防护方法有哪些？

7.3 阳极接地电阻测试实验

7.3.1 实验目的

1）掌握测量阳极接地电阻的方法；

2）掌握 ZC-8 电阻仪的使用方法。

7.3.2 实验原理

C_1、C_2为供电极，电流 I_1，P_1，P_2为测量极。当供电 I_1后在 P_1，P_2间电阻 r(即为阳极接地电阻)上造成的电位差 I_1r，该仪器按电位计原理设计，内部测量回路的电流为 I_2，在可变电阻 R_{ob}上造成电位差，当可变电阻电位差 $I_2R_{ob}=I_1r$ 时，则检流计不偏转，故得 $r=(I_2/I_1)R_{ob}$。仪器制造时已固定 I_2/I_1的值，分别为 10、1、0.1(即“倍率标度”有 3 个倍数，亦称为 3 档)，R_{ob}可由测量仪表的标度盘上读数，故接地电阻 r 值即为测定时采用的倍率标度的倍数乘以测量标度盘上的读数。

7.3.3 实验装置

金属电极，ZC-8 电阻仪，导线。装置如图 7-3 所示。

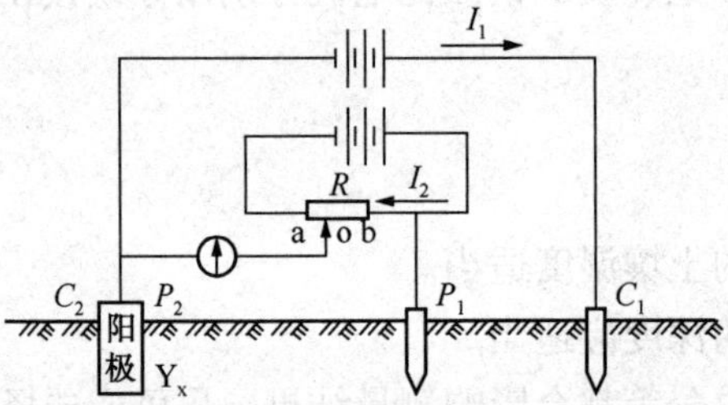

图 7-3　阳极接地电阻装置图

7.3.4 实验步骤

1）在土壤中按照直线排列，依次相距 20m，将电极插入土壤中。

2）用导线将电极连于仪表的相应端钮。

3）将仪器放置水平，检查检流计指针是否指于中心线上，否则可用机械零位调整器调整。

4）将“倍率标度”置于最大倍数，慢慢转动发电机摇把，同时转动“测量标度盘”使检流计指针指于中心线。

5）当指针接近中心线时，加快发电机摇把转速，使其达到 120r/min 以上，同时调整“测量标度盘”，使指针指于中心线。

6）“测量标度盘”的读数小于 1 时，应将倍率标度置于较小的倍数，再重新调整“测量标度盘”以得到准确的读数。

7）“测量标度盘”的读数乘以倍率标度的倍数即为所测的阳极接地电阻值。

7.3.5 注意事项

1）金属电极插入土壤的深度应适当。

2）土壤密实度，土壤成分等都会影响测量结果，尽可能选择性质一样或相似的土壤。

3）土壤密实度会影响测量结果，应多测几组实验。

7.3.6 实验数据记录及数据处理

将实验所得数据记录于表 7-3 中。

表 7-3 实验数据

实验内容		极间距 a/m	标度盘读数 r/Ω
阳极接地电阻测量	东西方向		
	南北方向		

思考题

1）管道防腐的方法有哪些？

2）测量过程中存在哪些测量误差，可采取哪些措施克服？

7.4 "极化曲线法"测量土壤腐蚀性实验

极化曲线是表示电极电位与极化电流或极化电流密度之间的关系曲线。极化曲线以电极电位为横坐标，以电极上通过的电流为纵坐标获得的曲线称为极化曲线。它表征腐蚀原电池反应的推动力电位与反应速度电流之间的函数关系。直接从实验测得的是实验极化曲线。而构成腐蚀过程的局部阳极或者局部阴极上单独电极反应之电位与电流关系称为真实极化曲线，即理想极化曲线。

7.4.1 实验目的

1）加深对极化的理解，掌握极化产生的原理；

2）掌握恒电位测定极化曲线的方法；

3）巩固金属极化理论，确定金属实施阳极保护的可能性；

4）学会用"极化曲线"法判断土壤腐蚀性。

7.4.2 实验原理

1）恒电位法就是将研究电极依次恒定在不同的数值上，然后测量对应于各电位下的电流。常用的控制电位测量方法有以下两种：

静态法：将电极电势恒定在某一数值，测定相应的稳定电流值，如此逐点地测量一系列各个电极电势下的稳定电流值，以获得完整的极化曲线。

动态法：控制电极电势以较慢的速度连续地改变（扫描），并测量对应电位下的瞬时电流值，以瞬时电流与对应的电极电势作图，获得整个的极化曲线。

2）恒电流法就是控制研究电极上的电流密度依次恒定在不同的数值下，同时测定相应的稳定电极电势值。采用恒电流法测定极化曲线时，由于种种原因，给定电流后，电极电势往往不能立即达到稳态，不同的体系、电势趋于稳态所需要的时间也不相同，因此在实际测量时一般电势接近稳定(如1~3min内无大的变化)即可读值，或人为自行规定每次电流恒定的时间。

如图7-4所示，在玻璃缸中放有含盐、含水量为某一百分比的均匀土壤，其上插入二根同样材料、形状及大小的金属电极A和K，插入深度相同。金属电极K上焊有绝缘导线，通过单点开关M，毫安表mA及可变电阻R与电源的负端相连，金属电极A上也焊有绝缘导线，直接与电源正端相连。两个电极间并有电压表V。实验所用电极是用镀锌电工螺栓(M16)改制而成，外径D=15mm，电极插入深度h(cm)，实验时自行调整。

本实验采用恒电流的方法测量极化曲线(两极电位差ΔV与电流密度i的关系)，以电流为自变量，通过调节电路中的电阻R使某一恒电流通过电极。当电表上指示的电位差及电流值达到稳定以后读数，为了使电池系统获得稳定极化电流，应采用高压、高阻实验装置。如图7-5所示，B为极化电源。通常可取数十伏或数百伏的直流电源。R_C为电池系统等效电阻，R为可变电阻，根据欧姆定律，回路中的电流I是由B、R、R_C、电源内阻R_i以及包括导线电阻，电压表内阻在内的电阻R_x来决定的。它们之间是关系为：

$$T=\frac{B}{R+R_c+R_i+R_x} \tag{7-1}$$

当$R>>R_c+R_i+R_x$则$I=B/R$，这样由于电解池电阻或线路中接触点电阻变化引起的电流变化可减少到很小的程度，极化电流I值基本稳定，达到了控制极化电流的目的。为了能获得较大的电流值，可采用较高电压的电源；若希望电流的可调范围更宽一些，也可采用分压-恒流混合线路。

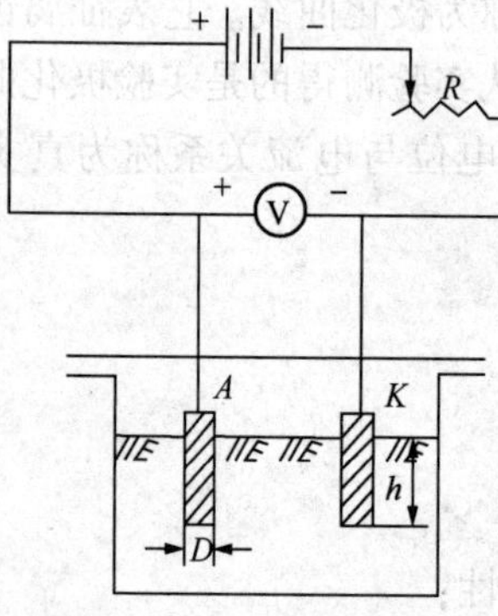

图7-4　实验装置图

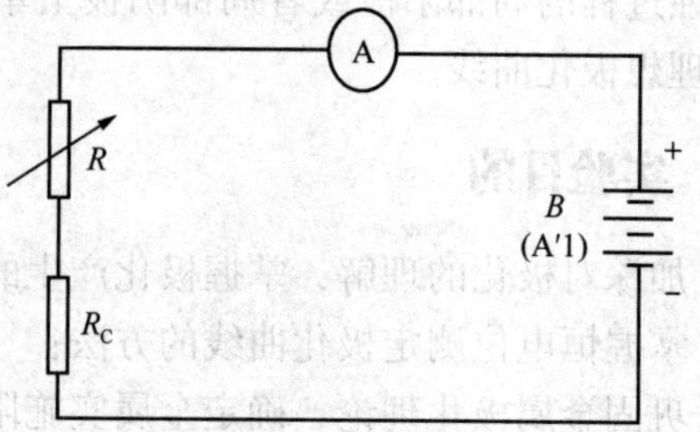

图7-5　恒电流法测极化曲线示意图

7.4.3　实验装置

金属电极、实验土壤、毫安表、导线。

7.4.4　实验步骤

1）熟悉实验装置，看清各种仪表量程及直流表的接线方向。

2）用砂纸擦净金属电极，使之发出金属光泽。

3）埋金属电极时注意在玻璃缸中央，并用手按紧金属电极周围的土壤，使之与金属接触良好，记下电极的埋深 h。

4）检查联接线路是否正确，电压表是否在零点。

5）根据给出的可变电阻范围，选好拟调节的电阻值（一种土样至少选四个测点，通常由大电阻开始测定），合上单点开关 M，接通电路，迅速观察电压表及电流表指示值的变化情况，待读数稳定后，记录下稳定的电流和电压值，以及稳定所需时周，打开单点开关，断开电路，并记录电压表回零的时间。

6）调整可变电阻分别为 10kΩ、8kΩ、6kΩ、4kΩ，重复上述操作。待电压表指针回到零点以后，重复上述步骤进行第二次测定，两次测定的时间间隔不少于 5min，实验时注意各次测定中电流、电压达到稳定的时间变化。

7）数据经检查无误后，拔出金属电极，观察电极表面现象，并记录在实验报告中。

8）擦净电极，将实验装置恢复原状。

9）将实测记录汇总于表，作出 $\Delta V-i$ 曲线（极化曲线），可用以表明土壤的腐蚀性，见图 7-6。

一般认为：土壤含水量为 20%，电位差为 500mV 时，电流密度大于 0.3mA/cm^{2}时，腐蚀性严重；同样条件下，电流密度小于 0.050.3mA/cm^{2}时，腐蚀性较弱。应该指出，本次实验原土的含水量未测，在目前的气候条件下是达不到含水量 20%的。

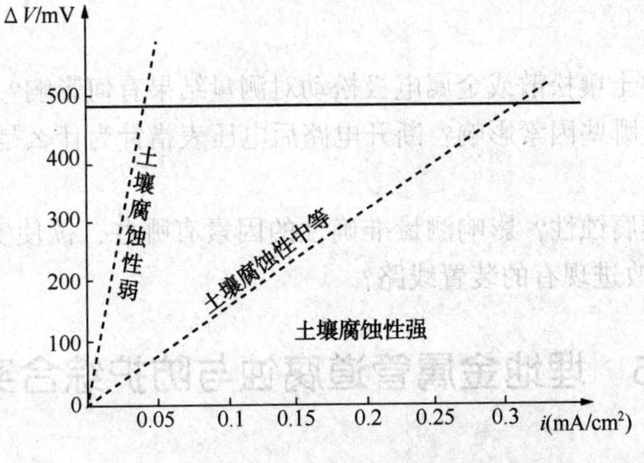

图 7-6 腐蚀等级区域图

7.4.5 注意事项

1）熟悉实验装置，看清各种仪表量程及直流表的接线方向。测量阳极接地电阻时，应将原阴极保护电路与阳极断开。

2）用砂纸擦净金属电极，使之发出金属光泽。在实验过程中保证土壤严实，金属电极不能松动。

3）当检流计灵敏度过高时，可将测量电极在土壤中插得浅一些；如果灵敏度不足时，可沿测量电极注水润湿。

4）记录实验中遇到得反常现象，并分析其原因。分析影响测量准确性的因素，思考如何改进。自己绘制记录数据表格，作出极化曲线，判断土壤腐蚀性。

7.4.6 实验数据记录及数据处理

将实验所得数据记录于表 7-4 中。

表 7-4 实验数据

配方	原土			
滑线电阻/kΩ				
极化稳定电位差 ΔV/mV				
极化稳定电流				
电流密度 i/(mA/cm^2)				
极化稳定所需时间/s				

根据 $i=\frac{I}{A}$，$A=\frac{\pi}{4}D^2+\pi Dh$ 将所测实验数据代入得 i，并作 $\Delta V\sim i$ 曲线。

思考题

1）在测定过程中土壤松散或金属电极松动对测量结果有何影响？

2）土壤腐蚀性受哪些因素影响？断开电路后电压表指针为什么是缓慢地回到零点（有时还回不到零点）？

3）怎样减少土壤腐蚀性？影响测量准确性的因素有哪些，欲使实验装置能满足调节电流范围宽一些，如何改进现有的装置线路？

7.5 埋地金属管道腐蚀与防护综合实验

7.5.1 实验目的

1）了解金属埋地管道的腐蚀因素；掌握金属埋地管道的防腐方法。

2）掌握失重法测定金属腐蚀速率的原理和方法。

3）用失重法测定低碳钢在稀硫酸溶液中的腐蚀速率。

7.5.2 实验原理

在金属表面覆盖各种保护层，把被保护金属与腐蚀性介质隔开，是防止金属腐蚀的有效方法。

（1）金属的磷化处理

钢铁制品去油、除锈后，放入特定组成的磷酸盐溶液中浸泡，即可在金属表面形成一层不溶于水的磷酸盐薄膜，这种过程称为磷化处理。

（2）金属的氧化处理

将钢铁制品加到 NaOH 和 $NaNO_2$ 的混合溶液中，加热处理，其表面即可形成一层厚度约为 0.5~1.5μm 的蓝色氧化膜(主要成分为 Fe_3O_4)，以达到钢铁防腐蚀的目的，此过程称为发蓝处理(简称发蓝)。这种氧化膜具有较大的弹性和润滑性，不影响零件的精度。故精密仪器和光学仪器的部件，弹簧钢、薄钢片、细钢丝等常用发蓝处理。

(3) 非金属涂层

用塑料(如聚乙烯、聚氯乙烯、聚氨酯等)喷涂金属表面，比喷漆效果更佳。塑料覆盖层致密光洁，色泽艳丽，兼具防蚀与装饰的双重功能。搪瓷是含 SiO_2 量较高的玻璃瓷釉，有极好的耐腐蚀性能，可作为耐腐蚀非金属涂层，广泛用于石油化工、医药、仪器等工业部门和日常生活用品中。

(4) 金属保护层

这是以一种金属镀在被保护的另一种金属制品表面上所形成的保护镀层，前一种金属称为镀层金属。金属镀层的形成，除电镀、化学镀外，还有热浸镀、热喷镀、渗镀、真空镀等方法。

改善环境对减少和防止金属腐蚀有重要作用。例如，减少腐蚀介质的浓度，除去介质中的氧，控制环境温度、湿度等都可以减少和防止金属腐蚀。也可以采用在腐蚀介质中添加能降低腐蚀速率的物质(缓蚀剂)来减少和防止金属腐蚀。

电化学保护法是根据电化学原理在金属设备上采取措施，使之成为腐蚀电池中的阴极，从而防止或减轻金属腐蚀的方法，主要有牺牲阳极保护法和外加电流法。

目前，测定金属腐蚀速率的方法很多，有重量法、容量法、线性极化法(即极化阻力法)、Tafel 直线外推法等等。

重量法是其中一种较为经典的方法，它适用于实验室和现场试验，是测定金属腐蚀速率最可靠的方法之一，是其他金属腐蚀速率测定方法的基础。重量法是根据腐蚀前、后金属试件重量的变化来测定金属腐蚀速率的。重量法又可分为失重法和增重法两种。当金属表面上的腐蚀产物较容易除净，且不会因为清除腐蚀产物而损坏金属本体时常用失重法；当腐蚀产物牢固地附着在试件表面时则采用增重法。把金属做成一定形状和大小的试件，放在腐蚀环境中(如大气、海水、土壤、各种实验介质等)，经过一定的时间后，取出并测量其重量和尺寸的变化，即可计算其腐蚀速率。

对于失重法，可通过下式计算金属的腐蚀速率：

$$v^- = \frac{m_0 - m_1}{St} \tag{7-2}$$

式中 v^-——金属的腐蚀速率，g/(m^2·h)；

m_0——腐蚀前试件的质量，g；

m_1——经过一定时间的腐蚀，并除去表面腐蚀产物后试件的质量，g；

S——试件暴露在腐蚀环境中的表面积，m^2；

t——试件腐蚀的时间，h。

对于增重法，即当金属表面的腐蚀产物全部附着在上面，或者腐蚀产物脱落下来可以全部被收集起来时，可由下式计算腐蚀速率：

$$v^+ = \frac{m_2 - m_0}{St} \tag{7-3}$$

式中 v^+——金属的腐蚀速率，g/(m^2·h)；

m_2——为腐蚀后带有腐蚀产物的试件的重量，g；

m_0——腐蚀前试件的质量，g；

S——试件暴露在腐蚀环境中的表面积，m^2；

t——试件腐蚀的时间，h。

7.5.3 实验装置

光电分析天平 2 台，矩形低碳钢试片若干片，钢号，锤子，砂纸，游标卡尺，无水乙醇，丙酮，镊子，脱脂棉，滤纸，250mL 烧杯 10 个，玻璃棒，尼龙丝，橡皮，硫酸(CP)，硫脲(CP)。

7.5.4 实验步骤

本实验的主要内容：用重量法测定碳钢在 $10\% H_2SO_4$ 溶液和 $10\% H_2SO_4$+2g/L 硫脲(TU)溶液中的腐蚀速率，并计算实验条件下硫脲的缓蚀率。实验分组进行，每组 5~6 人。实验步骤如下：

1）试片编号；

2）将试片用一系列由粗到细的砂纸打磨，以获得均一光洁的表面；

3）用游标卡尺准确测量试片的尺寸，以计算其表面积(结果计入表 7-5 中)；

4）先后用无水乙醇和丙酮清洗试片，将洗净的试片用滤纸包好(洗后的试片应避免用手直接接触)，等待称量(在空气湿度较大时，最好放入干燥器内，以防生锈)；

5）将干燥后的试片用分析天平称重，准确度应达 0. 1mg；

6）分别在两个干净的 250mL 的烧杯中倒入 200mL$10\% H_2SO_4$ 溶液和 200mL$10\% H_2SO_4$+2g/L 硫脲溶液；

7）将试片按编号分成两组(每组三片)，用尼龙丝悬挂在玻璃棒上，分别浸入以上两个烧杯中，试样要全部浸入溶液，其上端应在液面下约 2cm 处，各试片浸入深度基本上一致；

8）自试片浸入的瞬间开始记时，1h 后停止试验，将试片取出，用除盐水冲洗、并用滤纸吸干表面水分后，用橡皮擦净表面腐蚀产物；然后，再用无水乙醇和丙酮清洗，将洗净的试片用滤纸包好，等待称量；

9）将干燥后的试片再次用分析天平称重，准确度应达 0. 1mg。

10）将所有实验后的试片按实验前的处理方法进行表面处理后，用滤纸包好后放入干燥器，以防试片在存放中生锈。

7.5.5 注意事项

埋设管道时，一定要选择土壤性质一样的土壤进行埋设。

7.5.6 实验数据记录及数据处理

将实验数据记录于表 7-5 中。

表 7-5 质量法测金属腐蚀速率相关参数

实验介质						
试片编号						
长 a						

续表

宽 b							
厚 c	cm						
孔径 φ							
S	m^2						
m_0	g						
m_1							
Δm							
t	d						
v^-	$g/(cm^2 \cdot d)$						
$\bar{v}^-$							
I	%						

思考题

1）影响金属埋地管道的腐蚀因素有哪些？

2）计算腐蚀速率的方法有哪些？

3）金属的腐蚀产物有哪些？

8 油气集输实验

本章实验主要介绍了乳状液的鉴别和含水量的测定以及两相流模拟实验。在实验中可以掌握乳状液的配备和类型鉴别方法；乳状液的破乳；乳状液的含水量的测定。以及在两相管流模拟实验中，可以观察到气液两相流的各种流型，掌握测量水平或倾斜气液两相管路的压降和截面含液率的测量方法。

8.1 含水原油水分测定及原油脱水实验

8.1.1 实验目的

1）掌握原油中含水、含盐、含泥砂等杂质会给原油的集输和炼制带来哪些危害，未处理原油的基本物理性质，掌握合格原油处理的技术指标。

2）通过本次实验研究，使学生应达到熟练掌握原油水分测定仪、高剪切乳化机、偏光显微镜、原油电脱水实验仪等主要仪器的基本组成、使用方法及注意事项等。在教师的指导下能够独立开展原油处理的相关实验研究。

3）根据测定的数据学会计算流变参数的方法，采用计算机绘图软件绘制含蜡原油的黏-温关系曲线图、流变曲线图等，评价其基本流动性能。

8.1.2 实验原理

电脱水原理：将原油乳状液置于高压直流或交流电场中，由于电场对水滴的作用，削弱了水滴界面膜的强度，促进水滴的碰撞，使水滴聚结成粒径较大的水滴，在原油中沉淀分离出来。水滴在电场中聚结的方式主要有三种。

（1）电泳聚结

把原油乳状液置于通电的两个平行电极中，水滴将向同自身所带电荷电性相反的电极运动，即：带正电荷的水滴向负电极运动，带负电荷的水滴向正电极运动，这种现象称为电泳。在电泳过程中，水滴受原油的阻力产生拉长变形，并使界面膜机械强度削弱。同时，因水滴大小不等、所带电量不同、运动时所受阻力各异，各水滴在电场中运动速度不同。水滴发生碰撞，使削弱的界面膜破裂，水滴合并、增大，从原油中沉淀分出。

（2）偶极聚结

在高压直流或交流电场中，原油乳状液中的水滴受电场的极化和静电感应，使水滴两端带上不同极性的电荷，即形成诱导偶极。因为水滴两端同时受正负电极的吸引，在水滴上作用的合力为零，水滴除产生拉长变形外，在电场中不产生像电泳那样的运动，但水滴的变形削弱了界面膜的机械强度，特别在水滴两端界面膜的强度最弱。原油乳状液中许多两端带电的水滴像电偶极子一样，在外加电场中以电力线方向呈垂直线排列形成“水链”，相邻水滴的正负电偶极相互吸引。电的吸引力使水滴相互碰撞，合并成大水滴，从原油中沉淀分离出来。这种聚结方式称为偶极聚结。

(3) 振荡聚结

交流电场对W/O乳状液的另一个作用是使水珠周期性的振荡，在工频交流电场中，电场方向每秒改变50次，水滴内各种正负离子不断地作周期性的往复运动，使水滴两端的电荷极性发生相应的变化。离子的往复运动使水滴界面膜不断地受到冲击，使其机械性能降低，甚至破裂，水滴聚结沉降。这一过程称为振荡聚结。显然，水滴愈大，离子对界面膜的冲击作用愈大，振荡聚结的效果愈好。

8.1.3 主要仪器设备与材料

1）DWY-2型原油脱水试验仪。DWY-2型原油脱水试验仪由两大部分组成：

① 控制电路。控制电路由温度控制、高压控制、时间控制、超温超压保护和过流保护等部分构成。根据不同的油品，用户可任意设定加温温度、高压电场强度，可设定时间控制，当油品成份复杂时，如遇较强电解质，仪器进入过流保护，此时会停止施加高压，当导致过流因素不存在时，可自动恢复高压电场，如遇温度失控、压力过高，会自动切断电源，同时声光报警，提高了仪器操作的安全系数。

② 脱水罐。脱水罐部分由注油口、主罐体(即脱水罐)、洗液罐、气路、水路、油路及控制阀体组成。当原油经注油口流入电极、主罐体后，通过外部加温、加压、施加电场、油水将逐渐分离，最后从各自的出口放出，完成脱水工作。实验完毕，应用清洗液将罐中的废液冲洗干净。

2）破乳剂。

3）电子天平。

4）辽河稠油：2kg。

5）量筒：500mL，分度为1mL。

6）移液管：10mL。

7）广口玻璃瓶：2000mL。

8）洗耳球。

9）水分测定器：包括圆底玻璃烧瓶容量为500mL，接受器和直管式冷凝管长度250~300mL。

10）溶剂：工业溶剂油或直馏汽油在80℃以上的馏分，溶剂在使用前必须脱水和过滤。

11）无釉瓷片、浮石、或一端封闭的毛细管，在使用前必须经过烘干。

8.1.4 实验内容与步骤

(1) 实验内容：原油脱水

实验步骤：

1）先检查仪器各部分是否完好，相关连接线是否脱落，检查无误后转入下步。

2）将三芯电源插头插入电源插座(因本机功率较大，必须安装功率较大的插座和相应的线径，同时必须有良好的接地端)。

3）仪器的使用：

① 开启电源开关，指示灯亮，按下“电源启动”按钮，电源接通。

② 设定好所需控温温度，仪器进入加温、控温状态。

③ 向主体罐中注入原油，待原油注满罐体，盖上注油口盖并旋紧，保证密封，将电极点压力表绿指针指向超压设定值(一般0.8~1.5MPa)，红指针指向最大。

④ 设定工作时间，将时控拨盘拨至所需时间即可，按动“启动”开关，进行电场试验。

4）脱水罐的使用：

① 将原油从注油口直接注入主罐体(脱水罐)旋紧盖子保证密封。

② 打开排气阀后，若原油较黏，可预热后再注入脱水罐。

③ 关闭排气阀，将氮气瓶与装置连接好，打开加压阀，观察压力表，将外加压力调至所需后进行下一步。

5）施加强电场：

① 开启定时启动开关，高压电路通电，开始施加电场。

② 缓慢旋动调压旋扭，同时观察电流电压表数值的变化，当电流小于 0.5A 时可顺时针方向将电压调高。

③ 如遇较强电解质，过流保护电路工作，高压降至数十伏，这时，可逆时针方向旋动调压旋扭，直至电场电压能旋加上为止。

④ 如原油水含量较大，经长时间工作后，过流保护灯亮，若电场电压始终无法加上，则可能下水较多，已将电极短接，此时可开放水阀，先排去部分水再工作。(不宜全排去，以保证罐内界面)

⑤ 正常工作时，电流表数字跳变属正常现象。如工作时间较长或水已脱尽，则电流表数字相对较小且稳定，10min 后可进行下步工作。

6）排水、放油：

① 在确认罐内无电压后(电压表应为零)，再开始排水、放油。

② 因罐内有压力，开排水阀 6 时缓慢旋动。有原油排出时，即可进行排油。

③ 每次实验完毕，均需用柴油进行清洗，先取 1.5L 加入洗液罐中，关上球阀，关闭排空阀，开清洗阀 1，然后打开清洗阀 2 及排油阀，柴油流尽后关闭清洗阀 1、清洗阀 2，若洗出的柴油较脏，再取 1L 的干净柴油，加入洗液罐中，洗净，以便再次使用。

注意：超温报警的设定值出厂时设定在 200℃左右。如遇超温超压报警，须查明原因及时处理，如系超温报警，应待温度降至 180℃以下方可重新开启电源，否则仍将报警。

(2) 实验内容：含水原油水分测定实验

实验步骤：

1）本方法系将含水原油与无水溶剂混合蒸馏测定其水分含量，用百分数表示。将装入量不超过瓶内容积 3/4 的试样摇动 5min，要混合均匀。黏稠的或含石蜡的石油产品应预先加热至 40~50℃，再进行摇匀。

2）向预先洗净并烘干的圆底烧瓶装入均匀的试样 100g，称准至 0.1g。用量筒取 100mL 溶剂，注入圆底烧瓶中。将圆底烧瓶中的混合物仔细摇匀后，投入一些无釉瓷片，浮石或毛细管。

① 黏度小的试样可以用量筒量取 100mL，注入圆底烧瓶中，再用这只未经洗涤的量筒量出 100mL 溶剂。圆底烧瓶中的试样重量，等于试样的密度乘 100 所得之积。

② 试样的水分超过 10%时，试样的重量应酌量减少，要求蒸出的水不超过 10mL。

③ 用电炉、酒精灯加热圆底烧瓶，并控制回流速度，使冷凝管的斜口每秒滴 2~4 滴液体。

④ 蒸馏将近完毕时，如果冷凝管内壁沾有水滴，应使圆底烧瓶中的混合物在短时间内进行剧烈沸腾，利用冷凝的溶剂将水滴尽量洗入接受器中。

⑤ 接受器中收集的水体积不再增加，而且溶剂的上层完全透明时，应停止加热。回流的时间不应超过 1h。

⑥ 停止加热后，如果冷凝管内壁仍沾有水滴，应从冷凝管上端倒入规定的溶剂，把水滴冲进接受器。如果溶剂冲洗无效，就用金属丝或细玻璃棒带有橡皮或塑料头的一端，把冷凝器内壁的水滴刮进接受器中。

⑦ 圆底烧瓶冷却后，将仪器折卸，读出接受器中收集水的体积。当接受器中的溶剂呈现浑浊，而且管底收集的水不超过 0. 1mL 时，将接受器放人热水中浸 20~30min，使溶剂澄清，再将接受器冷却到室温，才读出接受器收集水的体积。

8. 1. 5　实验数据记录及数据处理

1）试样的水分重量百分含量 X 按下式计算：

$$X = \frac{V\rho}{G} \times 100 \tag{8-1}$$

式中　V——在接受器中收集水的体积，mL；

G——试样的重量，g。

2）试样的水分体积百分含量 γ 按下式计算：

$$\gamma = \frac{V\rho}{G} \times 100 \tag{8-2}$$

式中　V——在接受器中收集水的体积，mL；

ρ——注入圆底烧瓶时的试样的密度，g/mL；

G——试样的重量，g。

精确度：

1）在两次测定中，收集水的体积差数，不应超过接受器的一个刻度。然后取平行测定的两个结果的算术平均值，作为试样的水分。

2）试样的水分少于 0. 03%，认为是痕迹。在仪器拆卸后接受器中没有水存在，认为试样无水。

8. 1. 6　注意事项

1）仪器一定要有良好的接地装置。

2）调节电压时应缓慢进行，防止过急损坏仪器器件。

3）罐体及管路受耐压限制，工作时不得超过 2MPa。

4）每次工作完毕必须对罐、管道及阀用柴油清洗。

5）仪器长时间不用，应存放于通风干燥无腐蚀气体中。

思考题

1）试验中，为什么要在试样中投人一些浮石或无釉瓷片？

2）试验加热时，为什么要控制回流速度？

3）蒸馏接近完毕时，如冷凝管内壁沾有水滴，应怎样处理。

4）试验中，为什么要缓慢旋动调压旋扭？

5）电脱水的基本原理有哪些？

6）试验完毕时，为什么要对罐、管道及阀门用柴油清洗，应怎样处理？

8.2 乳状液的制备和性质

8.2.1 实验目的

1）了解乳状液的基本性质；

2）掌握制备乳状液及鉴别其类别的方法。

8.2.2 实验内容

1）制备不同类型的乳状液；

2）对所制备的乳状液进行类型鉴别。

8.2.3 实验原理

乳状液是两种或两种以上互不相溶的液体组成的分散体系。其中的一种或数种液体以小液滴的形式分散在另一种液体中，分散的液滴称为分散相或内相，未分散成液滴的液体称为分散介质或外相。一般情况下，一种液体是水，另一种液体是不溶于水的有机溶剂，如石油、苯、四氯化碳、石油醚等，总称为“油”。假如是油分散在水中而形成的乳状液，则油为分散相，水为分散介质，称为“水包油”型乳状液，记为 O/W；反之，若水为分散相，油为分散介质，则称为“油包水”型乳状液，记为 W/O。分散相的液滴一般在 1 ~ 50μm 之间，借助普通显微镜，就可清楚地观察到。

将两种互不相溶的液体放在一起，用力振荡，即可得乳状液。但是这种乳状液极不稳定，一旦停止搅动就会分层。要得到稳定的乳状液，必须加入第三种物质——乳化剂，它们是一些表面活性物质。这些物质具有极性基团和非极性基团，当它吸附在油水界面时，就能降低界面张力，而且形成一定强度的保护膜，从而使乳状液稳定。

乳化剂还能决定乳状液的类型，如同为金属皂类，若用钠皂作为乳化剂，则生成 O/W 型乳状液；若用钙皂作为乳化剂，则生成 W/O 型乳状液。

在实验室里主要选用油酸钠、油酸钙、失水山梨醇油酸酯(商品名称 Span)、聚氧乙烯失水山梨醇单油酸酯(商品名称 Tween)等表面活性剂作为乳化剂。

一般采用的鉴别乳状液类型的方法有：

1）稀释法；

2）染色法；

3）电导法；

4）滤纸润湿法(此法不适用于易于铺展的油类，如苯、环己烷、甲苯等所形成的 W/O 乳状液)。

常用的破乳方法有下列几种：

1）置换法；

2）化学破乳法；

3）高压电法(只适用于 W/O 型乳状液)；

4）加热沉降法。

8.2.4 实验仪器药品

DDS—11A 型电导率仪一台；磨口锥瓶 100mL 4 只；200mL 1 只；滴定管 25mL 1 只；试管 6 只；滴管若干；显微镜一台；酒精灯 1 个；烧杯 50mL 1 只；量筒 10mL 1 只；50mL 1 只。

应配制的试剂：

2%油酸钠水溶液；0.2%油酸钙苯溶液；0.2%Tween-80 水溶液；0.2%Span-80 苯溶液；1%苏丹Ⅲ苯溶液；0.5%次甲基蓝水溶液；0.05mol/L 氯化钙溶液。

应准备的药品：

苯(分析纯)；冰醋酸(分析纯)；戊醇(分析纯)。

8.2.5 实验步骤

(1) 制备

1) 取 2%油酸钠溶液 40mL 于 200mL 磨口锥形瓶中，加入 2mL 苯，激烈振荡半分钟，再加入 2mL 苯，再激烈振荡半分钟，直至加入苯的总量为 40mL 时为止。仔细观察每次加苯及振荡后的现象，塞紧锥形瓶备用。此为乳状液Ⅰ。

2) 取 0.2%油酸钙溶液 14mL 于 100mL 磨口锥形瓶中，每次加入 1mL 水，激烈振荡半分钟，直至加入 6mL 水为止。塞紧锥形瓶，备用。此为乳状液Ⅱ。

3) 取 0.2%Tween-80 溶液 10mL 于 100mL 磨口锥表瓶中，每次加入 1mL 苯，激烈振荡半分钟，直至加入 10mL 苯为止。塞紧锥形瓶备用。此为乳状液Ⅲ。

4) 取 0.2%Span-80 溶液 14mL 磨口锥形瓶中，按(2)操作。此为乳状液Ⅳ。

注：乳状液Ⅰ、Ⅱ为必制，Ⅲ、Ⅳ为选制。

(2) 鉴别类型

1) 稀释法：取试管 1 支，装水一半，用玻璃棒蘸取乳状液Ⅰ少许于水中，轻轻搅拌，观察现象并记录之。

2) 染色法：取 2mL 乳状液Ⅰ于试管中，加入苏丹Ⅲ溶液 2 滴，摇匀。取乳状液Ⅰ滴于载片上，在显微镜下观察之，记下显红色的是分散相还是分散介质。再用次甲基蓝溶液，按上述操作，观察赤蓝色的是分散相还是分散介质？并记录之。

3) 电导法：将 30mL 乳状液Ⅰ倒入 50mL 小烧杯中，按测定电导的方法操作，视指南针偏转的大小，确定乳状液的类型。

4) 在上述三种方法中，任选一种方法，对乳状液Ⅱ、Ⅲ、Ⅳ进行鉴别，并记录所观察的现象。

(3) 乳状液的转相

取 20mL 乳状液于 100mL 磨口锥形瓶中，用滴定管逐步加入 0.5N$CaCl_2$溶液，每次加入 1mL，激烈振荡半分钟后，测定其电导率，观察电导率随 $CaCl_2$溶液加量的变化，至导电率突然下降为止。用染色法确定其类型。

(4) 破乳

1) 取乳状液 12mL 于试管中，加入 2mL 戊醇，剧烈振荡后，静置数分钟，目测所发生的变化，并取少量乳状液，在显微镜下观察之。记录所看到的现象。

2) 取 2mL 乳状液Ⅰ于试管中，缓慢加入 2mL 冰醋酸，观察其变化情况。振荡后静置，得到什么现象？并用显微镜观察之。

3）取半试管乳状液Ⅰ，在酒精灯下缓慢加热至约80℃时，停止加热，并将试管静置数分钟，观察现象。

8.2.6 实验数据记录及数据处理

1）将对各种乳状液的鉴别及观察到的现象，记录于表8-1中，并确定其类型：

表8-1 实验记录表

	Ⅰ	Ⅱ	Ⅲ	Ⅳ
稀释法				
染色法				
电导法				
类型				

2）将各次实验现象记录于表8-2中，并解释各种现象的原因。

表8-2 实验记录表

项目	实验现象	原因
乳状液转项		
破乳(1)		
破乳(2)		
破乳(3)		

思考题

1）形成乳状液的类型与哪些因素有关？

2）试讨论决定乳状液稳定的因素。

3）氯化钙为强电解质，为什么加入到乳状液中，乳状液的电导率会随其加入量的增加而降低？

8.3 气液两相流流型测试

8.3.1 实验目的

1）通过实验，观察气液两相流的各种流型。

2）掌握流型的测量方法。

3）分析和探讨两相流动中流型的影响因素。

8.3.2 实验装置

(1) 流程

来自压缩机的空气经过测定压力、温度、流量后进入混合器中与来自离心泵、并经过计量后的水混合；然后，气液两相流体先进入到(Dg25 或 Dg50)水平测试管段，经可调倾角的

Dg25 或 Dg50 上、下坡测试管段；最后经 Dg80 水平测试管进入分离罐，空气从分离罐上方排出，水进泵循环使用。其流程示意图见图 8-1。

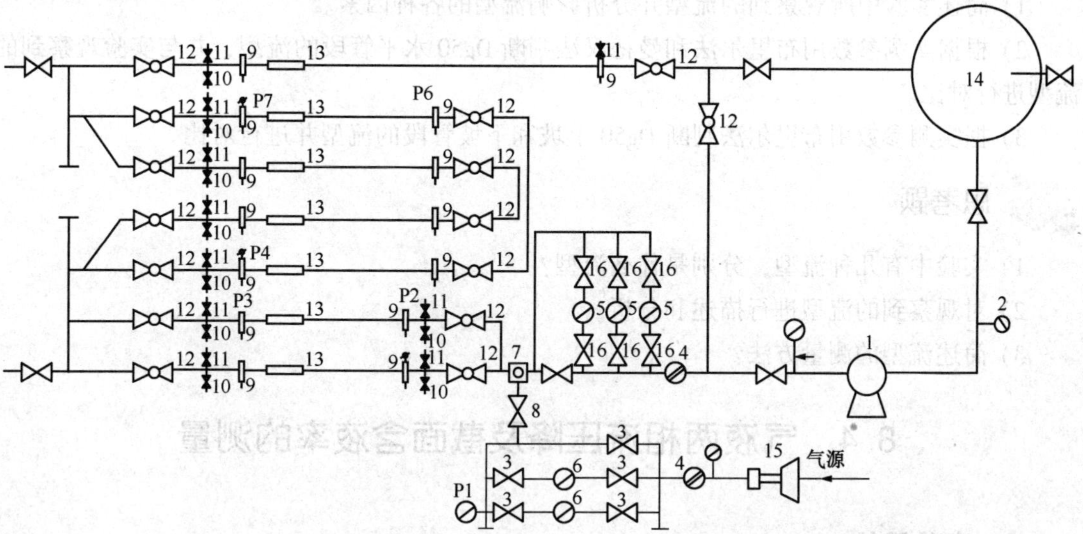

图 8-1　气液两相流实验装置流程图

1—离心泵；2—压力计；3—阀门；4—过滤器；5—液体流量计；6—气体流量计；7—气液混合气；8—单向阀；9—引压器；10—放液阀；11—放空阀；12—电动球阀；13—观察管；14—分离罐；15—压缩机

（2）实验设备和方法

离心泵，气液涡轮流量计组，手动电动球阀，混合器，观察管，分离罐，V-3/S-1 型压缩机等。

实验管段有 $\phi32\times2.5$、$\phi60\times3$、$\phi89\times3.5$ 三种规格共 7 个实验测试管段，每个测试管段配置有机玻璃管，可观察管内流型。

8.3.3　实验内容和步骤

实验内容：

观察气液两相流的各种流型，分析流型的影响因素。

实验步骤：

1）组织学生进行实验预习，搞清实验流程。

2）细心观察老师启动实验架步骤，并做记录。

3）观察研究老师是怎样调节管路内流型的，实验中看到哪几种流型？并对观察到的流型进行描述和分析。

4）实验数据交教师检查，认为合格后，方可结束实验；若老师认为数据误差太大，应重新测定。

5）实验结束后，清理实验室，恢复实验前状态。

8.3.4　注意事项

1）爱护实验设备，不得踩踏管线。

2）未经教师许可，不得乱动实验架上的阀门、仪表等设备。否则，由此引起的设备损坏，学生应负一定经济责任。

8.3.5　实验数据记录及数据处理

1）简述实验中所观察到的流型并分析影响流型的各种因素。

2）根据实测参数用布里尔法和曼德汉法判断 Dg50 水平管段的流型，并与实验观察到的流型进行对比。

3）据实测参数用布里尔法判断 Dg50 上坡和下坡管段的流型并进行对比。

思考题

1）实验中有几种流型，分别是什么流型？

2）对观察到的流型进行描述和分析。

3）简述流型的测量方法？

8.4　气液两相流压降及截面含液率的测量

8.4.1　实验目的

1）掌握测量管段压降和截面含液率的测量方法。

2）分析和探讨两相流动中截面含液率及压降的影响因素。

8.4.2　实验原理

（1）实验数据采用单位

流体流量：L/s；内径：Dg50(0.05286m)；

气体流量：L/s；管段倾角：度；

管段压降：Pa；管段放出液重：kg；

压力：Pa；温度：℃。

（2）某些参数的计算方法

1）20℃时水的黏度为 $\mu_2=0.001002\text{Pa}\cdot\text{s}$，0℃<$t$<20℃时，黏度用下式表示：

$$\mu_t=\mu_{20}\cdot 10^{\left[\frac{1301}{998.333+8.1855(t-20)+0.00585(t-20)^2}-1.30233\right]} \tag{8-3}$$

当 20℃<t<100℃时：

$$\mu_t=\mu_{20}\cdot 10^{\left[\frac{1.3272(20-t)-0.001053(t-20)^2}{t+105}\right]} \tag{8-4}$$

2）气体流量和密度的计算：

气体流量是在 P_1、t_1 条件下，由气体涡轮流量计测得。把实测气体量换算为实验测试管段压力、温度条件下的气体流量需应用气体状态方程。为此，需把表压换算成绝对压力，温度换算成绝对温度。

在标准大气压、0℃下，空气的密度为 1.293kg/m^3。据此，可用状态方程求得测试管段压力、温度条件下的空气密度。

3）气体黏度：

测试条件下，空气黏度与管路压力关系不大，只和温度有关，可近似用下式估算：

$$\mu_g = [184 + 0.43(T - 300)]10^{-7} \quad (8-5)$$

式中　T——管段绝对温度，K。

4）按布里尔法确定流型时，需要水-空气表面张力数据，可按下式计算：

$$\sigma = (75.831 - 0.15568t)10^{-3} \quad (8-6)$$

式中　t——管段温度,℃。

5）管段粗糙度：

液体管壁绝对当量粗糙度取 0.1mm，气管取 0.05mm。

6）截面含液率：

由洛-马参数求截面含液率，可按下式计算：

$$H_L = 0.1461 + 0.1639\ln X + \frac{0.08}{X} + \frac{0.0273}{X\ln X} + \frac{0.001095}{X^2} \quad (8-7)$$

（3）测试管段的平均压力

为避免繁琐的迭代计算，各测试管段的平均压力规定如下：

水平管　$\bar{P}=(P_2+P_3)/2$

上坡管　$\bar{P}=(P_4+P_5)/2$

下坡管　$\bar{P}=(P_6+P_7)/2$

（4）管段的实测压降

实验装置用压力传感器测量管段压力，用两个压力传感器读数之差测量管段压降，读数为 kPa。

（5）管段平均截面含液率

$$H_L = \frac{管段放出水质量}{管段体积 \times 水密度} = \frac{M}{v \times \rho} \quad (8-8)$$

8.4.3　实验装置

（1）流程

来自压缩机的空气经过测定压力、温度、流量后进入混合器中与来自离心泵、并经过计量后的水混合；然后，气液两相流体先进入到(Dg25 或 Dg50)水平测试管段，经可调倾角的 Dg25 或 Dg50 上、下坡测试管段；最后经 Dg80 水平测试管进入分离罐，空气从分离罐上方排出，水进泵循环使用。其流程示意图见图 8-1。

（2）实验设备和方法

离心泵，气液涡轮流量计组，手动电动球阀，混合器，压力表、压力传感器、温度传感器，观察管，分离罐，V-3/S-1 型压缩机等。

实验管段有 $\phi32\times2.5$、$\phi60\times3$、$\phi89\times3.5$ 三种规格共 7 个实验测试管段，每个测试管段配置有机玻璃管。用压力传感器测量管段压力，用两个压力传感器读数之差测量管段压降，用快速关闭测量管段两端阀门的方法测量截留在管内的液体量，利用称重法，从而计算出截面含液率，各实验管段间测压点的长度见表 8-3：

表 8-3　实验管段测压点长度表

管段规格 管段类别	ϕ32×2.5		ϕ60×3		ϕ89×3.5	
	压力间距	球阀间距	压力间距	球阀间距	压力间距	球阀间距
水平管	6.91m	8.91m	6.94m	8.94m	7.01m	9.01m
上坡管	8.01m	11.00m	8.15m	11.15m		
下坡管	8.01m	11.00m	8.02m	11.02m		

8.4.4　实验内容

1）测量水平和倾斜气液两相管路的压降。

2）测量水平和倾斜气液两相管路的截面含液率。

8.4.5　实验步骤

1）组织学生进行实验预习，搞清实验流程、实验架各测压点、测温点的位置以及气、液流量测量仪表。

2）细心观察老师启动实验架步骤，并做记录。

3）把气液量调节到某一数值，待流动状态稳定后，测量 Dg50 水平、上坡、下坡实验管段的压降和截面含液率。

4）实验数据交教师检查，认为合格后，方可结束实验，若老师认为数据误差太大，应重新测定。

5）实验结束后，清理实验室，恢复实验前状态。

8.4.6　注意事项

1）爱护实验设备，不得踩踏管线。

2）未经教师许可，不得乱动实验架上的阀门、仪表等设备。否则，由此引起的设备损坏，学生应负一定经济责任。

8.4.7　实验数据记录及数据处理

1）简述实验中所观察到的影响压降和截面含液率的因素。

2）根据实验工况用贝-布法计算 Dg50 水平、上坡、下坡管段的压降和截面含液率，并与实测压降和截面含液率进行对比，计算相对误差并简明分析原因。

3）由实验工况用洛-马法求 Dg50 水平管的压降和截面含液率，并与实验测得的压降和截面含液率进行对比，计算相对误差。

4）用洛-马-弗莱聂根法求 Dg50 上坡管段的压降，并与实测压降进行对比。

思考题

1）简述管段压降和截面含液率的测量方法？

2）把气液量调节到某一数值，为什么待流动状态稳定后进行测量？

9 油库工艺实训

油库内的各项工艺流程是石油类专业学生必须了解和掌握的基础技能。凡是涉及油库工艺类专业均可使用本章节内容。

本章主要包括“油品调和及倒罐工艺实训”、“油品收发油工艺实训”、“定量装车工艺实训”、“油罐检尺计量实训”、“流量计标定实验”、“油罐呼吸阀性能测试与维护实训”、“油库管路及阀门拆装与维护实训”共计七项实训内容。旨在培养学生综合运用所学专业基础知识了解和掌握油库的各项工艺流程，为日后在油库等相关部门工作奠定技能基础。

9.1 油品调和及倒罐工艺实训

油品调和是油品储运专业一项基础技术工作。合理而适用的油品调和工艺对控制调和成本，提高油品质量、提高经济效益有重要意义。

当油罐遇到泄漏等事故须检修时，需将罐内油品转移至其他安全储罐，因此对于倒罐工艺的了解也是同样重要。又因为在油库中一般不设置专用倒罐泵，所以倒罐过程与罐式油品调和方法及其类似，在此将油品调和和倒罐工艺两者进行结合实训。

9.1.1 实训目的

1）了解油品调和工艺；

2）掌握罐式油品调和方法；

3）掌握倒罐流程及方法。

9.1.2 实训原理

国内目前常用的油品调和方法主要分为两大类：管道调和和罐式调和。两种调和工艺都有其独有的特点和适用场合，国内油库两种调和工艺均有使用。

管道调和：根据预先计算的注入比例，通过机泵、调节阀同时送入油品调和主管，经过静态混合气混合进入成品罐，调和过程是在管道上进行的，在线管道调和较为复杂，需具备在线质量分析仪表和计算机控制系统；罐式调和：根据实验室小样分析的调和比例，将几种不同的组分油，通过机泵送入调和罐，进行油品搅拌调和。

罐式调和所需设备简单、投资较少。不需要高度可靠的自动控制手段，当调和批量少、资金有限时可采用罐式调和工艺。因此本次实训采用罐式调和方法。

9.1.3 实训装置

本实训采用“油库仿真实训装置”中罐式油品调和(倒罐)部分：储罐、离心泵、流量计、过滤器。

9.1.4 实训流程图

流程图如图 9-1 和图 9-2 所示。

9.1.5 实训步骤

（1）油品调和

1）实训前通过实验室小样分析，确定调和比例；

2）开启 $1^{\#}$和 $2^{\#}$储罐的出口阀、$3^{\#}$储罐入口阀及管线相关阀门；

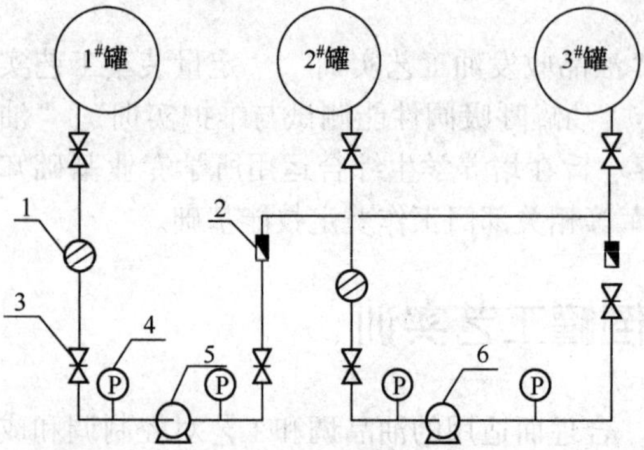

图 9-1 油品调和流程图

1—过滤器；2—流量计；3—阀门；4—压力表；

5—$1^{\#}$离心泵；6—$2^{\#}$离心泵

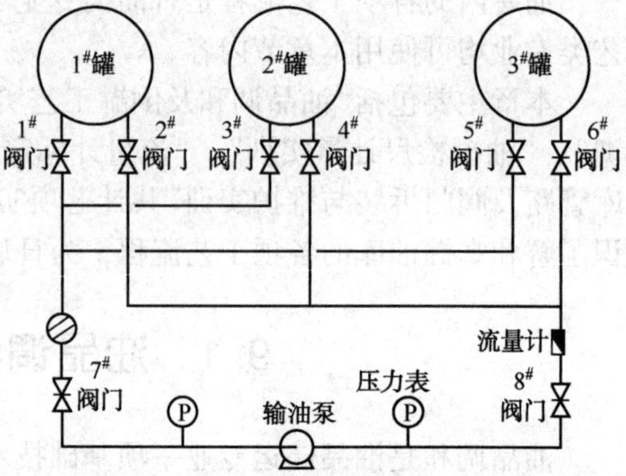

图 9-2 倒罐工艺流程图

3）分别启动 $1^{\#}$离心泵和 $2^{\#}$离心泵，将 $1^{\#}$储罐和 $2^{\#}$储罐成品油经过滤器、流量计，输送至 $3^{\#}$储罐中；

4）观察流量计，待 $1^{\#}$储罐和 $2^{\#}$储罐的出油量达到预设量时，同时关闭 $1^{\#}$离心泵和 $2^{\#}$离心泵；

5）关闭 $1^{\#}$和 $2^{\#}$储罐出口阀、$3^{\#}$储罐入口阀及管线相关阀门，油品罐式调和实训结束。

（2）倒罐

$1^{\#}$油罐油品倒向 $2^{\#}$、$3^{\#}$油罐：

1）开启 $1^{\#}$、$4^{\#}$、$6^{\#}$、$7^{\#}$阀门，启动输油泵，待输油泵出口压力表读数稳定后开启 $8^{\#}$阀门；

2）观察 $1^{\#}$油罐液位是否下降，$2^{\#}$、$3^{\#}$油罐液位是否上升；

3）待 $1^{\#}$油罐液位下降至指定位置后关闭输油泵及所有阀门，倒罐工艺结束。

$2^{\#}$油罐油品倒向 $1^{\#}$、$3^{\#}$油罐：

1）开启 $2^{\#}$、$3^{\#}$、$6^{\#}$、$7^{\#}$阀门，启动输油泵，待输油泵出口压力表读数稳定后开启 $8^{\#}$阀门；

2）观察 $2^{\#}$油罐液位是否下降，$1^{\#}$、$3^{\#}$油罐液位是否上升；

3）待 $2^{\#}$油罐液位下降至指定位置后关闭输油泵及所有阀门，倒罐工艺结束。

$3^{\#}$油罐油品倒向 $1^{\#}$、$2^{\#}$油罐：

1）开启 $2^{\#}$、$4^{\#}$、$5^{\#}$、$7^{\#}$阀门，启动输油泵，待输油泵出口压力表读数稳定后开启 $8^{\#}$阀门；

2）观察 $3^{\#}$油罐液位是否下降，$1^{\#}$、$2^{\#}$油罐液位是否上升；

3）待 $3^{\#}$油罐液位下降至指定位置后关闭输油泵及所有阀门，倒罐工艺结束。

9.1.6 注意事项

1）实训开始前确保相关阀门已经开启，流程正确；

2）启动离心泵前应先关闭离心泵出口阀门。

思考题

1）为何要进行油品调和？

2）如果是柴油和汽油，那么二者可以进行调和吗？为什么？

3）何时会用到油库倒罐工艺？

9.2　油品收发油工艺实训

油品装卸工艺是油库内常用工艺之一，是作为油气储运专业学生必须掌握的工作技能。油品装卸工艺大致可分为铁路装卸油作业、公路装卸油作业和水路装卸油作业，本实训将以铁路轻油装卸作业为例，意在培养学生掌握正确的装卸油流程和工序。

铁路轻油装卸系统是由输油系统、真空系统和放空系统三部分组成。输油系统作用在于输转油罐车与储油罐内的油品，包括装卸油鹤管、集油管、输油管和输油泵；真空系统的作用在于填充鹤管的虹吸和收净油罐车底油，包括真空泵、真空管线等；放空系统的作用是在装卸完毕后，将管线中的油品放空，避免下次输送时发生混油等现象出现，包括放空罐和放空管线。

9.2.1　实训目的

1）能够看懂装卸油流程图；

2）掌握装卸油流程的正确设定；

3）掌握装卸油工序；

9.2.2　实训流程图

流程图如图 9-3 所示。

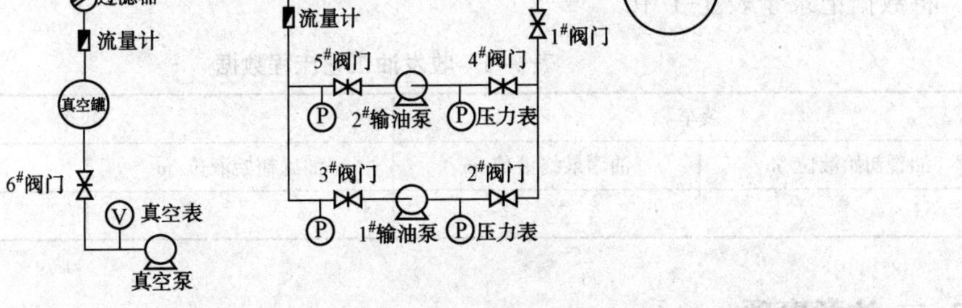

图 9-3　收发油工艺流程示意图

9.2.3 实训步骤

卸车步骤：

1）检查泵运行情况：声音是否正常，轴是否缺润滑油；

2）检查鹤管是否可以正常使用；

3）确认油罐装油容量及实际液位并记录；

4）调整流程，开启 1#、6#、8#阀门；

5）开启真空泵；

6）将鹤管插入罐车，开启 11#阀门；

7）观察真空罐前流量计，待流量计出现读数后，关闭真空泵和 6#阀门，开启 7#、3#阀门；

8）启动 1#输油泵，待灌泵结束后开启 2#阀门；

9）卸车完成后关闭输油泵及管路所有阀门；

10）开启 8#、9#阀门开始放空管线；；

11）管线放空后关闭所有阀门，完成卸车；

装车流程：

1）检查泵运行情况：声音是否正常，轴是否缺润滑油；

2）检查鹤管是否可以正常使用；

3）查看罐车内部是否有污垢、黑渣、锈皮等机械杂质，若有则先清理；

4）将油罐车引至装车位，把鹤管引入罐车内；

5）记录初始油罐液位高度；

6）调整流程，开启 1#、4#、10#阀门；

7）启动 2#输油泵，开始灌泵；

8）待灌泵结束后开启 5#、11#阀门开始装车；

9）待装车完毕后关闭输油泵及输油管线上所有阀门；

10）开启 9#、10#阀门开始放空；

11）管线放空后关闭所有阀门，完成装车；

12）记录最终油罐液位高度。

9.2.4 数据处理

将数据记录于表 9-1 中。

表 9-1 收发油工艺流程数据

装车		卸车	
油罐初始液位/m	油罐最终液位/m	油罐初始液位/m	油罐最终液位/m

9.2.5 注意事项

1）接到收油指令后应核对油品种类及所进罐号；

2）开始收油前应对罐内容积进行测量，确认罐容足够；

3）操作人员改流程时，应先打开管线上的相关阀门，最后开启油罐入口阀，开关阀过程应平缓，不可过快；

4）操作人员流程确认无误后方可启泵收油；

5）收油的油罐在液位接近安全高度时，要多次确定油罐液位，随时掌握变化情况，避免油位超过安全高度，确保安全；

6）收油完毕后要及时恢复流程并填写好相应记录。

思考题

1）铁路轻油装卸系统都包括什么？

2）真空系统的作用是什么？

3）放空系统的作用是什么？

9.3 定量装车工艺实训

随着油品市场竞争日益激烈，油库作为油品储存及销售的重要环节，如何快速高效地完成装车，降低人工成本，实现装卸油自动化日益迫切。本实训利用自动控制系统，培养学生自动化操作技能，为日后担任油库相关岗位奠定基础。

9.3.1 实训目的

1）熟悉自动化操作界面；

2）掌握定量装车自动化操作。

9.3.2 自动化操作界面

操作界面如图 9-4 所示。

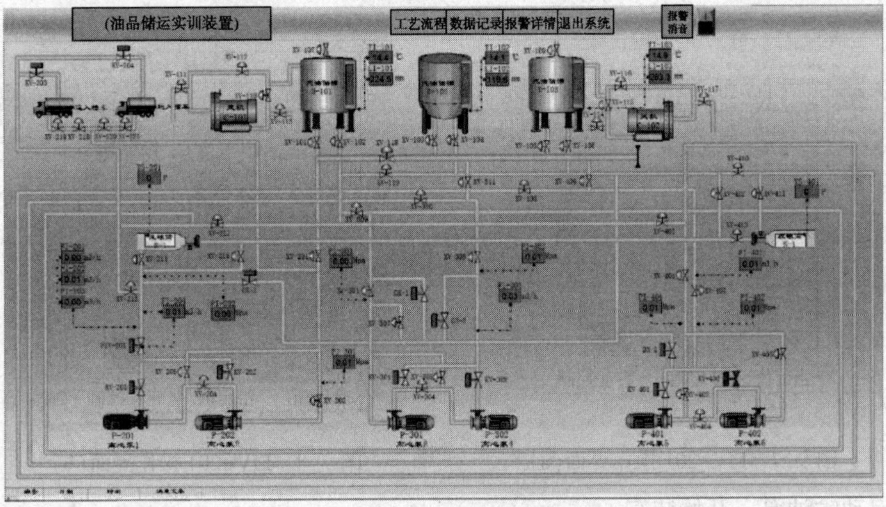

图 9-4 自动化操作界面

9.3.3 操作步骤

（1）开始装车前准备

1）将油槽车运送至指定装油位置；

2）开启相应手动阀，将流程改变为装车工艺流程；

3）鹤管插入油槽车内部，打开鹤管处手动阀；

4）检查输油泵，是否处于远程操作状态。

（2）开始装车

1）开启远程操作软件；

2）点击“FI-204”出现如图 9-5 所示界面；

3）点击“清零”，设定“定量设定”量并使计量处于激活状态，具体如图 9-6 所示；

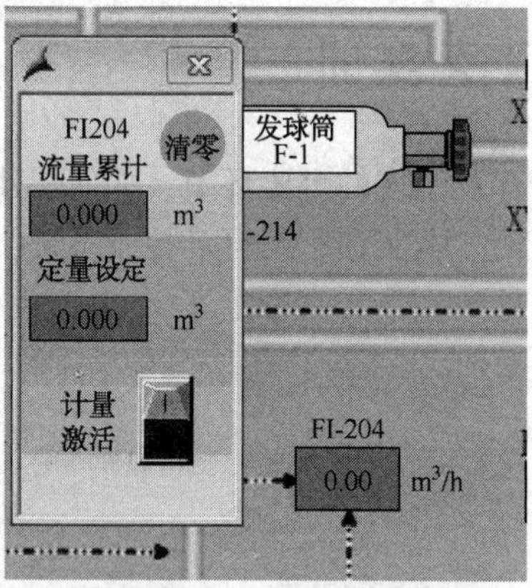

图 9-5　FI-204 操作界面(a)

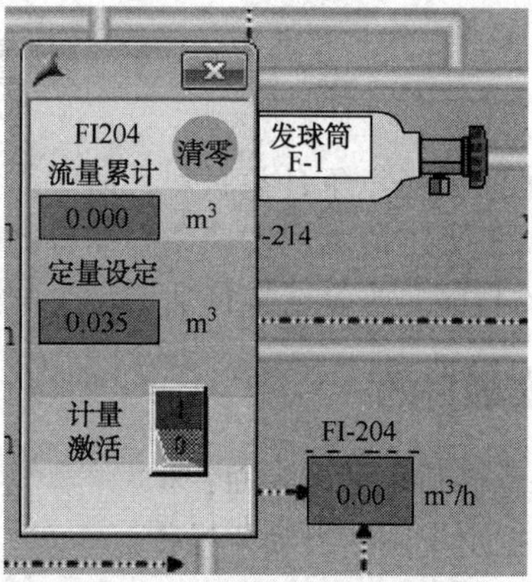

图 9-6　FI-204 操作界面(b)

4）点击“FIV-201”，并使其处于手动控制状态，如图 9-7 所示；

5）设置任意“给定值”，“给定值”的大小决定装车速度。如图 9-8 所示；

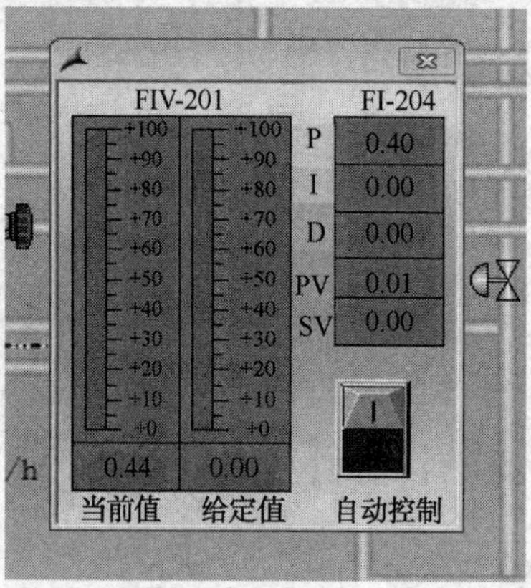

图 9-7　FIV-201 操作界面(a)

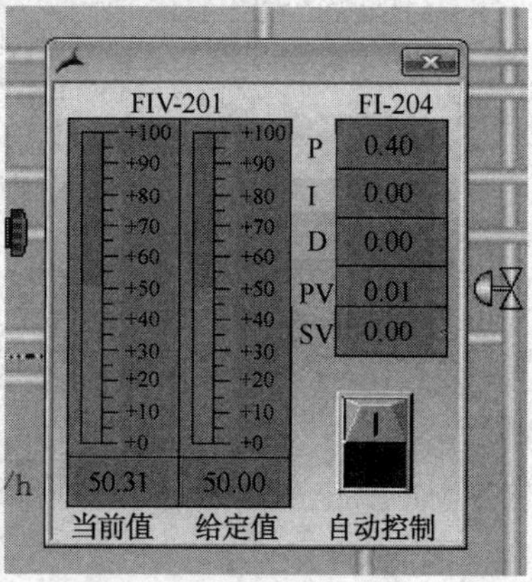

图 9-8　FIV-201 操作界面(b)

6）启动输油泵，开始装车。

（3）结束装车

1）当已装量达到设定量时，阀门“FIV-201”会自动关闭；

2）关闭输油泵；

3）重复上述步骤，设定不同“给定值”，开始给下一辆油槽车装油；

4）第二辆油槽车装车完毕后依次关闭输油泵，鹤管出口手动阀及流程其他手动阀门。

9.4　油罐检尺计量实训

油罐检尺是对各种储罐内的液体进行体积和质量测定的一种基本方法，也是可靠的油罐液位校验方法，对从事油库相关工作人员来讲是一项必备的操作技能，以便更好地服务生产。

9.4.1　实训目的

1）了解油罐检尺工具；

2）掌握储罐液位、体积和质量测定的方法。

9.4.2　实训仪器

量油尺、储罐、棉纱少许。

9.4.3　操作步骤

1）检查量油尺：量油尺是否在鉴定周期内，摇把是否灵活好用，重锤与量油尺连接是否完好，刻度是否清晰，长度、规格是否合乎安全操作要求，无折痕、弯曲现象；

2）采用悬空量油的方法，把量油尺从量油孔匀速下入，待量油尺重锤下到罐底停止下尺；

3）迅速上提量油尺，待尺面油痕露出量油孔时，准确记录量油尺上沾油的刻度，精确到 mm，继续上提量油尺并用棉纱擦净尺面所沾油痕，直到量油尺全部提出；

4）重复 3 次检尺操作，取平均值；

5）计量完成后，盖好量油口盖，清理现场并回收工具；

6）利用卷尺和油品密度计分别测量油罐直径和油品密度，计算油罐中油品体积。

9.4.4　数据处理

将数据记录于表 9-2 中。

表 9-2　油库检尺数据表

项目	油罐直径/m	油品密度/(kg/m^3)	油位高度/m	油品体积/m^3
1				
2				
3				
平均值				

9.4.5　注意事项

1）上罐前，要进行放电，必须两人一起上罐，一人操作，一人监护；

2）测量液位高度前观察风向，判断量油所站位置，应站在上风口处；

3）工具使用时，操作要平稳，不能敲击和碰撞，防止打滑产生火花引起火灾事故。

思考题

1）检尺时能否穿钉子鞋上罐？为什么？

2）量油尺从何处送至油罐内？

3）检尺时能否超过5人同时登罐？为什么？

9.5 流量计标定实验

9.5.1 实验目的

1）了解孔板流量计、文丘里流量计及涡轮流量计的构造、工作原理和主要特点；

2）练习并掌握节流式流量计的标定方法。

9.5.2 实验原理

流体通过节流式流量计时在流量计上、下游两处压口之间产生压强差，它与流量的关系为

$$q_v = CA_0\sqrt{\frac{2(P_{上} - P_{下})}{\rho}} \tag{9-1}$$

式中 q_v——水的体积流量，m^3/s；

C——流量系数；

A_0——流量计节流孔截面积，m^2；

$P_{上}$，$P_{下}$——流量计上、下游两压口之间的压强差，Pa；

ρ——水的密度，kg/m^3。

用涡轮流量计作为标准流量计来测量流量 q_v。每个流量在压差计上都有一个对应的读数，测量一组相关数据并做好记录，以压差计读数为横坐标，流量 q_v 为纵坐标，在坐标纸上绘制成一条曲线，即为流量标定曲线。

9.5.3 实验装置

实验流程如图9-9所示。

9.5.4 实验方法及步骤

1）首先向水箱内注入水至三分之二，关闭流量调节阀5、6，启动离心泵；

2）测量文丘里流量计性能，按照流量从小到大顺序进行实验。在阀门6、12、13、16全关的情况下，打开12、13、17阀门，用流量调节阀5调节流量，读取并记录涡轮流量计读数和文丘里流量计压差；

3）测量孔板流量计性能，按照流量从小到大顺序进行实验。在阀门6、9、10、17全关的情况下，打开9、10、16阀门，用流量调节阀5调节流量，读取并记录涡轮流量计读数和孔板流量计压差；

4）测量转子流量计性能，按照流量从小到大顺序进行实验。在阀门5、9、10、12、13

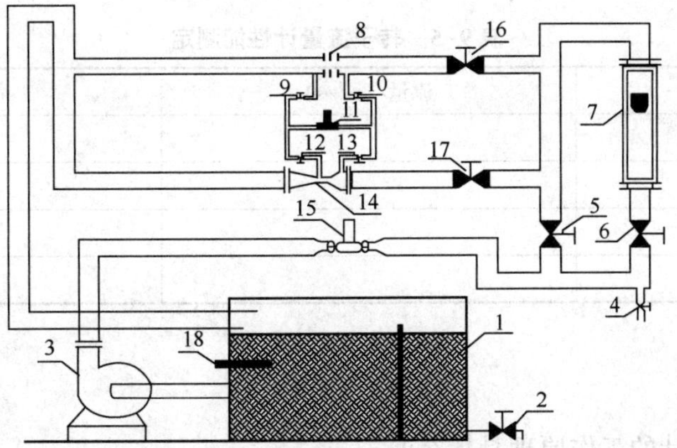

图 9-9 流量计实验流程示意图

1—水箱；2—放水阀；3—离心泵；4—排水阀；5—文丘里、孔板流量计调节阀；
6—转子流量计调节阀；7—转子流量计；8—孔板流量计；9、10—孔板测压进出口阀；
11—压差传感器；12、13—文丘里测压进出口阀；14—文丘里流量计；15—涡轮流量计；
16、17—进水阀；18—温度计

全关，阀门 16、17 全开的情况下，用流量调节阀 6 调节流量，读取并记录涡轮流量计读数和转子流量计读数；

5）实验结束后，关闭流量调节阀 5、6，关闭离心泵，一切复原。

9.5.5 实验注意事项

1）离心泵启动前关闭 5、6，避免由于压力过大将转子流量计的玻璃管打碎；

2）测量转子流量计性能时，另一支路即孔板和文丘里支路调节阀 5 必须关闭，同样测量孔板和文丘里流量计性能时，转子流量计支路调节阀 6 必须关闭；

3）实验水质要保证清洁，以免影响涡轮流量计的正常运行。

9.5.6 数据处理

将数据记录于表 9-3～表 9-5 中。

表 9-3 文丘里流量计性能测定

序号	$P_{上}$/Pa	$P_{下}$/Pa	流量/(m^3/s)	流速/(m/s)
1				
2				
3				
4				

表 9-4 孔板流量计性能测定

序号	$P_{上}$/Pa	$P_{下}$/Pa	流量/(m^3/s)	流速/(m/s)
1				
2				
3				
4				

表 9-5 转子流量计性能测定

序号	流量/(m^3/s)	流速/(m/s)
1		
2		
3		
4		

思考题

1）文丘里流量计的工作原理是什么？

2）实验中应用了哪些流体力学原理？

3）实验中关于阀门的开关要注意什么？为什么？

9.6 油罐呼吸阀性能测试与维护实训

油罐呼吸阀是安装在固定储罐或油罐顶部的通气通风装置，起减少油品蒸发损耗，控制储罐压力，保持压力平衡，同时阻止外界火焰传入的作用。

9.6.1 实训目的

1）能够正确掌握呼吸阀的工作原理；

2）学会计算油罐正压、负压时呼吸阀的开启压力；

3）学会绘制呼吸阀 $P-Q$ 图。

9.6.2 实训原理

呼吸阀一般由压力阀和真空阀组成，如图 9-10 所示，当罐内压力达到油罐的设计允许压力时，正压阀盘被顶开，气体从罐内排出，当罐内气体压力达到油罐的设计允许真空度时，罐外空气顶开负压阀进入罐内，从而保证油罐在其允许压力范围内工作，而不至于因为超过其强度极限而被破坏。

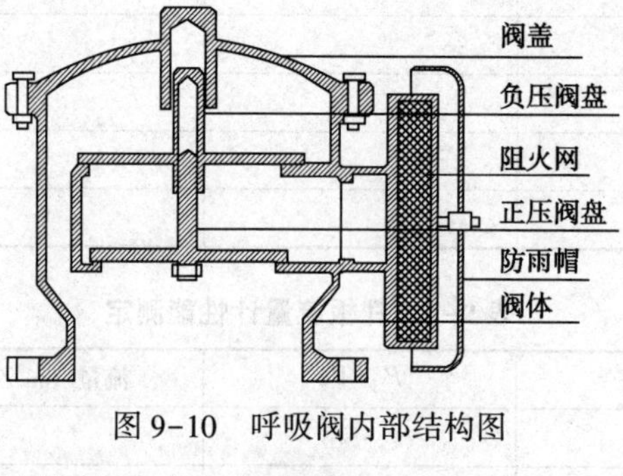

图 9-10 呼吸阀内部结构图

阀盘开启压力测定：正压阀盘和负压阀盘的开启压力可以由以下公式计算获得。

正压阀盘重量：

$$G_+ = m_+ \cdot g \tag{9-2}$$

正压阀盘开启压力：

$$P_{+} \geqslant \frac{G_{+}}{A_{+}} = \frac{m_{+} \cdot g}{A_{+}} \tag{9-3}$$

负压阀盘重量：

$$G_{-} = m_{-} \cdot g \tag{9-4}$$

负压阀盘开启压力：

$$P_{-} \geqslant \frac{G_{-}}{A_{-}} = \frac{m_{-} \cdot g}{A_{-}} \tag{9-5}$$

式中　G_{+}、G_{-}——正压阀盘和负压阀盘的重量，N；

P_{+}、P_{-}——正压阀盘和负压阀盘的开启压力，Pa；

A_{+}、A_{-}——正压阀盘和负压阀盘的底面表面积，m^2；

m_{+}、m_{-}——正压阀盘和负压阀盘的质量，kg。

9.6.3　实训仪器

呼吸阀、离心风机、油罐、压力表、真空表、天平、尺。

9.6.4　实训装置图

装置图如图 9-11 所示。

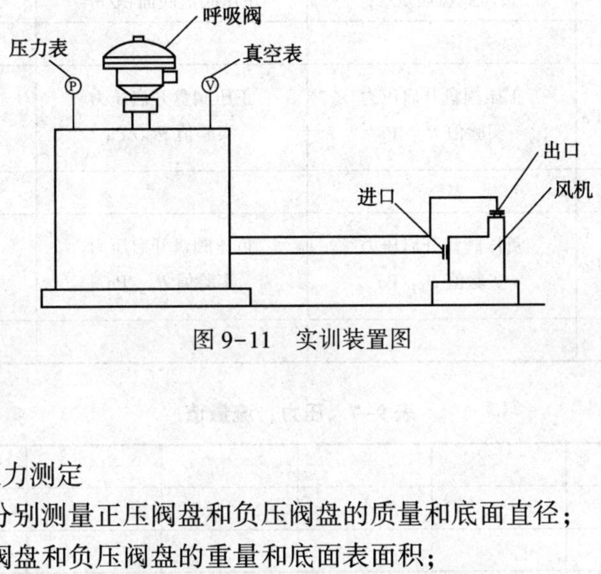

图 9-11　实训装置图

9.6.5　实训步骤

（1）阀盘开启压力测定

1）用天平和尺分别测量正压阀盘和负压阀盘的质量和底面直径；

2）计算出正压阀盘和负压阀盘的重量和底面表面积；

3）利用公式计算出正压阀盘和负压阀盘的理论开启压力；

4）将实验装置设定为正压阀盘开启流程，并启动风机；

5）缓慢增加罐内压力，直到正压阀盘开启，记录压力表读数，重复 3 次，取平均值；

6）关闭风机，调整流程，将实验装置设定为负压阀盘开启流程；

7）启动风机，缓慢增加罐内真空度，直到负压阀盘开启，记录真空表读数，重复 3 次，取平均值；

8）关闭风机，整理实验数据，并与理论计算值进行对比。

（2）呼吸阀 $P-Q$ 曲线绘制

1）将流程调整为正压阀盘开启流程；

2）启动风机，缓慢开启风机出口阀门；

3）记录不同压力下空气流速 v；

4）关闭风机；

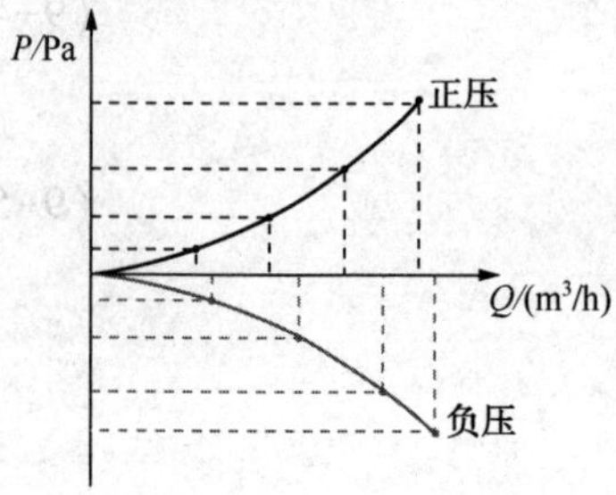

图 9-12　呼吸阀 $P-Q$ 范例图

5）根据管径和流速 v 计算不同压力下空气流量，填入表 9-7 中；

6）将流程调整为负压阀盘开启流程；

7）启动风机，缓慢开启风机出口阀门；

8）记录不同压力下空气流速 v；

9）关闭风机；

10）根据管径和流速 v 计算不同压力下空气流量，填入表 9-7 中；

11）绘制呼吸阀 $P-Q$ 曲线图，范例如图 9-12 所示。

9.6.6　数据整理

将数据记录于表 9-6、表 9-7 中。

表 9-6　呼吸阀开启压力计算

正压阀盘质量/kg	负压阀盘质量/kg	正压阀盘底面积/m^2	负压阀盘底面积/m^2
正压阀盘开启压力理论值/Pa	正压阀盘开启压力实验值 P_{+1}/Pa	正压阀盘开启压力实验值 P_{+2}/Pa	正压阀盘开启压力实验平均值 P_{+3}/Pa
负压阀盘开启压力理论值/Pa	负压阀盘开启压力实验值 P_{-1}/Pa	负压阀盘开启压力实验值 P_{-2}/Pa	负压阀盘开启压力实验平均值 P_{-3}/Pa

表 9-7　压力、流量值

正压	P						
	Q						
负压	P						
	Q						

思考题

1）呼吸阀的作用是什么？

2）呼吸阀的工作原理是什么？

3）何时会出现正压阀盘开启？

4）何时会出现负压阀盘开启？

9.7 油库管路及阀门拆装与维护实训

9.7.1 实训目的

1）能够绘制流程简图；

2）了解阀门的种类和用途；

3）掌握截止阀、闸阀、球阀、安全阀、仪表调节阀的结构及工作原理；

4）掌握管线的拆除程序；

5）掌握管线的正确组装和管道试压；

6）能做到管线拆装过程中的安全规范。

9.7.2 实训工具

1）管路拆装实训装置；

2）铅笔、直尺、A4 纸；

3）扳手、管钳、卷尺；

4）橡胶垫片、螺栓、螺母、垫片、垫圈。

9.7.3 实训装置图

装置图如图 9-13 所示。

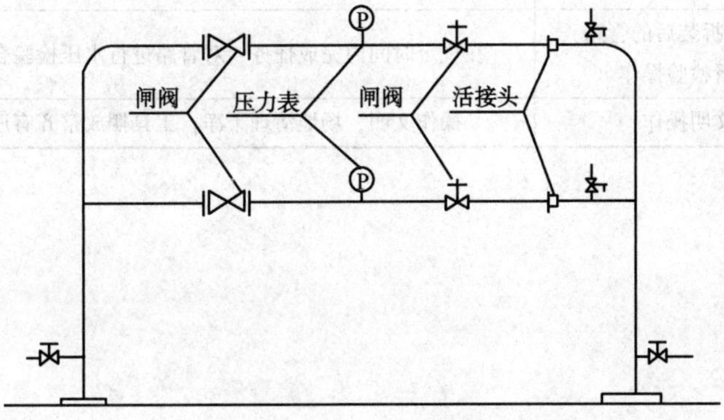

图 9-13 实训装置图

9.7.4 拆卸与安装

（1）拆卸

1）按照管路的拆装要求及相关的阀门、仪表等配备相应的拆装工具；

2）拆装前确认管内并无残留油品及压力，关闭油品入口及出口阀，检查无误后方可工作；

3）拆装时注意拆卸下来的零部件要按顺序进行编号，并按顺序依次摆在地面上，每组学生在拆卸时要注意相互配合，防止管路或管件掉落砸伤手脚或地面；

4）所有部件拆卸时要轻拿轻放，防止破碎。认真观察各种阀门的结构和区别，了解其使用特点，拆卸时注意阀门原本的方向和位置。

（2）安装

1）管路安装应保证横平竖直，严禁发生倾斜，管路应固定可靠，不能松动；

2）阀门安装时应把阀门清理干净，关闭好，然后进行安装。单向阀、截止阀及调节阀安装时应注意油品流向；

3）所有密封部位的密封材料一般在拆卸后需要更换。

9.7.5 水压试验

管路和阀门安装完成后，要进行管路的试漏检验，在启动泵前务必由指导教师进行开车前检查，没有问题后才准许启泵。

运行后若局部有泄漏，不需停泵。可用工具进行紧固，若还是不能解决泄漏问题，则需要停泵后检查垫片及管路连接情况。

当管路系统进行水压试验时，在试验压力下维持 5min，未发现渗漏现象，则水压试验即为合格。

9.7.6 考核标准

考核标准表见表 9-8。

表 9-8 考核标准表

项目	考核内容	考核标准	分值	得分
任务 1	绘制管路流程图	设备管件标注正确，整体美观	25 分	
任务 2	分组进行管路拆装操作	组织严密，分工合理，操作规范，秩序井然，效率高	25 分	
任务 3	对管路拆装后的管路进行检验操作	在规定时间内完成任务，对管路进行水压检验合格	30 分	
其他	文明操作	操作文明，场地清理干净，工具摆放整齐有序	20 分	

10 输油管道与加油站实训

本章主要包括输油管道与加油站两个部分的内容。输油管道包括等温输油管道，加热输油管道。通过本章内容学习管道常见参数的测定，绘制管道工艺流程图，通过远程和就地两种方式对不同流程的切换(密闭输送、旁接油罐输送、越站输送等)以及根据试验参数分析管道运行情况，分析管道常见的事故(管道泄漏、管道堵塞、中间泵站停运等)。加油站部分主要是加油站的操作(定量加油操作、定价加油操作)以及加油站常见事故的处理。

10.1 输油管道工艺流程与设备操作实训

10.1.1 实验目的

1）了解输油管道的工艺流程；

2）掌握输油管道输油过程中的基本操作；

3）学习和掌握测定管路特性曲线、用图解法求管路与泵站联合工作时的工作点的方法。

10.1.2 实验原理

输油管道工艺实验装置共设有3个泵站，每个泵站有两台离心泵，1座零位罐，3座1.5m^2的水罐，其中2个为拱顶罐，1个为外浮顶罐，3台涡轮流量计等。具体流程图参见附录Ⅳ。

在密闭输送的多泵站等温输油管道系统中，泵站和管道组成一个统一的水力系统，管道所消耗的能量(包括摩阻损失、高程差、站内局部摩阻和终点所要求的剩余压力)等于泵站所提供的能量，二者必然保持能量供需的平衡关系。

全线的能量供需平衡关系式如下：

$$H_{s1} + N(A - BQ^{2-m}) = fLQ^{2-m} + (Z_Z - Z_Q) + Nh_m + H_{sZ} \tag{10-1}$$

式中 Q——管道的工作流量，m^3/s；

N——全线运行的泵站数；

f——单位流量的水力坡降；

H_{s1}——管道首站进站压头，m液柱；

H_{sZ}——管道终点剩余压头，m液柱；

L——管道总长度，m；

Z_Q、Z_Z——管道起、终点高程，m；

h_m——每个泵站的站内损失，m液柱。

根据上述能量平衡方程，可以确定管道的输量和各个站的进出站压力，确定管道工作点。

10.1.3 实验装置

离心泵，阀门，流量计，压力表。

10.1.4 实验步骤

管路特性曲线是指管路摩阻与流量之间的关系曲线。泵特性曲线是指泵输量与扬程之间的关系曲线。在进行实验前应熟悉实验设备和工艺流程，弄清楚实验原理，设计实验方案。做好启泵前的准备工作。①检查每一台机泵是否转动灵活，轴承内是否充满润滑油。②检查每一块压力表是否指示正常，熟悉一下每一块压力表指示单位。③启动泵之前应关闭泵的出口阀，开泵的进口阀和排气阀，使泵壳内的气体排净而充满液体。

测定管路特性以及泵特性曲线的实验步骤如下：

1）启动首站 $1^{\#}$泵，打开首站出站阀，待压力、流量稳定后，记录各站进出站压力和流量，泵的入口压力，出口压力。

2）启动中间站 $1^{\#}$泵，打开中间站出站阀，待压力、流量稳定后，记录各站进出站压力和流量，泵的入口压力，出口压力。

3）启动末站 $1^{\#}$泵，打开末站出站阀，待压力、流量稳定后，记录各站进出站压力和流量，泵的入口压力，出口压力；

4）根据实验数据，绘制泵特性曲线、管道特性曲线，确定工作点。

10.1.5　注意事项

1）启动泵时，先开入口阀，进行灌泵处理。

2）实验前要做好充分的准备工作，熟悉实验装置和各种设备的工作原理和操作规范，并仔细检查实验装置和设备的实际状况，排除一切安全隐患。

10.1.6　实验数据记录及数据处理

将实验数据记录于表 10-1 中。

表 10-1　实验数据

工况	首站					$2^{\#}$站					末站				
	泵		进站压力	出站压力	Q_1	泵		进站压力	出站压力	Q_2	泵		进站压力	出站压力	Q_3
	入口压力	出口压力				入口压力	出口压力				入口压力	出口压力			
从泵到泵 1															
从泵到泵 2															
从泵到泵 3															

思考题

1）离心泵的启动步骤有哪些？

2）离心泵启动前为什么要灌泵？如何进行灌泵？

3）什么是工作点？

4）当首站提供的能量不足以把相应输量的液体输送到管道终点时，应怎样启动长输管道？这一般发生在什么情况下？

10.2　输油管道离心泵串并联性能曲线测试

10.2.1　实验目的

1）熟悉工艺生产过程中离心泵的串并联工作流程、工作原理，增进对离心泵并、串联运行工况及其特点的感性认识；

2）绘制单泵的工作曲线和两泵并、串联总特性曲线；

3）了解离心泵串并联流量不同的原因。

10.2.2 实验原理

输油管道工艺实验装置共设有 3 个泵站，每个泵站有两台离心泵，1 座零位罐，3 座 $1.5m^2$ 的水罐，其中 2 个为拱顶罐，1 个为外浮顶罐，3 台涡轮流量计等。具体流程图参见附录Ⅳ。

在实际生产中，有时单台泵无法满足生产要求，需要几台组合运行。组合方式可以有串联和并联两种方式。下面讨论的内容限于多台性能相同的泵的组合操作。基本思路是：多台泵无论怎样组合，都可以看作是一台泵，因而需要找出组合泵的特性曲线。

（1）泵的并联工作

当用单泵不能满足工作需要的流量时，可采用两台泵(或两台以上)的并联工作方式，如图 10-1 所示。离心泵Ⅰ和泵Ⅱ并联后，在同一扬程(压头)下，其流量 $Q_{并}$是这两台泵的流量之和，$Q_{并}=Q_{Ⅰ}+Q_{Ⅱ}$。并联后的系统特性曲线，就是在各相同扬程下，将两台泵特性曲线$(Q-H)_{Ⅰ}$和$(Q-H)_{Ⅱ}$上的对应的流量相加，得到并联后的各相应合成流量 $Q_{并}$，最后绘出$(Q-H)_{并}$曲线如图 10-2 所示。图中两根虚线为两台泵各自的特性曲线$(Q-H)_{Ⅰ}$和$(Q-H)_{Ⅱ}$；实线为并联后的总特性曲线并$(Q-H)_{并}$，根据以上所述，在$(Q-H)_{并}$曲线上任一点 M，其相应的流量 Q_M是对应具有相同扬程的两台泵相应流量 Q_A和 Q_B之和，即 $Q_M=Q_A+Q_B$。

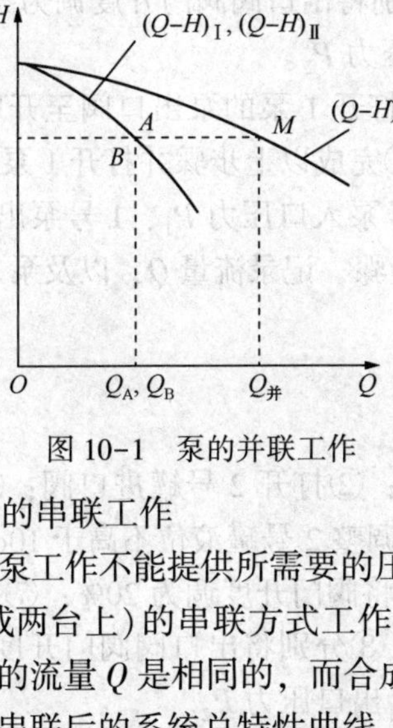

图 10-1　泵的并联工作

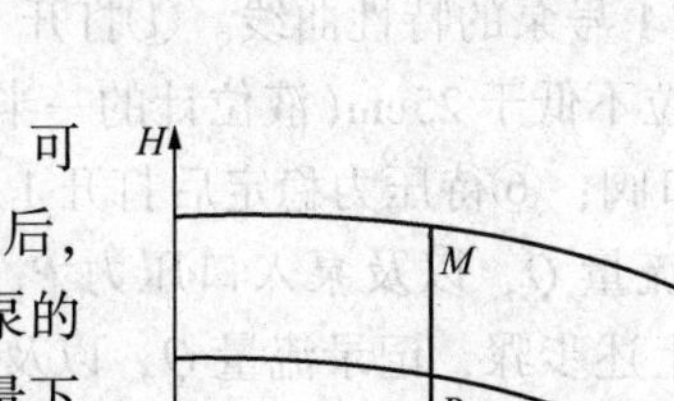

图 10-2　泵并联特性曲线

（2）泵的串联工作

当单台泵工作不能提供所需要的压头(扬程)时，可用两台泵(或两台上)的串联方式工作。离心泵串联后，通过每台泵的流量 Q 是相同的，而合成压头是两台泵的压头之和。串联后的系统总特性曲线，是在同一流量下把两台泵对应扬程叠加起来就可得出泵串联的相应合成压头，从而可绘制出串联系统的总特性曲线$(Q-H)_{串}$如图 10-3 所示。串联特性曲线$(Q-H)_{串}$上的任一点 M 的压头 H_M，为对应于相同流量 Q_M的两台单泵Ⅰ和Ⅱ的压头 H_A和 H_B之和，即 $H_M=H_A+H_B$。

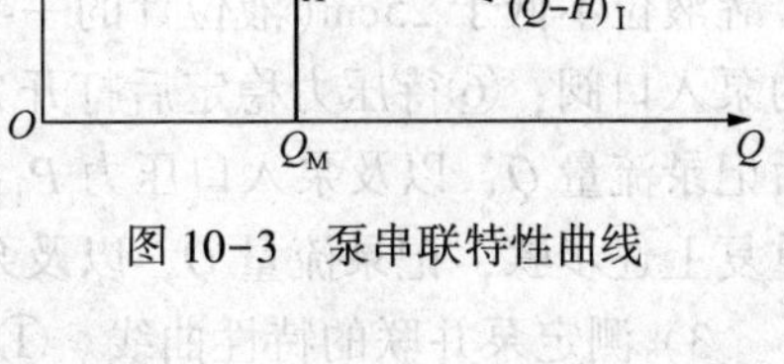

图 10-3　泵串联特性曲线

10.2.3 实验装置

储油罐、离心泵 1、离心泵 2、流量计。

10.2.4 实验步骤

在进行实验前应熟悉实验设备和工艺流程，弄清楚实验原理，设计实验方案。做好启泵前的准备工作。①检查每一台机泵是否转动灵活，轴承内是否充满润滑油。②检查每一块压力表是否指示正常，熟悉一下每一块压力表指示单位。③启动泵之前应关闭泵的出口阀，开泵的进口阀和排气阀，使泵壳内的气体排净而充满液体。

(1) 离心泵串联输送操作步骤

开机前准备：

1) 测定 1 号泵的特性曲线。①打 1 号罐出口阀；②打开 2 号罐进口阀；③检查并调整 1 号罐液位不低于 25cm(液位计的一半)；④检查并调整 2 号罐液位不高于 10cm；⑤打开 1 泵的泵入口阀；⑥待压力稳定后打开 1 泵的泵出口阀将阀门开度调为 20%；⑦待压力流量稳定后记录流量 Q，以及泵入口压力 P_1 出口压力 P_2；⑧分别将出口阀阀门开度调为 50%，80%，重复上述步骤，记录流量 Q，以及泵入口压力 P_1 出口压力 P_2。

2) 测定 2 号泵的特性曲线。①打 1 号罐出口阀；②打开 2 号罐进口阀；③检查并调整 1 号罐液位不低于 25cm(液位计的一半)；④检查并调整 2 号罐液位不高于 10cm；⑤打开 2 泵的泵入口阀；⑥待压力稳定后打开 2 泵的泵出口阀将阀门开度调为 20%；⑦待压力流量稳定后记录流量 Q，以及泵入口压力 P_1 出口压力 P_2；⑧分别将出口阀阀门开度调为 50%，80%，重复上述步骤，记录流量 Q，以及泵入口压力 P_1 出口压力 P_2。

3) 测定泵串联的特性曲线。①启动 1 泵开关；②打开 1 泵的泵出口阀至开度 20%；③启动 2 泵开关；④打开 2 泵的泵出口阀至开度 20%；⑤完成以上步骤并打开 1 泵和 2 泵之间的串联阀；⑥待压力流量稳定后记录流量 Q，以及 2 号泵入口压力 P_1，1 号泵出口压力 P_2；⑦分别将出口阀阀门开度调为50%，80%，重复上述步骤，记录流量 Q，以及泵入口压力 P_1 出口压力 P_2。

(2) 离心泵并联输送操作步骤

开机前准备：

1) 测定 1 号泵的特性曲线。①打开 1 号罐出口阀；②打开 2 号罐进口阀；③检查并调整 1 号罐液位不低于 25cm(液位计的一半)；④检查并调整 2 号罐液位不高于 10cm；⑤打开 1 泵的泵入口阀；⑥待压力稳定后打开 1 泵的泵出口阀将阀门开度调为 20%；⑦待压力流量稳定后记录流量 Q，以及泵入口压力 P_1 出口压力 P_2；⑧分别将出口阀阀门开度调为 50%，80%，重复上述步骤，记录流量 Q，以及泵入口压力 P_1 出口压力 P_2。

2) 测定 2 号泵的特性曲线。①打 1 号罐出口阀；②打开 2 号罐进口阀；③检查并调整 1 号罐液位不低于 25cm(液位计的一半)；④检查并调整 2 号罐液位不高于 10cm；⑤打开 2 泵的泵入口阀；⑥待压力稳定后打开 2 泵的泵出口阀将阀门开度调为 20%；⑦待压力流量稳定后记录流量 Q，以及泵入口压力 P_1 出口压力 P_2；⑧分别将出口阀阀门开度调为 50%，80%，重复上述步骤，记录流量 Q，以及泵入口压力 P_1 出口压力 P_2。

3) 测定泵并联的特性曲线。①启动 1 泵开关；②打开 1 泵的泵出口阀至开度 20%；③启动 2 泵开关；④打开 2 泵的泵出口阀至开度 20%；⑤完成以上步骤并打开 1 泵和 2 泵之间的并联阀；⑥待压力流量稳定后记录流量 Q，以及 2 号泵入口压力 P_1，1 号泵出口压力 P_2；⑦分别将出口阀阀门开度调为50%，80%，重复上述步骤，记录流量 Q，以及泵入口压力 P_1 出口压力 P_2。

10.2.5　注意事项

1）启动泵时，先开入口阀，进行灌泵处理。

2）利用远程控制系统控制阀门开度。

10.2.6　实验数据记录及数据处理

将实验数据记录于表 10-2 中。

表 10-2　实验数据

阀门开度	泵参数	泵Ⅰ	泵Ⅱ	泵Ⅰ、Ⅱ串联	泵Ⅰ、Ⅱ并联
20%	流量 $Q/(m^3/s)$				
	泵入口压力 P_1/MPa				
	泵出口压力 P_2/MPa				
	总压力 P/MPa				
50%	流量 $Q/(m^3/s)$				
	泵入口压力 P_1/MPa				
	泵出口压力 P_2/MPa				
	总压力 P/MPa				
80%	流量 $Q/(m^3/s)$				
	泵入口压力 P_1/MPa				
	泵出口压力 P_2/MPa				
	总压力 P/MPa				

绘制泵串并联特性曲线。

思考题

1）两台离心泵串联后流量与扬程如何变化？两台离心泵并联后流量与扬程如何变化？

2）什么是“从泵到泵”？什么是“旁接油罐”？两者相比各有什么优点。两种同样型号的泵并联后流量是否增加一倍？

3）用增加泵站的方法来提高输量有何利弊？还有哪些措施能提高输油流量？

4）实际情况下并联后压力是否改变？若有改变将如何改变？

10.3　密闭输油管道正常工况参数测试实训

10.3.1　实验目的

1）熟悉“从泵到泵”密闭输送工艺运行时输油管路各站协调工作的情况；

2）掌握管道参数的确定方法，掌握离心泵的操作。

10.3.2 实验原理

输油管道工艺实验装置共设有 3 个泵站，每个泵站有两台离心泵，1 座零位罐，3 座 $1.5m^2$ 的水罐，其中 2 个为拱顶罐，1 个为外浮顶罐，3 台涡轮流量计等。具体流程图参见附录Ⅳ。

密闭输送流程是指长输管道上各中间泵站均密闭运行的连接方式。上一泵站的来油全部进本站输油泵，中间站上不设与大气相通的供缓冲用的油罐，全线油品在密闭状态下输送，可简化流程，减少设备，消除了旁接油罐的蒸发损耗。全线各中间泵站构成一个统一的水力系统，各站的压力可互相调配，能减少调节的能量损耗，便于全线自动控制。但任何一个中间泵站的故障，都会立即影响全线的运行，故要求设备、通信和自控系统灵敏、可靠。

在密闭输送的多泵站等温输油管道系统中，泵站和管道组成一个统一的水力系统，管道所消耗的能量(包括摩阻损失、高程差、站内局部摩阻和终点所要求的剩余压力)等于泵站所提供的能量，二者必然保持能量供需的平衡关系。全线的能量供需平衡关系式如下：

$$H_{s1} + N(A - BQ^{2-m}) = fLQ^{2-m} + (Z_Z - Z_Q) + Nh_m + H_{sZ} \tag{10-2}$$

式中 Q——管道的工作流量，m^3/s；

N——全线运行的泵站数；

f——单位流量的水力坡降；

H_{s1}——管道首站进站压头，m 液柱；

H_{sZ}——管道终点剩余压头，m 液柱；

L——管道总长度，m；

Z_Q、Z_Z——管道起、终点高程，m；

h_m——每个泵站的站内损失，m 液柱。

根据上述能量平衡方程，可以确定管道的输量和各个站的进出站压力，分析事故工况时运行参数的变化趋势。

10.3.3 实验装置

离心泵，阀门，流量计，压力表。

10.3.4 实验步骤

在进行实验前应熟悉实验设备和工艺流程，弄清楚实验原理，设计实验方案。做好启泵前的准备工作。①检查每一台机泵是否转动灵活，轴承内是否充满润滑油。②检查每一块压力表是否指示正常，熟悉一下每一块压力表指示单位。③启动泵之前应关闭泵的出口阀，开泵的进口阀和排气阀，使泵壳内的气体排净而充满液体。

1. 学习管道正常启动、正常启停泵站的操作方法

(1) 开泵前检查准备

1) 检查机泵、阀门及过滤器各部位连接螺丝是否紧固，地脚螺丝有无松动，电机接地是否连接牢靠。

2) 检查轴节螺栓有无松动，用手(或专用工具)盘车 3~5 圈，检查转动是否灵活。

3) 检查润滑部位是否有油，有无进水或乳化变质，缺油时应加油到规定位置。

4) 打开压力表和冷却水阀，打开泵房内与作业有关的流程阀门。

5）做好与泵房作业相关岗位（如栈桥、油码头、油罐区等）的联系工作，确定工艺流程。

（2）开泵

1）打开泵进口阀门灌泵引油，当不能靠罐自压灌泵时，可用真空泵引油或人工方法灌泵。灌泵时，先打开离心泵上放空阀，直到排净泵内空气至泵内充满油品为止，然后关闭放空阀。

2）按下启动按钮开泵，待泵压升启压力达到额定（或最大）数值并稳定后，再缓慢打开泵出口阀门，直到调整泵压到规定数值（实际中常在压力表规定值处画上红线）。开泵时，泵出口阀关闭时，不能连续运转时间太长，一般不超过1~2min。如遇出口阀打开压力迅速下降，说明泵抽空不上油，应及时停泵查找原因。故障排除后，再重新开泵。

（3）运转中检查

1）泵运转中应观察压力和电流波动情况，不得超过规定值，每1~2h应巡检并记录。

2）泵运转中，应采取"听、看、摸、闻"方法定巡检。即：听听机泵运转声音是否正常；看看机泵密封漏油是否在允许范围内，冷却水量大小是否合适；摸摸或检测各部位温度是否过高，以不烫手为宜；闻闻泵房内有无异常气味存在。规定电机轴承温度不得超过65℃（有的规定70℃），泵的填料函温度不得超过60℃（或不高于环境温度45℃），遇温度过高应查清原因，原因不明，温度不降，应停泵处理。

3）检查机泵填料函漏油情况：规定轻油不大于20滴/min，粘油不大于10滴/min。

检查机械密封泄漏油情况：规定轻油不超过10滴/min，粘油不超过5滴/min。

4）调节流量或扬程，应通过泵出口阀门予以控制，不能关小进口阀门。

（4）停泵

1）停泵时，先关闭泵出口阀，然后再按停泵按钮，接着关闭泵入口阀。

2）关闭冷却水阀和压力表阀，关闭泵房内不需常开的阀门，防止串油、跑油发生。

3）冬季露天机泵应放净冷却水管存水或水阀小开保持常流水以防冻坏设备。

4）黏油输送后，要及时联系清汽扫线。

2. 进行密闭输送流程

1）启动前确保管路沿线阀门全开，各泵站出口阀开度50%；

2）按下首站1#泵的启动开关，缓慢全开首站出站阀；

3）待压力、流量稳定后，启动中间站1#泵，缓慢全开中间站出站阀；

4）待压力、流量稳定后，启动末站1#泵，缓慢全开末站出站阀；

管道正常启动时记录各站进出站压力和管道流量，分析压力参数的变化情况。停运时的操作顺序与启动时相反。

10.3.5 注意事项

1）实验前要做好充分的准备工作，熟悉实验装置和各种设备的工作原理和操作规范，并仔细检查实验装置和设备的实际状况，排除一切安全隐患。

2）启动泵时，先开入口阀，进行灌泵处理。

10.3.6 实验数据记录及数据处理

将实验数据记录于表10-3中。

表 10-3 实验数据

工况	首站			中间站			末站		
	P_1	P_2	Q_1	P_3	P_4	Q_2	P_5	P_6	Q_3
从泵到泵 1									
从泵到泵 2									

思考题

1）为什么要关闭泵出口阀后才能启动离心泵？往复泵能否这样做？

2）密闭输送有什么样的特点？

10.4 密闭输油管道异常工况参数测试实训

10.4.1 实验目的

1）了解管道发生异常工况或突然事故时（如某泵站突然停电等）全线运行参数的变化；

2）学会根据运行参数变化，分析事故原因、事故发生地点及应采取的处理措施，在实验中加以验证；

3）通过在该实验装置上模拟输油管道运行时发生的各种异常工况实验，学会分析全线各站的工作参数变化规律。

4）了解由于快关阀门引起水击压力的产生，掌握水击压力的变化规律和测试水击压力的方法。

10.4.2 实验原理

输油管道工艺实验装置共设有 3 个泵站，每个泵站有两台离心泵，1 座零位罐，3 座 $1.5m^2$ 的水罐，其中 2 个为拱顶罐，1 个为外浮顶罐，3 台涡轮流量计等。具体流程图参见附录Ⅳ。

在密闭输送的多泵站等温输油管道系统中，泵站和管道组成一个统一的水力系统，管道所消耗的能量（包括摩阻损失、高程差、站内局部摩阻和终点所要求的剩余压力）等于泵站所提供的能量，二者必然保持能量供需的平衡关系。

根据上述能量平衡方程，可以确定管道的输量和各个站的进出站压力，分析事故工况时运行参数的变化趋势。

（1）管道泄漏

管道沿线的漏油事故发生在管道腐蚀穿孔，机械破坏以及人为破坏等情况下，漏油后的全线各站输送量、进站压力和出站压力等参数都会发生变化。根据实验模拟管道沿线某处泄漏的情况，记录泄漏点前后的管道内的输量，以及漏油时全线各站进站和出站压力，进而比较管道沿线漏油前后的变化情况。

沿线某处漏油后，漏油点前输量增加，漏油点后输量减小。漏油点前各站的进出站压力降低，漏油点后各站的进出站压力下降。

(2) 管道堵塞

输油管道沿线局部阻塞发生在管道严重结垢、结蜡、阀门闸板脱落、清管器卡住以及其他异物阻塞等情况下。局部阻塞的发生，相当于增加了管道的局部压降件，其工况会发生变化。即管道沿线的输送量变化，管道沿线各站进站和出站压力的变化。

管道出现局部阻塞后，全线的输量减少了；阻塞点前各站的进、出站压力上升了；阻塞点后各站的进、出站压力下降了；越靠近阻塞点的站，压力变化程度越大。

(3) 泵站停运

由于停电或其他因素导致泵站无法正常运行。此时全线压力会产生变化。

“从泵到泵”运行的输油管道某中间泵站停运，采用压力越站后，管道的输量减少。停输站前面各站的进、出站压力均上升。停输站后面各站的进、出站压力均下降。越靠近停输站，压力的变化越明显。

10.4.3 实验装置

离心泵，阀门，流量计，压力表。

10.4.4 实验步骤

在进行实验前应熟悉实验设备和工艺流程，弄清楚实验原理，设计实验方案。做好启泵前的准备工作。①检查每一台机泵是否转动灵活，轴承内是否充满润滑油。②检查每一块压力表是否指示正常，熟悉一下每一块压力表指示单位。③启动泵之前应关闭泵的出口阀，开泵的进口阀和排气阀，使泵壳内的气体排净而充满液体。

(1) 管道泄漏

1) 启动前确保管路沿线阀门全开，各泵站出口阀开度50%；

2) 按下1#站1#泵的启动开关，缓慢全开1#站出站阀；

3) 待压力、流量稳定后，启动2#站1#泵，全开2#站出站阀；

4) 管道正常启动时记录各站进出站压力和管道流量；

5) 将能模拟管道泄漏的对应阀门打开，管道正常启动时记录各站进出站压力和管道流量。分析压力参数的变化情况。停运时的操作顺序与启动时相反。

(2) 管道堵塞

1) 启动前确保管路沿线阀门全开，各泵站出口阀开度50%；

2) 按下1#站1#泵的启动开关，缓慢全开1#站出站阀；

3) 待压力、流量稳定后，启动2#站1#泵，全开2#站出站阀；

4) 管道正常启动时记录各站进出站压力和管道流量；

5) 将能模拟管道堵塞的对应阀门打开，管道正常启动时记录各站进出站压力和管道流量。分析压力参数的变化情况。停运时的操作顺序与启动时相反。

(3) 中间站停运工况

1) 启动前确保管路沿线阀门全开，各泵站出口阀开度50%；

2) 按下1#站1#泵的启动开关，缓慢全开1#站出站阀；

3) 待压力、流量稳定后，启动2#站1#泵，全开2#站出站阀；

4) 待压力、流量稳定后，启动3#站1#泵，全开3#站出站阀；

5) 管道正常启动时记录各站进出站压力和管道流量；

6）将全线各泵站按着逐站启动的步骤正常运行后，把中间站的 3#泵停运，记录各泵站进出站压力和管内流量。

10.4.5 注意事项

启动泵时，先开入口阀，进行灌泵处理。

10.4.6 实验数据记录及数据处理

将实验数据记录于表 10-4 中。

表 10-4 实验数据

工况	首站			中间站			末站		
	P_1	P_2	Q_1	P_3	P_4	Q_2	P_5	P_6	Q_3
正常工况									
堵塞 1									
堵塞 2									
泄漏 1									
泄漏 2									
停运 1									
停运 2									

思考题

1）管道为何会发生泄漏？如何避免？分析和讨论管线某处漏油后，泄漏点前后各站进出站压力变化情况。

2）管道为何会发生堵塞，如何避免？

3）管道常见事故还有哪些？

4）分析和讨论管线某中间站停运后，停运站前后各站的进出站压力变化情况。

10.5 输油管道流量自动调节与控制实训

10.5.1 实验目的

1）掌握电动调节阀的使用方法；

2）掌握改变管道流量的方法。

10.5.2 实验原理

输油管道工艺实验装置共设有 3 个泵站，每个泵站有两台离心泵，1 座零位罐，3 座 1.5m² 的水罐，其中 2 个为拱顶罐，1 个为外浮顶罐，3 台涡轮流量计等。具体流程图参见附录Ⅳ。

通过 DCS 控制系统，设置电动调节阀开度，当总输量达到管道设定总输量电动调节阀自动关闭，从而控制输油管道流量，达到输油管道流量自动调节与控制的目的。

10.5.3 实验装置

电动调节阀，电磁阀，DCS 控制系统，油罐。

10.5.4 实验步骤

在进行实验前应熟悉实验设备和工艺流程，弄清楚实验原理，设计实验方案。做好启泵前的准备工作。①检查每一台机泵是否转动灵活，轴承内是否充满润滑油。②检查每一块压力表是否指示正常，熟悉一下每一块压力表指示单位。③启动泵之前应关闭泵的出口阀，开泵的进口阀和排气阀，使泵壳内的气体排净而充满液体。

1）导通输油管流程，使 1 号罐油品进入 2 号罐，并通过“FI-204”流量计，以及“FIV-201”电动调节阀。

2）打开 DCS 控制系统，点击“FI-204”，点击“清零”，给定“定量设定”量并使计量处于激活状态。

3）点击“FIV-201”，使 FIV-201 处于手动控制状态。

4）设置任意“给定值”，“给定值”的大小决定管道流体流速。

5）启泵，开始倒罐。

10.5.5 注意事项

1）启动泵时，先开入口阀，进行灌泵处理。

2）实验前要做好充分的准备工作，熟悉实验装置和各种设备的工作原理和操作规范，并仔细检查实验装置和设备的实际状况，排除一切安全隐患。

10.5.6 实验数据记录及数据处理

调节阀开度（　　），理论倒罐量（　　），实际倒罐量（　　）

思考题

1）常见的阀门有哪些？

2）理论倒罐量与实际倒罐量是否一样？

3）调节阀开度是否会影响实际倒罐量与理论倒罐量之间的误差，若有将如何影响？

10.6 变频调速调节管道压力与流量实训

输油管道工艺实验装置共设有 3 个泵站，每个泵站有两台离心泵，1 座零位罐，3 座 1.5m^2 的水罐，其中 2 个为拱顶罐，1 个为外浮顶罐，3 台涡轮流量计等。具体流程图参见附录Ⅳ。

10.6.1 实验目的

1）掌握比例定律的计算方法；

2）掌握泵的变频调速方法，改变管道压力与流量。

10.6.2 实验原理

改变转速后，泵的流量、扬程、轴功率也都要相应改变。它们的关系是：泵的流量与泵的转速成正比；泵的扬程与泵的转速的二次方成正比；泵的轴功率与泵的转速的三次方成正比。这就是泵的比例定律，用公式表示为

$$Q_1/Q_2=n_1/n_2 \tag{10-3}$$

$$H_1/H_2=(n_1/n_2)^2 \tag{10-4}$$

$$P_1/P_2=(n_1/n_2)^3 \tag{10-5}$$

式中 Q_1——频率为100%时的流量；

Q_2——频率为75%时的流量；

n_1——频率为100%；

n_2——频率为75%；

P_1——频率为100%时的功率；

P_2——频率为75%时的功率；

H_1——频率为100%时的扬程；

H_2——频率为75%时的扬程。

通过改变频率达到调节管道流量及管道压力的目的。

10.6.3 实验装置

离心泵、管路、阀门、流量计、压力表、真空表、储罐等

10.6.4 实验步骤

在进行实验前应熟悉实验设备和工艺流程，弄清楚实验原理，设计实验方案。做好启泵前的准备工作。①检查每一台机泵是否转动灵活，轴承内是否充满润滑油。②检查每一块压力表是否指示正常，熟悉一下每一块压力表指示单位。③启动泵之前应关闭泵的出口阀，开泵的进口阀和排气阀，使泵壳内的气体排净而充满液体。④导通输油管流程，使1号罐油品通过首站1#泵重新进入1#罐。

具体实验步骤：

1）离心泵转速为100%时，启动1#泵，打开出口阀记录流量Q_1泵入口压力，泵出口压力；

2）关闭1#泵及出口阀门，降低1#泵频率至75%，开启1#泵及出口阀门，记录流量Q_2泵入口压力，泵出口压力；

3）关闭1#泵及出口阀门，降低1#泵频率至50%，开启1#泵及出口阀门，记录流量Q_3泵入口压力，泵出口压力；

4）关闭1#泵及相关阀门；

5）整理数据，利用比例定律公式计算频率75%和50%时泵的转速。

10.6.5 注意事项

实验前要做好充分的准备工作，熟悉实验装置和各种设备的工作原理和操作规范，并仔细检查实验装置和设备的实际状况，排除一切安全隐患。

10.6.6 实验数据记录及数据处理

将实验数据记录于表10-5中。

表 10-5　实验数据

频率	泵流量 $Q/(m^3/h)$	泵入口压力/MPa	泵出口压力泵/MPa
100%			
75%			
50%			

思考题

1）频率改变泵的扬程如何确定？

2）频率改变泵的输量如何改变？

3）比例定律计算公式。

10.7　输油管道收发球工艺流程与设备操作实训

10.7.1　实验目的

1）掌握收发球流程；

2）能进行收发球操作。

10.7.2　实验原理

输油管道工艺实验装置共设有 3 个泵站，每个泵站有两台离心泵，1 座零位罐，3 座 1.5m² 的水罐，其中 2 个为拱顶罐，1 个为外浮顶罐，3 台涡轮流量计等。具体流程图参见附录Ⅳ。对于输送含蜡油品的管道，管壁结蜡是难免的，当结蜡厚度达到一定程度时，为了保证管道的正常、高效运行，就必须进行清蜡。常用的清蜡方法有：化学清蜡、热洗蜡、机械清蜡等。本实验采用机械清蜡的方法。此方法是将一定结构的清管器放入管道中，借助管流压差的作用推动其在管道中移动，将管壁的结蜡除去。

收发球流程图如图 10-4~图 10-7 所示。总流程可参照附录Ⅴ。

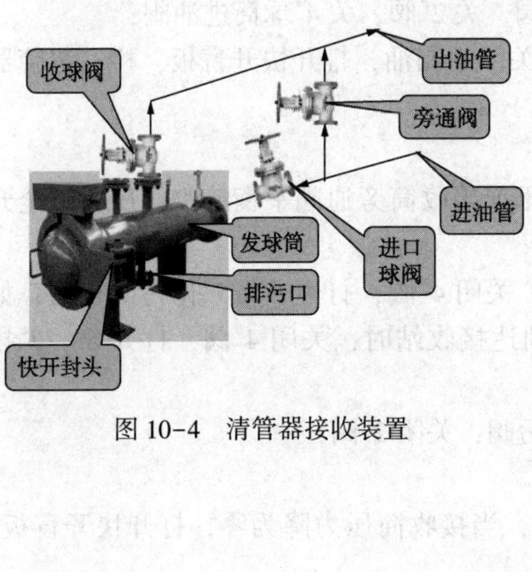

图 10-4　清管器接收装置

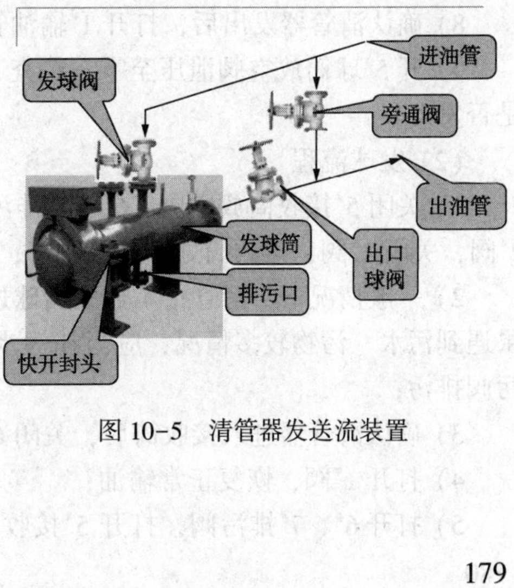

图 10-5　清管器发送流装置

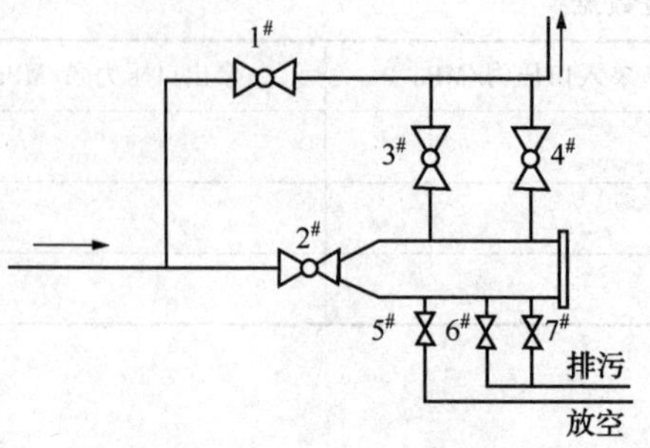

图 10-6　收球筒示意图

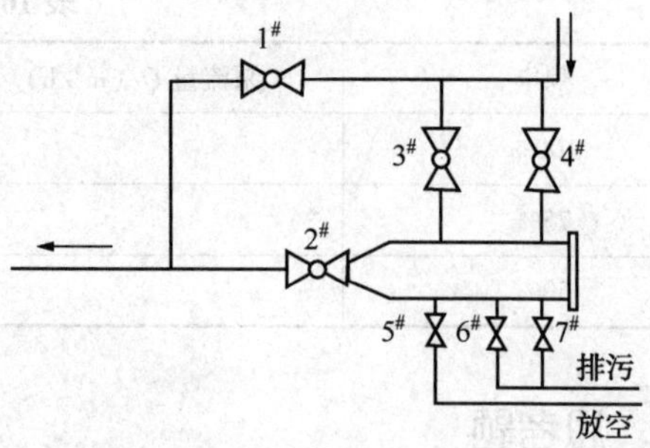

图 10-7　发球筒示意图

10.7.3　实验装置

收发球装置，清管器，输油管，阀门。

10.7.4　实验步骤

在进行实验前应熟悉实验设备和工艺流程，弄清楚实验原理，设计实验方案。做好启泵前的准备工作。①检查每一台机泵是否转动灵活，轴承内是否充满润滑油。②检查每一块压力表是否指示正常，熟悉一下每一块压力表指示单位。③启动泵之前应关闭泵的出口阀，开泵的进口阀和排气阀，使泵壳内的气体排净而充满液体。

操作步骤：

（1）发球流程

1）发送清管器前，将管道输油压力调整到方案要求的压力；

2）打开 5#球筒放空阀，确认球筒无压，打开球筒快开盲板，把清管器送入球筒底部大小头处，将清管器在大小头处塞紧；

3）关快开盲板，装好保安装置；

4）关 5#球筒放空阀；

5）开 4#球筒发球进油阀，平衡筒压；

6）全开 2#阀；

7）关 1#输油管线进油阀发送清管器；

8）确认清管器发出后，打开 1#输油管线进油阀，关 2#阀，关 4#球筒进油阀；

9）开 5#球筒放空阀泄压至零，检查 2#阀确已关闭不漏油，打开快开盲板，检查清管器是否发出。

（2）发球流程

1）关闭 5#接收筒放空阀、6#、7#排污阀，打开 4#接收筒旁通阀平衡接收筒压力，全开 2#阀，关闭 1#阀，接收筒处于接收状态；

2）一般情况下，清管指示器发出球过信号后，关闭 4#阀，打开 6#、7#排污阀排污；如果遇到污水、污物较多情况，应当在污水、污物到达接收站时，关闭 4#阀，打开 6#、7#排污阀排污；

3）确认清管器进入接收筒后，关闭 6#、7#排污阀，关闭 2#阀；

4）打开 1#阀，恢复正常输油；

5）打开 6#、7#排污阀，打开 5#接收筒放空阀，当接收筒压力降为零，打开快开盲板，取清管器。

6）清除接收筒内污物，清洗后关闭快开盲板；

7）关闭 $5^{\#}$接收筒放空阀，关闭 $6^{\#}$、$7^{\#}$排污阀。

10.7.5 注意事项

实验前要做好充分的准备工作，熟悉实验装置和各种设备的工作原理和操作规范，并仔细检查实验装置和设备的实际状况，排除一切安全隐患。

10.7.6 实验数据记录及数据处理

将实验数据记录于表 10-6 中。

表 10-6 实验数据

收发球筒间管道距离 L/m	管道直径 d/m	管道截面积 A/m^2	油品流量 $Q/(m^3/s)$	油品流速 $u/(m/s)$	清管器理论到站所需时间 $t_{\text{理论}}/s$	清管器实际到站所需时间 $t_{\text{实际}}/s$

思考题

1）常见的清管器有哪些？为何要进行清管操作？

2）清管器理论到站所需时间与清管器实际到站时间一样吗？若不一样分析原因。

10.8 加油站工艺流程与设备操作实训

10.8.1 实验目的

1）了解加油站的工艺流程；

2）掌握加油机的操作。

10.8.2 实验原理

提起油枪，按启动键，主板向电源驱动板送启动信号，启动电机。电机带动油泵转运。燃油先进入滤油器与油泵，燃油而后进入流量计推动活塞往复运动，从而带动流量计上的计数器产生计数脉冲信号送到主板，主板对信号进行运算，计量出油量和金额。

10.8.3 实验装置

HT 系列燃油加油机。

10.8.4 实验步骤

金额定量加油：①打开电源；②按“切换”键选金额 P 提示进行油量预置加油，输入想要加的数量，按“启动”键，金额到位就会自动停机；③关闭电源，记录数据。

10.8.5 注意事项

1）实验前要做好充分的准备工作，熟悉实验装置和各种设备的工作原理和操作规范，并仔细检查实验装置和设备的实际状况，排除一切安全隐患。

2）按数字键输入预置值（若输入错误，可按“清除”键消除，小数位后面一位或两位数小数都有效）。

10.8.6 实验数据记录及数据处理

设定加油量：________L；油品单价：________；油品总价：________。

思考题

若油枪发生跑冒油该如何处理？

10.9 加油机定量装车实验

10.9.1 实验目的

1）掌握加油机的使用方法；

2）掌握定量装车的方法步骤。

10.9.2 实验原理

提起油枪，按启动键，主板向电源驱动板送启动信号，启动电机。电机带动油泵转运。燃油先进入滤油器与油泵，燃油而后进入流量计推动活塞往复运动，从而带动流量计上的计数器产生计数脉冲信号送到主板，主板对信号进行运算，计量出油量和金额。

10.9.3 实验装置

HT系列燃油加油机。

10.9.4 实验步骤

1）按“启动”键打开电源。

2）按“切换”键选1L提示进行油量预置加油，输入想要加的数量，按“启动”键，油量到位就会自动停机。

3）关闭电源。

10.9.5 注意事项

1）由于时间和工况导致计量准确度误差时，可通过键盘操作进行调整。

2）地埋油罐发生渗漏时，采取倒罐或移库的方式将泄漏油罐油品转移。

3）潜油泵加油机进油管泄漏、切断阀故障等泄漏，立即切断加油机电源停泵；

10.9.6 实验数据记录及数据处理

设定加油量：________L；油品单价：________；油品总价：________。

思考题

1）若加油时，加油机出油量少该如何处理？

2）地埋油罐发生渗漏时，如何处理？

3）卸油胶管泄漏，如何处理？

10.10 加油站常见故障处理与维护实训

10.10.1 实验目的

1）了解加油站常见事故；

2）掌握加油站跑冒油事故处理方法。

10.10.2 实验原理

油品属于易燃易爆物，加油站油品泄漏容易造成火灾甚至爆炸。发生跑冒油事故应及时处理。小量小面积泄漏，可能带来火灾、环境污染；若出现大面积或大量油品泄漏，尤其是汽油泄漏，可能直接造成人员中毒窒息、财产损失，环境污染，遇明火可能造成火灾爆炸，可能引起加油站周边人员伤亡、财产损失、环境污染。若加油站有明暗沟与市政排水管网相通，汽油泄漏油品流入市政管网，遇明火爆炸可能造成更大范围的人员伤亡、财产损失。

10.10.3 实验装置

加油机，洗衣粉，沙土。

10.10.4 实验步骤

(1) 油枪跑冒油

1）立即关闭油枪和加油机并回档。

2）告诉司机不要打火启动车辆。与其他同事一起把车辆推离现场。

3）地面上油品应用沙土覆盖后清除沙土。用洗衣粉水清洗地面。

4）如果跑冒油数量较多，应立即用雪糕筒封锁现场，然后按上述步骤处理。

(2) 油罐跑冒油

1）应及时关闭油罐车卸油阀、切断总电源，停止营业，并向站(班)长汇报。

2）必要时，报告公安消防部门，以便临时封堵附近的交通通路；站(班)长及时组织人员进行现场警戒，疏散站内人员，推出站内车辆，检查并消除附近的一切火源；制止其他车辆和人员进入加油站。

3）在溢油处的上风向，布置消防器材。

4）对现场已跑冒油品用水土等围住，并进行必要的回收，禁止用铁制品等易产生火花的器具作回收操作。回收后用沙土覆盖残留油品，待充分吸收残油后将沙土清除干净。

5）给被油品溅泼的人员提供援助；通知毗邻单位或居民，注意危险。

6）检查井内是否有残油，若有残油应及时清理干净，并检查其他可能产生危险的区域是否有隐患存在。

7）确定跑冒油损失，做好记录台账。

8）检查确认无其他隐患后，可继续营业。

9）分析跑冒原因，书面报告主管公司。

10.10.5　注意事项

1）所有进入泄漏现场者，必须佩戴防毒面具、防静电服装等个人防护用品。

2）泄漏现场处置不得少于 2 人共同行动，并设监护人跟踪监护，严禁单独行动，严禁盲目进入。

3）有效控制泄漏源和泄漏油品流入范围，严控泄漏油品进入下水道等限制性区域。

4）对油品泄漏回收的废油、油泥以及被油品浸渍的土壤要交由具有处理资质的第三方处理。

思考题

1）加油站常见的事故有哪些？该如何进行处理？

2）如何及时发现加油站漏油？

3）什么是加油“八步法”操作规程。

11 燃气输配实训

燃气输配实训部分涵盖了燃气具性能测试实训、燃气管网水力工况、门站工艺流程等相关内容，给出了计算过程与理论依据。依托了自建燃气实验室流程与设备。

本章主要包括十三项内容“燃气快速热水器热工性能测定”、“家用燃气灶具性能测定”、“大气式燃烧器稳定范围”、“家用液化石油气调压器调压特性”、“枝状燃气管网的水力工况”、“输气管和调压器特性曲线”、“燃气管网水力工况和水力可靠性实验”、“天然气分配管道计算流量的确定实验”、“活塞式压缩机性能测试实验”、“储气库储气实验”、“民用燃气加臭工艺试验”、“低温燃气加热工艺试验”、“加气站加气工实训”。使学生达到理论与实际相结合，为从事城市燃气等相关行业打好基础。

11.1 燃气快速热水器热工性能测定

11.1.1 实验目的

通过测定燃气快速热水器的热负荷、热效率，了解快速热水器的结构及工作原理，初步掌握对燃气热水器的热工性能测试技术。

11.1.2 基本原理

快速热水器是专门制取生活热水的设备。其结构比较复杂，它本身无储水容积，要求控制性能好、安全可靠。其原理是冷水流经快速热水器的受热面，吸收燃气燃烧产生的热量，使冷水温度升高至规定的温度并保持相对稳定，连续供应热水。由于快速热水器结构紧凑，受热面又大，所以其热效率比较高。

(1) 热流量(热负荷)

热水器的热流量(热负荷)是指单位时间内热水器使用的燃气燃烧所放出的热量，计算公式如下：

$$Q = q_{vs} Q_{is} \tag{11-1}$$

式中 Φ——在标准大气条件下，燃具前燃气压力为 P_g 时的折算热流量，MJ/h；

Q_{is}——设计时采用的基准干燃气的低位热值，MJ/Nm³；

q_{vs}——在标准大气条件下，燃具前燃气压力为 P_g、试验气相对密度为 d_{mg}、折算为相对密度为 d_{sg} 的干设计气的燃气消耗量，m³/h(101.3kPa，0℃)。

$$q_{vs} = q_v \times \sqrt{\frac{(P_a + P_g) - \left(1 - \dfrac{0.644}{d_{mg}}\right) \cdot P_v}{101.3} \times \frac{273}{273 + t} \times \frac{101.3 + p_g}{101.3} \times \frac{d_{mg}}{d_{sg}}} \tag{11-2}$$

式中 q_v——实验时湿试验气的消耗量，m³/h(P_a+P_g，t℃)；

P_a——实验时的大气压力，kPa；

P_g——实验时通入燃气流量计的试验气压力，kPa；

t——实验时通入燃气流量计的试验气温度，℃；

P_v——在温度为 t℃时饱和水蒸气的压力，kPa；

d_{mg}——标准条件下干试验气的相对密度；

d_{sg}——标准条件下干设计气的相对密度；

0.644——标准条件下水蒸气的相对密度。

令

$$F = \sqrt{\frac{(p_a + p_g) - \left(1 - \frac{0.644}{d_{mg}}\right) \cdot p_v}{101.3} \times \frac{273}{273 + t} \times \frac{101.3 + p_g}{101.3} \times \frac{d_{mg}}{d_{sg}}} \tag{11-3}$$

则：

$$\Phi_C = q_{vs} \times Q_C \tag{11-4}$$

式中 Φ_C——在标准大气条件下，燃具前压力为 P_g 时的实测折算热流量，MJ/h；

Q_C——实验时采用的基准干燃气的低位热值，MJ/Nm³。

$$\Phi_C = F \cdot \frac{(V_2 - V_1)}{\tau} \cdot f \cdot Q_C \tag{11-5}$$

式中 F——体积折算系数；

V_1、V_2——流量计的初、终读数，m³；

f——流量计校正系数；

τ——计量时间，h。

(2) 热效率

热效率是表示热能的利用率。快速热水器的测试热效率可定义为：

$$\eta = \frac{\text{单位时间内水在热水器中所吸收的热量}}{\text{单位时间内燃气在热水器内燃烧所放出的热量}} \times 100\% \tag{11-6}$$

$$\eta = \frac{G \cdot C \cdot (t_2 - t_1)}{F \cdot f \cdot (V_2 - V_1) \cdot Q_C} \times 100\% \tag{11-7}$$

式中 G——测试时间 τ 内的水量，kg；

C——水的比热（C=0.0041861MJ/℃·kg）；

t_1——进口冷水温度，℃；

t_2——出口热水温度，℃。

其他符号同前。

(3) 热水产率

热水产率是指单位时间内的热水产量。热水器的额定产率是指燃气在额定压力下燃烧、压力 98kPa 的冷水流过热水器、温度升高 25℃时每分钟的热水量。用式表示：

$$g = \frac{60M}{\tau} \tag{11-8}$$

式中 g——热水产率，L/min；

M——测试时间内的热水量，L；

τ——测试时间，s。

11.1.3 测量仪器及系统

(1) 测量仪器

效率分析仪：1 台；

燃气表：1 台；

快速燃气热水器：1 台；

秒表：1 块；

水桶：2 个；

转子流量计：1 台；

精密压力表：1 块，量程 0~1.0MPa，精度 0.4。

（2）测量系统

热水器测量系统如图 11-1 所示。燃气通过燃气调压器进入流量计。阀门既可起开关作用，又可起调整压力作用，燃气压力在 U 形压力计上显示。燃气经过计量，进入快速热水器，与空气混合燃烧放出热量，生成烟气通过排烟系统排出。

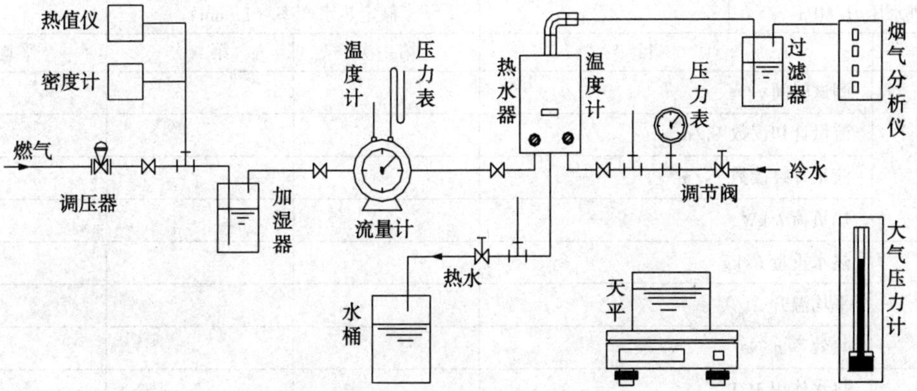

图 11-1　热水器测量系统示意图

冷水阀门(可以直接用水龙头控制)既起到开启作用，又起到水压调节作用。冷水经过阀门调节到额定压力后进入热水器，加热后流出热水器。进、出口水温由进口、出口温度计测出。

11.1.4　实验步骤

1）开启排风扇，保持室内通风，防止燃气泄漏造成对人员的危害；

2）熟悉热水器的使用方法；

3）测量室温及室内大气压力；

4）首先打开实验室排烟气系统，检查各个管路连接状况无误后，效率分析仪接入测试系统，接入后即可打开进行预热；

5）打开热水器进水总阀门及水气联动阀到最大，点燃热水器使之正常燃烧，再调节进水阀门使进水压力为额定压力；

6）把燃气压力调至额定压力并记下压力值；

7）转动水温调节阀，使热水温度控制在比进水初温高 25℃左右；

8）观察进、出口温度，在温度变化不大且较稳定后开始测试；

9）等湿式燃气表指向一整数时开始计时，记录燃气温度、进/出水温度、燃气压力以及水流量；

10）在秒表指针到 1min 时，记下燃气流量计的数值，并同时记下体积(测试时间也可以大于 1min，但最好取 1min 的倍数)；

11）将效率分析仪采样器插入烟道中，进行烟气分析，分别记录烟气温度，CO、O_2、CO_2含量及燃烧效率；

12）重复上述过程，进行第二次实验。

11.1.5 实验数据处理

(1) 数据记录及计算(见表 11-1)

表 11-1 数据记录及计算表

姓名： 日期： 指导教师：

<table>
<tr><td colspan="2">燃气种类</td><td></td><td colspan="2">燃气热值/(MJ/Nm^3)</td><td></td></tr>
<tr><td colspan="2">燃气压力/Pa</td><td></td><td colspan="2">燃气温度/℃</td><td></td></tr>
<tr><td colspan="2">大气压力/Pa</td><td></td><td colspan="2">室内温度/℃</td><td></td></tr>
<tr><td colspan="2">体积折算系数</td><td>F=</td><td colspan="2">燃气表校正系数</td><td>f=</td></tr>
<tr><td colspan="2">进水压力/MPa</td><td></td><td colspan="2">额定热水产率/(L/min)</td><td></td></tr>
<tr><td></td><td colspan="2">项　目</td><td>第一次</td><td>第二次</td><td>平均值</td></tr>
<tr><td rowspan="4">热负荷</td><td colspan="2">测试时间 τ/s</td><td></td><td></td><td></td></tr>
<tr><td colspan="2">流量计初读数 V_1/m^3</td><td></td><td></td><td></td></tr>
<tr><td colspan="2">流量计终读数 V_2/m^3</td><td></td><td></td><td></td></tr>
<tr><td colspan="2">热负荷 I/kW</td><td></td><td></td><td></td></tr>
<tr><td rowspan="3">热效率</td><td colspan="2">热水重量 G/kg</td><td></td><td></td><td></td></tr>
<tr><td colspan="2">平均温升 Δt/℃</td><td></td><td></td><td></td></tr>
<tr><td colspan="2">热效率 η/%</td><td></td><td></td><td></td></tr>
<tr><td rowspan="2">热水产率</td><td colspan="2">热水体积 M/L</td><td></td><td></td><td></td></tr>
<tr><td colspan="2">热水产率 g/(L/min)</td><td></td><td></td><td></td></tr>
</table>

(2) 计算体积折算系数 F

(3)实验误差

1) 热负荷偏差：

热负荷偏差=(实测热负荷-设计热负荷)/设计热负荷×100%。

2) 热效率：

要求：热效率 $\eta \geq 80\%$。

3) 实测热水产率与设计值比率：

要求：比率=(实测值-设计值)/设计值≥90%。

当误差大于此判定值时，实验应重做。

思考题

1) 试分析测试快速热水器热负荷、热效率及热水产率的影响因素？

2) 分析所测试的快速热水器有什么缺陷？请提出你的建议或改进方法？

3) 为什么首先打开实验室排烟气系统？

11.2 家用燃气灶具性能测定

11.2.1 实验目的及要求

热流量(热负荷)、热效率及烟气中一氧化碳含量是评价家用燃气灶具性能的重要指标。

热流量反映了灶具的加热能力，热效率反映了热量的有效利用率，烟气中一氧化碳含量既反映烟气不完全燃烧程度，同时也反映了烟气对人体的危害程度。通过本实验测定家用燃气灶具的热流量、热效率及烟气中一氧化碳含量，并根据国家标准对各项性能予以判定。

要求掌握燃气灶具主要性能测定的方法，了解国家标准对各项性能的要求。

11.2.2 基本原理

(1) 热流量(热负荷)

单位时间内，进入燃烧设备的燃气燃烧所放出的热量称为热流量(热负荷)。热流量等于燃气消耗量与燃气低位热值的乘积。由于实际燃气消耗量受压力、温度、相对密度及大气条件的影响，必须进行折算。测定方法如下：

在燃气灶具点燃 15min 后，测定湿试验气的消耗量 q_v，测定时间应大于 1min，重复测定两次以上，读数误差小于 2%时，按下式计算燃气折算消耗量：

$$q_{vs} = q_v \times \sqrt{\frac{(P_a + P_g) - \left(1 - \frac{0.644}{d_{mg}}\right) \cdot P_v}{101.3} \times \frac{273}{273 + t} \times \frac{101.3 + P_g}{101.3} \times \frac{d_{mg}}{d_{sg}}} \tag{11-9}$$

式中 q_{vs}——在标准大气条件下，灶前燃气压力为 P_g、试验气相对密度为 d_{mg}、折算为相对密度为 d_{sg} 的干设计气的燃气消耗量，m^3/h(101.3kPa，0℃)；

q_v——实验时湿试验气的消耗量，$m^3/h(P_{amb}+P_g, t℃)$；

P_a——实验时的大气压力，kPa；

P_g——实验时通入燃气流量计的试验气压力，kPa；

t——实验时通入燃气流量计的试验气温度，℃；

P_v——在温度为 t℃时饱和水蒸气的压力，kPa；

d_{mg}——标准条件下干试验气的相对密度；

d_{sg}——标准条件下干设计气的相对密度；

0.644——标准条件下水蒸气的相对密度。

令 $$F = \sqrt{\frac{(P_a + P_g) - \left(1 - \frac{0.644}{d_{mg}}\right) \cdot P_v}{101.3} \times \frac{273}{273 + t} \times \frac{101.3 + P_g}{101.3} \times \frac{d_{mg}}{d_{sg}}}$$

$$\Phi = q_{vs} \times Q_{is} \tag{11-10}$$

在求得燃气折算消耗量后，按下式计算热流量：

式中 Φ——在标准大气条件下、灶前压力为 P_g 时的折算热流量，MJ/h；

Q_{is}——设计时采用的基准干燃气的低位热值，MJ/Nm^3。

按下式计算燃具的热流量偏差：

$$\text{热流量偏差} = \frac{|\text{折算实验热流量} - \text{标准额定热流量}|}{\text{标准额定热流量}} \times 100\% \tag{11-11}$$

国家标准《家用燃气灶具》GB 16410—1996 中对热流量的性能要求：总额定热流量精度应<±10%；每个燃烧器额定热流量精度应<±10%；总热流量与每个燃烧器热流量总和之比应>85%以上。

(2) 热效率

热效率是指有效利用热量占供给热量的百分比。它表示热能的有效利用率。反映了燃烧与传热的综合效果。

家用燃气灶具热效率的测定方法如下：

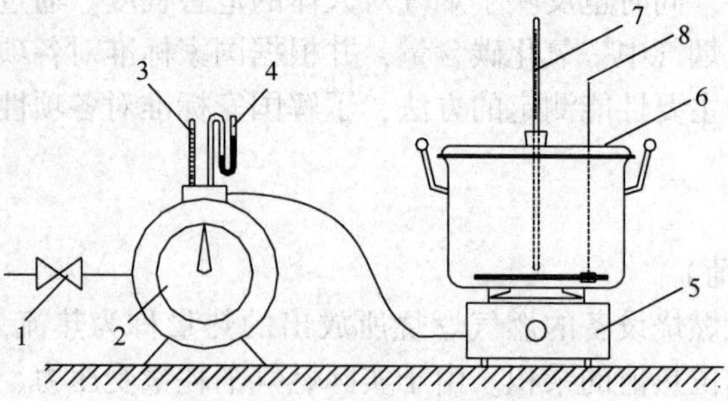

图 11-2　热效率实验装置

1—阀门；2—湿式气体流量计；3—温度计；4—U 形压力计；
5—家用燃气灶；6—铝锅；7—精密温度计；8—搅拌器

首先将试验家用燃气灶按图 11-2 所示方法连接，用日用铝锅称取一定量的水(锅的直径和加水量参考表 11-2 选择)。将燃烧器点燃，并将燃气压力调整到额定压力。燃烧稳定后，将锅放在燃烧器上，水初温应取室温加 5℃，水终温应取水初温加 50℃，初温和终温前 5℃均应开始搅拌。测定过程中用湿式气体流量计计量燃气用量。

热效率计算公式为：

$$\eta = \frac{m \cdot c \cdot (t_2 - t_1)}{Q_{is} \cdot \Delta V} \times 100\% \qquad (11\text{-}12)$$

式中　η——热效率,%；

C——水的比热，0.0042MJ/kg · ℃(或 1kcal/kg · ℃)；

t_1、t_2——初始、终了水温,℃；

m——加热水量，kg；

Q_{is}——燃气低热值，MJ/m^3(或 kcal/m^3)；

ΔV——燃气耗量，m^3(20℃，101.3kPa)。

同样条件的热效率试验应进行两次，取其平均值。当大值与小值的差与平均值之比大于 5%时，应再重复试验，直到合格为止。

国家标准《家用燃气灶具》GB 16410—1996 中对热效率的性能要求：>55%以上。

表 11-2　试验用锅和加水量的选择

额定热负荷/kW(kCal/h)	铝锅直径/cm	加热水量/kg
1.40(1200)	18	2
1.72(1480)	20	3
2.08(1790)	22	4
2.48(2130)	24	5
2.91(2500)	26	6
3.36(2890)	28	8
3.86(3320)	30	10
4.40(3780)	32	12
4.95(4260)	34	14
5.56(4780)	36	16

(3) 烟气中一氧化碳含量

用相应的取样器抽取烟气，利用气体分析仪测定烟气中一氧化碳含量。由于抽取烟气时，会有空气混入烟气中，因而造成所测得的一氧化碳值低于实际烟气中一氧化碳值。为了排除这一影响，需要将测得的一氧化碳值换算为过剩空气系数 $\alpha=1$ 时，烟气中一氧化碳含量。因此，在测定烟气样中的一氧化碳含量的同时，还应测定其氧含量(在抽取的烟气样中，氧含量不得超过 14%)。测定烟气样中一氧化碳含量和氧含量后，按下式计算过剩空气系数 $\alpha=1$ 时，烟气中一氧化碳含量：

$$CO_{\alpha=1}=\frac{CO'-CO''\left(\frac{O_2}{20.9}\right)}{1-\frac{O_2}{20.9}} \tag{11-13}$$

式中 $CO_{\alpha=1}$——过剩空气系数 $\alpha=1$ 时干烟气样中的一氧化碳含量,%；

CO'——干烟气样中一氧化碳含量,%；

CO''——室内空气中一氧化碳含量,%；

O_2——干烟气中氧含量,%。

11.2.3 测量仪器及系统

1) 精密水银温度计两支：0~50℃，50~100℃，最小刻度 0.1℃；

2) 天平一架：最大量程 10kg，最小分度值 5g；

3) 家用燃气灶具一台；

4) 秒表一块；

5) 效率分析仪一台；

6) 湿式气体流量计一台；

7) 铝锅一套；

8) U 形压力计一支；

9) 取样环、搅拌器各一套。

11.2.4 实验步骤

实验室条件要求：

温度：25~40℃，允许实验室温度波动±5℃，在同一次测试过程中周围环境温度的波动不得大于±3℃；

湿度：室内空气中湿度应控制在 65%±20%范围内；

室内气流速度：≤0.5m/s；

大气压力：60~106.7kPa；

一氧化碳含量：<0.002%；

二氧化碳含量：<0.2%。

1) 开启排风扇，保持室内通风，防止燃气泄漏造成对人员的危害。

2) 点燃灶具，调整灶前压力到额定压力。

3) 测量、计算热负荷大概值，按表选择铝锅直径和称水量；架好取样环。

4) 把装有水、温度计及搅拌器的铝锅放在点燃的灶具上，要求中心对准燃烧器头部中心，不要偏放。烟气取样环要摆平。

5）启动燃烧效率分析仪，调整好仪器并接通取样环取样分析。

6）观察铝锅上的 0～50℃温度计，当水温等于室温 t_1 时开始搅拌，至 t_1+4℃时开始 0.1℃间隔报数。记时及读表的同学开始准备，当水温升至 t_1+5℃时，记下燃气表上初读数 V_1，并同时启动秒表记时。

7）当燃烧效率分析仪的氧、一氧化碳示值稳定时，记录烟气中氧含量 O_2' 和一氧化碳含量 CO'；更换 50～100℃温度计。

8）当水温升至 t_1+45℃时开始搅拌；升至 t_1+49℃时开始 0.1℃间隔报数，升至 t_1+50℃时，记下燃气表中读数 V_2 并同时停止秒表记时，记下测试时间 τ。

9）重复上述过程，进行第二次试验。

11.2.5 实验数据处理

（1）数据记录及计算（见表 11-3）

（2）计算体积折算系数 F

（3）实验误差

1）热效率误差要求：热效率 $\eta \geqslant 80\%$；

2）热负荷误差要求：比率=（实测值—设计值）/设计值≥90%。

当误差大于此判定值时，实验应重做。

思考题

1）分析影响热负荷、热效率及一氧化碳含量的测定因素，提出改进办法。

2）所测试的燃气灶具有什么优、缺点？试提出改进办法。

表 11-3 数据记录及计算表

姓名： 日期： 指导教师：

燃气种类		燃气热值/（MJ/Nm^3）	
燃气压力/Pa		燃气温度/℃	
大气压力/Pa		室内温度/℃	
体积折算系数	$F=$	燃气表校正系数	$f=$

	项　目	第一次值	第二次值	平均值
热负荷	测试时间 τ/s			
	流量计初读数 V_1/m^3			
	流量计终读数 V_2/m^3			
	热负荷 I/kW			
热效率	锅直径/cm			
	热水重量 G/kg			
	水初温 t_1/℃			
	水终温 t_2/℃			
	热效率 η/%			
一氧化碳	烟气中 O_2 含量/%			
	烟气中 CO 含量/%			
	$CO_{\alpha=1}$/%			

11.3 大气式燃烧器稳定范围

引射型大气式燃烧器，是一种利用燃气的压力吸入一部分空气预先混合、然后送至燃烧火孔处去燃烧的燃烧器。这种燃烧器调节范围大、结构简单、操作方便、能适应多种工艺需要，所以广泛地用于民用及工业燃烧设备中。本实验介绍这种燃烧器的测试原理与方法。

11.3.1 基本原理——稳定工作的要求

燃气与一次空气混合物自燃烧火孔流出点燃后，即产生一个双层的大气式火焰(内焰、外焰)，一次空气系数 α 在 0.40~0.75 之间。

(1) 离焰与回火

当燃气与一次空气的混合气流在燃烧火孔出口处的速度增加时，火焰高度随之增大。当混合气流速度大到一定程度后，火焰开始离开燃烧火孔，即发生离焰现象如图 11-3 所示。

此时燃烧火孔出口处混合气流速度称为离焰界限流速。离焰时，有部分燃气未燃烧而流出，所以它不属于稳定工作范围，是正常工作所不能允许的。

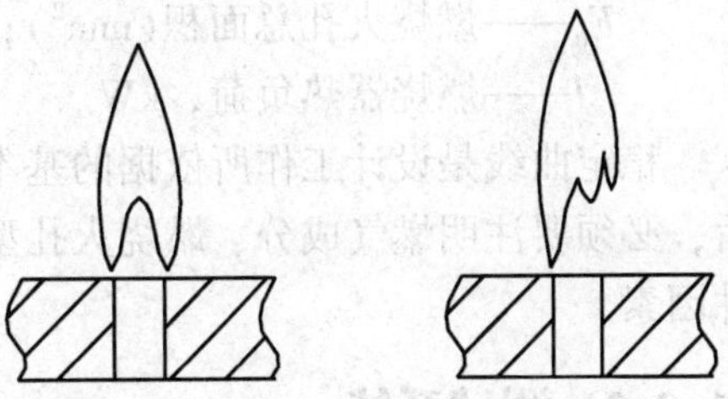

(a)离焰前稳定状态　(b)离焰状态

图 11-3　离焰现象

逐渐减小燃烧火孔出口处的混合气流速度，火焰高度也慢慢降低。当混合气流速度小到一定程度后，火焰窜入燃烧火孔，即发生回火现象。此时燃烧火孔出口处混合气流速度称为回火界限流速。回火时，有大量未完全燃烧产物，属于不稳定工作范围。

(2) 黄焰(或光焰)

逐渐减小一次空气时(α 值逐渐减小)，火焰变软并加长。当达到一定界限值时，火焰的局部会发生黄焰(通常在焰尖上发生)，甚至会产生游离碳，说明有燃烧不完全的现象。此现象称为黄焰，也属于不稳定工作状态，为正常工作所不允许(工业炉中特殊要求除外)。产生黄焰时的燃烧火孔出口处混合气流速度称为黄焰界限流速。

(3) CO 含量标准

对于大气式火焰，一般以烟气中 CO 含量值($CO_{\alpha=1}$)来评价其卫生标准。改变燃烧火孔出口处气流速度时，会使烟气中 CO 含量改变。当 $CO_{\alpha=1}$ 达到标准值时的燃烧火孔出口处混合气流速度，称为 CO 界限流速。当然超过 CO 标准值时，也是正常稳定工作所不允许的。

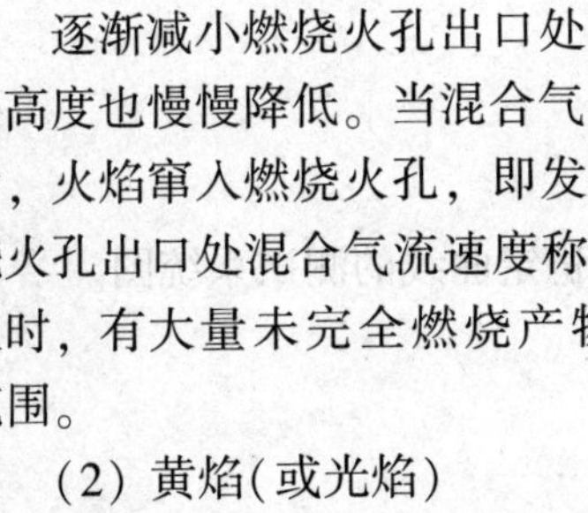

图 11-4　燃烧器燃烧稳定曲线图

(4) 大气式燃烧器的稳定工作曲线

离焰、回火、黄焰及 CO 界限流速值受一次空气系数 α 的影响。对于某一种燃烧器，燃烧某种固定的燃气时，以 α 为横坐标、燃烧火孔出口处混合气流速度 W_0 为纵坐标，可以通过实验测出离焰、回火、黄焰及 CO 的界限流速曲线(图 11-4 的 1、2、3 及 4)。这四条曲线所包围的是稳定工作区。此曲线图称为该燃烧器燃烧某种固定燃气的稳定曲线图。当燃气性质及混合气流的温度改变时，稳定曲线要改变；当燃烧器结构型式及尺寸改变时，也要影响稳定曲线。

为了设计、计算方便，常用燃烧火孔热强度来代替燃烧火孔出口处的混合气流速度，它们之间的关系为：

$$R_q = \frac{Q_D W_0}{278(1+\alpha)} \tag{11-14}$$

$$R_q = \frac{3.6I}{F_0} \tag{11-15}$$

式中 R_q——燃烧火孔热强度，kJ/(mm²·h)；

W_0——燃烧火孔出口处混合气流速度(Nm^3/s)；

Q_D——燃气低位发热量(kJ/Nm^3)

α——一次空气系数；

V_0——理论空气需要量(Nm^3/Nm^3)；

F_0——燃烧火孔总面积(mm^2)；

I——燃烧器热负荷，kW。

稳定曲线是设计工作所依据的基本参数，测试时要有足够精确度，并且在绘出稳定曲线后，必须要注明燃气成分、燃烧火孔型式和尺寸、燃烧火孔的间距、以及混合气流温度等条件因素。

11.3.2 测试系统

测试稳定曲线的方法很多，图 11-5 是民用大气式燃烧器稳定曲线的测试系统图。

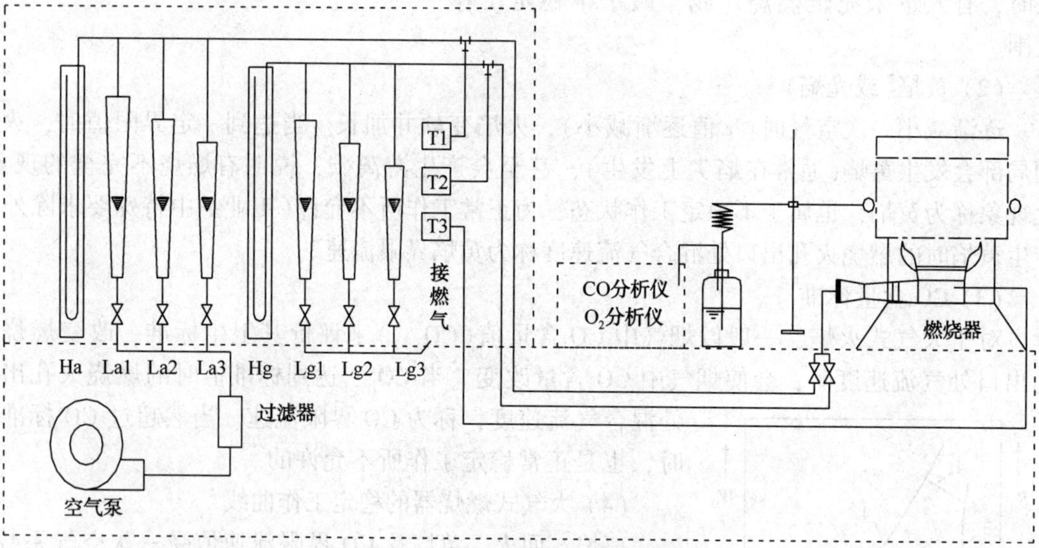

图 11-5 大气式燃烧器稳定范围实验系统图

燃气经过干燥器后，通过调压器分为两路：一路去热量计、比重计及燃气成分分析仪，用来测定燃气性质；另一路接到本实验装置，经过转子流量计，进入燃烧器。

在实验时应对环境温度、大气压力、燃气热值、相对密度或燃气成分进行分析。如对学生进行教学实验，可以由教师预先测试后给出。

空气依靠空气泵供给，经过干燥器及流量计，进入燃烧器。

燃气与空气在燃烧器中混合后，自燃烧火孔流出，并被点燃，调节燃气与空气的流量与比例，即可测出各条界限流速曲线。

在燃烧器上安置装有水的铝锅，按照《家庭炊事灶测试方法》抽取烟气样，并进行烟气分析。铝锅底距燃烧器的距离，要保持使火焰尖刚好扫到锅底。烟气分析采用燃烧效率分析仪，以便进行连续烟气自动分析。

热电偶温度计是为了监测混合气流在燃烧器头部的温度，以保证各测试结果均在同一温度条件下。在燃烧器喉部处加金属网，可防止火焰回窜。

11.3.3 实验准备工作

(1) 准备及校正仪器、仪表

1) 转子流量计：因为离焰与回火都处于不稳定状态，采用转子流量计可以读出燃气与空气的瞬时流量，可以提高精度与节省时间。因为转子流量计的量程范围小，所以在测回火界限流速时，使用小型的转子流量计。

2) 热电偶温度计：测头部混合气流温度可以采用镍铬-康铜热电偶温度计。在安装时，热端可采用小型的防辐射罩。

(2) 安装测试系统

按照图 11-5 安装测试系统。当燃气成分会发生变化时，测试时应保证燃气成分稳定。

11.3.4 实验步骤

1) 开启排风扇，保持室内通风，防止燃气泄漏造成对人员的危害。

2) 系统气密性检验。要求在 1.5 倍工作压力的气压下，持续 1min，U 形压力计上压力不下降。

3) 燃气成分分析及发热量和比重的测定。

4) 测量燃烧火孔尺寸。要求精确地测量燃烧火孔的几何尺寸，包括燃烧火孔截面尺寸、孔深、孔间距及孔个数。

5) 测量离焰界限流速。①在一定燃气流量下，点燃燃烧器。此时为扩散火焰，采用大流量计测量流量。②逐渐混入空气，当达到离焰时，记录燃气与空气的流量计读数、温度及压力，同时观测燃烧器头部混合气流温度。③分若干次减少燃气流量，重复以上步骤，即可得到一组测量值。

6) 测量回火界限流速。当测试火焰传播速度较慢的燃气时，应选择对应的燃烧器，否则回火曲线不易测出。①在较小的燃气流量下，点燃燃烧器。②逐渐加大空气流量，当发现回火时，记录燃气与空气流量计读数、温度与压力，同时观测燃烧器头部混合气流温度。③分若干次增加燃气流量，重复以上步骤。④当燃气量增加到一定程度后，增加空气量后会发生离焰，这说明 α 值已接近于 1。这时只要再稍减少一些燃气，即可发生回火现象。整个过程：先逐步增加燃气，相应地增加空气量，得到 $\alpha=0\sim1$ 间的数个测量点，然后再逐步减小燃气量，相应地减小空气量，就可以得到 $\alpha>1$ 的数个测量点，从而得到整个曲线。

7) 测量黄焰界限流速。①在一定燃气流量下，点燃燃烧器。②慢慢混入空气，观察火焰。当黄焰刚刚消失后，再减小一点空气量，记录刚刚出现黄焰时的燃气与空气的流量计、温度及压力读数。同时记录燃烧器头部混合气流温度。③改变燃气流量，重量以上步骤。

8) 测量 CO 界限流速。①安装铝锅及烟气采样、测量系统。②在一定燃气流量下，点燃燃烧器。③逐渐加大空气量直到黄焰界限时，抽取并分析烟气成分。通常这时的 $CO_{\alpha=1}$ 值超过标准允许值。④再加大空气量，直到烟气中 CO 含量降低到标准值时，记录燃气与空气的流量计读数、温度及压力。同时观测燃烧器头部混合气流温度。⑤改变燃气流量，重复以上步骤。

9）注意事项。①因燃烧器上所有火孔不允许同时离焰或回火，所以测试时，可以按 1/4 数目以上的火孔发生离焰或回火时为标准。②CO 含量允许标准也可以用 CO/CO_2 来确定。③测试各界限速度时，要求燃烧器头部混合气流温度不变。在测试回火界限流速时，更要注意此项要求，因为回火会引起混合气流温度升高。当发现温度升高时，应停止测试，待温度恢复后再测试。

11.3.5 实验数据处理

（1）混合气体总流量

因为采用转子流量计，所以应先记录流量计读数，然后根据实测的密度、温度与压力进行折算，分别求出燃气流量及空气流量，二者之和即为混合气体的总流量。

浮子流量计折算关系式：

$$V_N = V_S\sqrt{\frac{\rho_S P_S T_N}{\rho_N P_N T_S}} \tag{11-16}$$

式中 V_N——分度标定状态下气体的体积流量，m^3/s，20℃、1.01×10^5Pa；

V_S——使用状态下气体的体积流量，m^3/s；

ρ_N——分度标定时气体介质的密度（20℃时空气的密度 = 1.2045kg/m^3）；

ρ_S——被测气体介质的密度，kg/m^3；

T_N——分度标定状态下气体的绝对温度（293K）；

T_S——使用状态下气体的绝对温度，K；

P_N——分度标定状态下气体的绝对压力，Pa；

P_S——使用状态下气体的绝对压力，Pa。

（2）一次空气系数

求得燃气流量与空气流量后，可算出一次空气系数 α。

理论空气需要量可用如下公式估算：

当 $Q_D<11000$kJ/Nm^3 时

$$V_0 \approx \frac{0.21}{1000}Q \tag{11-17}$$

当 $Q_D>11000$kJ/Nm^3 时

$$V_0 \approx \frac{0.26}{1000}Q \tag{11-18}$$

式中 V_0——理论空气需要量，Nm^3/Nm^3；

Q_D——燃气低位发热值，kJ/Nm^3。

也可根据燃气成分的体积百分数由下式计算理论空气需要量：

$$V_0 = \frac{4.7}{100}\left[0.5CO + 0.5H_2 1.5H_2S + \sum\left(m+\frac{n}{4}\right)C_mH_n - O_2\right] \tag{11-19}$$

一次空气系数

$$\alpha = \frac{V_k}{V_g V_0} \tag{11-20}$$

式中 V_k——空气流量，Nm^3/h；

V_g——燃气流量，Nm^3/h。

（3）火孔面积计算

$$F_{out} = 0.785d2 \qquad F_z = F_{out} \times n \tag{11-21}$$

式中 F_{out}——单个火孔面积，mm^2；

n——火孔数量；

F_z——火孔总面积，mm^2。

（4）燃烧火孔出口处气流速度及热强度

求得混合气体总流量后，即可根据燃烧火孔的总面积算出其在燃烧火孔出口处的流速 W_0。并可根据式(1)、(2)算出热强度 R_q。

完成实验记录，填于表 11-4 中。

表 11-4　大气式燃烧器稳定范围实验记录表

姓名：　　日期：　　指导教师：

燃烧器型号：　　燃烧火孔尺寸：　　燃烧火孔深度：

燃烧火孔间距：　　燃烧火孔个数：　　燃烧火孔总面积：

项　目		结　果			
室内参数	干球温度/℃				
	湿球温度/℃				
	相对湿度/%				
	大气压力/Pa				
燃气性质	低位热值/(kJ/Nm³)				
	比重				
	燃气成分				
	理论空气需要量/(Nm³/Nm³)				
燃烧状态(测试时达到的界限状态)		离焰	回火	CO 标准	黄焰
燃气参数	转子流量计读数				
	指示流量				
	压力/Pa				
	温度/℃				
	折算系数				
	燃气流量/(Nm³/h)				
空气参数	转子流量计读数				
	指示流量				
	压力/Pa				
	温度/℃				
	折算系数				
	空气流量/(Nm³/h)				

续表

项　　目	结　　果														
总流量/(Nm^3/h)															
一次空气系数 α															
界限流速 W_0/(m/s)															
界限火孔热强度/[kJ/($mm^2 \cdot h$)]															
头部混合气流温度/℃															

11.4 家用液化石油气调压器调压特性

11.4.1 实验目的

通过家用液化石油气调压器调压特性的测试，确定调压器是否满足技术要求。加深对调压器工作原理的理解。

11.4.2 实验装置及工作原理

检验用气源压力在不低于 1.56MPa、压力波动不大于额定值±2%的条件下流入实验台，根据需要由定值调压器调控压力 P_1，并打开相应测量范围内的压力表测量，供给被测调压器。通过被测调压器后的气体，由 U 形水柱压力表测定调压器出口压力 P_2，由温度计测定其温度，然后流经流量调节阀进入转子流量计，计量流量后排出。由不同的进、出口压力和流量数值，即可评定被测调压器的性能。调压器调压特性实验系统图如图 11-6 所示。

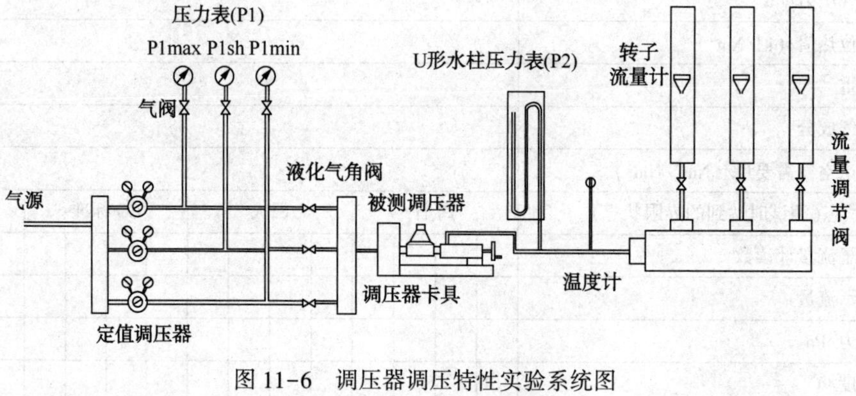

图 11-6　调压器调压特性实验系统图

11.4.3 调压器的基本设计参数

术语、符号、代号：

(1) 家用液化石油气调压器

是将液化石油气进口压力由 0.03～1.56MPa 调至规定的出口压力 2.75kPa±0.49kPa 的调节装置(以下简称调压器)。

(2) 额定出口压力 P_{2sh}

把调压器的出口压力调整到规定压力范围内的某一定值，该值即为该调压器的额定出口压力值。

(3) 关闭压力 P_b

缓慢关闭调压器出口阀门，当流量等于零时，1min 后所得的出口压力值。

(4) 压力回差 ΔP

当流量一定时，在设计规定的进口压力全范围内，升高、降低的往返过程中，同一进口压力下所得到的两个相应出口压力值之差。

(5) 稳压精度 δP_2

调压器出口压力偏离额定值的偏差与额定出口压力的比值。

(6) 额定流量 Q_n

在设计规定的性能范围内，当进口压力为允许最低值、其出口压力为稳压精度范围内的下限值时的流量。

技术要求：一般规定。

1）调压稳压精度应≤±18%。

2）调压器的压力回差应不大于额定出口压力的 2%。

3）调压器应有足够的强度，其壳体应能承受 2MPa 的水压；膜片应能承受 0.35MPa 的气压。

4）调压器应进行气密性试验，应不漏气。

5）调压器的调压特性应符合表 11-5 的要求：

表 11-5 调压器的基本设计参数

序号	名称及代表符号	JYT-0.3	JYT-0.6	JYT-1.2	JYT-2.0
1	额定流量 $Q_n/(m^3/h)$	0.3	0.6	1.2	2.0
2	流量范围/(m^3/h)	0.3~0.6	0.6~1.2	1.2~2.0	2.0~2.5
3	进口压力 P_1/MPa	0.03~1.56			
4	出口压力 P_2/kPa	2.75±0.49			
5	额定出口压力 P_{2sh}/kPa	2.75			
6	关闭压力 P_b/kPa	≤3.43			
7	使用环境温度/℃	-20~45			

11.4.4 调压器静特性试验方法

进口压力分别控制在 0.03MPa、0.07MPa、0.14MPa、0.35MPa、0.7MPa、1.0MPa、1.56MPa 时，改变流量(流量变化点不少于 7 个)，使其由零至最大、由最大至零，往返一次，分别记录相应的流量和出口压力值。同一流量下所得两个出口压力值之差不应大于 55Pa。出口压力 P_2值按算术平均值计算。

调压特性应符合下列要求：

1）在不同的进口压力下，关闭调压器出口阀门，当流量等于零时，1min 后其出口压力应不大于 3.43kPa。

2）当进口压力为 0.03MPa 时，其流量应不小于表 11-5 所列的额定流量。

3）出口压力的变化应不大于额定出口压力的±18%。

11.4.5 测试步骤

(1) 外观检查

根据一般要求，检查调压器外形尺寸、加工精细度、材质情况以及标牌内容等。

(2) 流量特性曲线的测试

为了衡量调压器出口压力受流量变化的影响，需要测出在不同进口压力条件下，出口压力随流量改变而变化的曲线，具体测试步骤如下：

1）由定值调压器控制进口压力 $P_1=P_{1\max}$ 并且维持其在测试过程中不变。

2）调节被测调压器出口压力(调节弹簧)，使 $P_2=P_{2\max}$。

3）用图中流量调节阀改变流量，在稳定工作条件下，记录出各个流量 V_τ 下稳定后的出口压力 $P'_{2\max}$ 值。这样就可得到一系列 $P'_{2\max}=f(V_\tau)$ 的关系值。

4）调节调压器出口压力，使 $P_2=P_{2sh}$，用同样方法，通过改变流量测得一系列 $P'_{2sh}=f(V_\tau)$ 的关系值。

5）调节调压器出口压力，使 $P_2=P_{2\min}$，用同样方法，通过改变流量测得一系列 $P'_{2\min}=f(V_\tau)$ 的关系值。

通过以上步骤，得到第Ⅰ组流量特性曲线的测量点。

（Ⅰ）$P_1=P_{1\max}$
- $P'_{2\max}=f(V_\tau)$
- $P'_{2sh}=f(V_\tau)$
- $P'_{2\min}=f(V_\tau)$

改变进口压力，重复以上步骤，可得第Ⅱ组与第Ⅲ组流量特性曲线，将实验所得数据填于表 11-6 中。

（Ⅱ）$P_1=P_{1sh}$
- $P'_{2\max}=f(V_\tau)$
- $P'_{2sh}=f(V_\tau)$
- $P'_{2\min}=f(V_\tau)$

（Ⅲ）$P_1=P_{1\max}$
- $P'_{2\max}=f(V_\tau)$
- $P'_{2sh}=f(V_\tau)$
- $P'_{2\min}=f(V_\tau)$

在测试流量特性曲线时，要注意保持进口压力 P_1 值不变。另外，在读流量 V_τ 与出口压力 P_2 时，应处于相同稳定条件下；流量 V_τ 的测试点应均匀分布，并且不应少于 7 个。

(3) 压力特性曲线的测试

为了衡量调压器的出口压力受进口压力变化的影响，需要测出在不同流量条件下，出口压力随进口压力改变而变化的曲线，具体测试步骤如下：

1）首先控制流量 $V_\tau=V'_{\max}$，并且维持其在测试过程中不变。$V'_{\max}$ 是在调节范围内能达到的最大流量。

2）调节调压器弹簧，使出口压力 $P_2=P_{2\max}$。

3）用进口压力调节器改变进口压力 P_1，在稳定工作条件下记录出各进口压力 P_1 与相应稳定后的 $P'_{2\max}$ 值。这样就可以得到一系列 $P'_{2\max}=f_1(P_1)$ 的关系值。

4）调节调压器的弹簧，使出口压力 $P_2=P_{2sh}$。用同样方法改变进口压力并测出一系列

$P'_{2sh}=f_2(P_1)$的关系值。

5）调节调压器的弹簧，使出口压力 $P_2=P_{2min}$。用同样方法改变进口压力并测出一系列 $P'_{2min}=f_3(P_1)$的关系值。

这样即得到第Ⅰ组压力特性曲线点。

（Ⅰ）$V_\tau=V'_{max}$ —— $P'_{2max}=f_1(P_1)$；$P'_{2sh}=f_2(P_1)$；$P'_{2min}=f_3(P_1)$

改变流量使其达到最大流量的5%~15%，并维持其为常数，重复以上步骤，可得第Ⅱ组压力特性曲线测量点，将实验所得数据填于表11-7中。

（Ⅱ）$V_\tau=(0.05\sim0.15)V'_{max}$ —— $P'_{2max}=f_1(P_1)$；$P'_{2sh}=f_2(P_1)$；$P'_{2min}=f_3(P_1)$

(4)关闭压力的测定

控制进口压力 $P_1=P_{1max}$、出口压力 $P_2=P_{2min}$及流量等于任一数值时，缓慢关闭调压器出口阀门，并读出完全关闭一分钟后的调压器出口压力(关闭压力)。

11.4.6 数据整理

在测流量时，应测出气体的压力与温度以便折算成标准体积流量。再将具体的各个测量值填入表中进行整理计算，见附表。最后根据表中读数可绘出流量特性曲线9条；压力特性曲线6条。

表11-6 流量特性曲线测试表

调压器名称及型号： 测试日期： 人员：

维持流量 为最大值

不变条件 $V_\tau=V'_{2min}$不变条件

测试环境温度/℃： 大气压力(毫米水银柱)：

进口压力 P_1/MPa	出口压力 P_2/Pa	流量计处参数					标准流量 $V_\tau=f\,V'_\tau$/(Nm³/h)	出口压力 P_2/Pa
		序号	V'_τ/(m³/h)	压力 H/Pa	温度 t/℃	折算系数/ f		
维持调压器进口压力为 P_1 为 P_{1max} 不变条件	把调压器出口压力调到 P_{2max}	1						
		2						
		3						
		4						
		5						
		6						
		7						
		8						
	把调压器出口压力调到 P_{2sh}	1						
		2						
		3						

续表

进口压力 P_1/MPa	出口压力 P_2/Pa	流量计处参数：序号	流量计处参数：V'_τ/(m^3/h)	流量计处参数：压力 H/Pa	流量计处参数：温度 t/℃	流量计处参数：折算系数/f	标准流量 $V_\tau=fV'_\tau$/(Nm^3/h)	出口压力 P_2/Pa
维持调压器进口压力为 P_1 为 P_{1max} 不变条件	把调压器出口压力调到 P_{2sh}	4						
		5						
		6						
		7						
		8						
	把调压器出口压力调到 P_{2min}	1						
		2						
		3						
		4						
		5						
		6						
		7						
		8						
维持调压器进口压力为 P_1 为 P_{1sh} 不变条件	把调压器出口压力调到 P_{2max}	1						
		2						
		3						
		4						
		5						
		6						
		7						
		8						
维持调压器进口压力为 P_1 为 P_{1sh} 不变条件	把把调压器出口压力调到 P_{2sh}	1						
		2						
		3						
		4						
		5						
		6						
		7						
		8						
	把调压器出口压力调到 P_{2min}	1						
		2						
		3						
		4						
		5						
		6						
		7						
		8						

续表

进口压力 P_1/MPa	出口压力 P_2/Pa	流量计处参数					标准流量 $V_\tau = f V'_\tau$/(Nm³/h)	出口压力 P_2/Pa
		序号	V'_τ/(m³/h)	压力 H/Pa	温度 t/℃	折算系数/f		
维持调压器进口压力为 P_1 为 P_{2min} 不变条件	把调压器出口压力调到 P_{2max}	1						
		2						
		3						
		4						
		5						
		6						
		7						
		8						
	把调压器出口压力调到 P_{2sh}	1						
		2						
		3						
		4						
		5						
		6						
		7						
		8						
维持调压器进口压力为 P_1 为 P_{2min} 不变条件	把调压器出口压力调到 P_{2min}	1						
		2						
		3						
		4						
		5						
		6						
		7						
		8						

注：表中第一、二项的 P_1 与 P_2 应填具体的压力数字。

表 11-7　压力特性曲线测试表

流量/(Nm³/h)	出口压力 P_2/Pa	序号	出口压力 P_1/Pa	出口压力读数 P'_2/Pa	备注
维持流量为最大值不变条件 $V_\tau = V'_{2min}$ 不变条件	把调压器出口压力调到 P_{2min}	1			
		2			
		3			
		4			
		5			
		6			
		7			
		8			

续表

流量/(Nm^3/h)	出口压力 P_2/Pa	序号	出口压力 P_1/Pa	出口压力读数 P'_2/Pa	备注
维持流量为最大值不变条件 $V_\tau = V'_{2min}$ 不变条件	把调压器出口压力调到 P_{2e}	1			
		2			
		3			
		4			
		5			
		6			
		7			
		8			
维持流量为最大值不变条件 $V_\tau = V'_{2min}$ 不变条件	把调压器出口压力调到 P_{2min}	1			
		2			
		3			
		4			
		5			
		6			
		7			
		8			
	把调压器出口压力调到 P_{2max}	1			
		2			
		3			
		4			
		5			
		6			
		7			
		8			
维持流量为最大值不变条件 $V_\tau = V'_{2min}$ 不变条件	把调压器出口压力调到 P_{2e}	1			
		2			
		3			
		4			
		5			
		6			
		7			
		8			
	把调压器出口压力调到 P_{2max}	1			
		2			
		3			
		4			
		5			
		6			
		7			
		8			

注：第一项应填写具体流量数字；第二项应填写具体调节到的出口压力数字。

思考题

1）叙述本实验所用调压器的工作原理，画出简图，流量特性曲线测试表见表 11-6。

2）请对本实验所用调压器的工作性能进行评价。

11.5 枝状燃气管网的水力工况

11.5.1 实验目的

1）使学生了解枝状管网中不同用户处的压力分布情况；

2）能绘制不同工况下枝状管网的压力曲线；

3）锻炼学生的实际动手能力。

11.5.2 实验装置

该实验装置用来模拟枝状管网中不同用户处的压力分布、管网压力变化下不同用户处的压力变化，以及在管网起点压力一定的情况下管网中各点压力随负荷的变化关系。实验中以压缩空气代替燃气，以 3 条分支管线用户 2、用户 3、用户 4 模拟不同连接点处的用户。开启压缩机，压缩空气即可通过缓冲罐流向各条分支管线。通过调节阀 FV01 维持管网的起点压力为定值，分别测得各用户与管网入口压力以及用户处的压力，就可以得到管网中的压力分布曲线。

11.5.3 实验步骤

实验所用装置为输气管和燃气管网装置，该装置及实验注意事项见附录Ⅲ流程图。

1）熟悉并掌握流程。

2）开启阀门 XV09、XV12。

3）开启阀门 XV14、XV15、XV16、XV17。

4）开启阀门 XV18。

5）开启阀门 KV06、XV21、XV25、XV26。

6）开启阀门 XV30、XV33、XV54、XV57。

7）开启阀门 XV61、XV82、XV81。

8）开启阀门 XV84、XV83、XV75、XV76、XV64、XV65。

9）打开 C3，向 T1、T2 注入压缩空气，压力到 0.6Mpa 时，此时调节 FV01，最大读数的流量计达到其量程的 1/4；稳定后，分别记录各用户的流量、管网入口压力以及各用户处的压力。

10）再逐渐打开阀 FV01，使其中最大读数的流量计达到其量程的 2/4、3/4、4/4；稳定后，再分别记录各用户的流量(F115、F116、F113)、管网入口压力 P_2、P_3、P_4 以及各用户处的压力 P'_2、P'_3、P'_4。

11）绘制枝状管网中的压力曲线。

11.5.4 数据记录

将数据记录于表 11-8 中。

表 11-8　各点压力及流量数据表

姓名:　　　　　　　　　　　　　　　日期:　　　　　　　　　　　　　　　指导教师:

	PI06	用户 2			用户 3			用户 4		
压力	起点压力 P	P_2	P'_2	Q_2(F115)	P_3	P'_3	Q_3(F116)	P_4	P'_4	Q_4(F113)
1/4 工况										
2/4 工况										
3/4 工况										
4/4 工况										

11.5.5　实验报告要求

1）将实验数据整理列表进行比较。

2）绘出几种工况下管网的压力曲线、流量曲线（数据汇到同一幅图中），计算各用户的压力降利用系数；分析管网中负荷变化时，各用户处压力的波动范围。

11.5.6　注意事项

1）调节过程中，可以利用放散阀来辅助调节压力。

2）四种工况中尽量保持管网的起点压力 P 为定值。

思考题

1）为什么要逐渐打开阀 FV01？

2）枝状管网有什么优缺点？

3）环形管网有什么优缺点？

11.6　输气管和调压器特性曲线

11.6.1　实验目的

1）学会测定输气管线的压力分布曲线，并研究管长、起终点压力等基本参数对输气量的影响；

2）熟悉输气管网实验装置的使用方法，掌握实验的调节方法；

3）观察管线泄漏后全线压力、流量的变化情况；

4）了解调压器的工作原理，并绘制调压器工作特性曲线。

11.6.2　实验线路介绍

实验所用装置为输气管和燃气管网装置，该装置及实验注意事项见附录Ⅲ流程图。

（1）输气管流程调节实验线路

1）线路 1：管线总长 80m，总局部阻力降系数 66。

起点 1#稳压罐→XV15→XV18→FV01→KV06→XV21→VX25→XV26→XV30→XV33→XV54→XV57→XV61→XV63→XV75→XV76→T3→X78；途径仪表有流量计 FI03、压力变送

器 PI06、温度传感器 TI01、流量计 FI06、压力变送器 PI11、温度传感器 TI08、流量计 FI16。

2）线路 2：管线总长 90m，总局部阻力降系数 71。

起点 1#稳压罐→XV15→XV18→FV01→KV06→XV21→VX25→XV26→XV30→XV33→XV54→XV57→XV61→XV62→XV69→XV70→XV80→XV82→XV75→XV76→T3→X78；途径仪表有流量计 FI03、压力变送器 PI06、温度传感器 TI01、流量计 FI06、压力变送器 PI11、温度传感器 TI08、流量计 FI16。

3）线路 3：管线总长 95m，总局部阻力降系数 83。

起点 1#稳压罐→XV15→XV18→FV01→KV06→XV21→VX25→XV26→XV30→XV33→XV54→XV57→XV61→XV62→XV69→XV71→XV72→T1→X74；途径仪表有流量计 FI03、压力变送器 PI06、温度传感器 TI01、流量计 FI06、压力变送器 PI11、温度传感器 TI08、流量计 FI14。

4）线路 4：管线总长 100m，总局部阻力降系数 86。

起点 1#稳压罐→XV15→XV18→FV01→KV06→XV21→VX25→XV26→XV30→XV33→XV54→XV57→XV61→XV63→XV82→XV80→XV70→XV71→XV72→T1→X74；途径仪表有流量计 FI03、压力变送器 PI06、温度传感器 TI01、流量计 FI06、压力变送器 PI11、温度传感器 TI08、流量计 FI14。

5）线路 5：管线总长 75m，总局部阻力降系数 68。

起点 1#稳压罐→XV15→XV18→FV01→KV06→XV21→VX25→XV26→XV30→XV33→XV54→XV57→XV64→XV65→T4→X67；途径仪表有流量计 FI03、压力变送器 PI06、温度传感器 TI01、流量计 FI06、压力变送器 PI11、温度传感器 TI08、流量计 FI13。

（2）压缩机的启动方法

观察压缩机润滑油油位合格后，压缩机再通电开机。

11.6.3 实验原理

（1）输气管基本参数对流量的影响

由水平输气管威莫斯公式：

$$Q = 0.3967D^{8/3}\sqrt{\frac{(P_Q^2 - P_Z^2)}{Z\Delta TL}} \tag{11-22}$$

式中 Q——输气管在工程标准状态下的体积流量，m^3/s；

P_Q——输气管计算段的起点压力，Pa；

P_Z——输气管计算段的终点压力，Pa；

D——输气管内径，m；

Z——天然气在管输条件(平均压力和平均温度)下的压缩因子；

Δ——天然气的相对密度；

T——输气温度，T=273.15+t(t 为输气管的平均温度)，K；

L——输气管计算段的长度，m。

在设计和生产上通常采用工程标准状态(压力 $P=1.01325\times10^5$Pa，温度 $T=293$K)下的体积流量 Q，本实验采用空气作为介质，$Z=1$，$\Delta=1$，管径 $D=0.025$m，因此，威莫斯公式可变为：

由此可得：

$$Q = 0.3967 \times 0.025^{8/3} \sqrt{\frac{(P_{Q}^{2} - P_{Z}^{2})}{TL}} \tag{11-23}$$

1)长度(或站间距)对流量的影响：$Q \propto (1/L)^{0.5}$，输气管的流量与管长的0.5次方成反比。管长减少一半(或倍增站间距)，则输气量会增加：$2^{0.5} = 1.414$ 倍，即输气量将提高41%。

2) 起终点压力对流量的影响：$Q \propto (P_{Q}^{2} - P_{Z}^{2})^{0.5} = (P_{Q} - P_{Z})^{0.5} \times \Delta P^{0.5}$，提高 P_{Q} 或降低 P_{Z} 都可以增大输气量，但效果不同。P_{Q} 和 P_{Z} 同样变化 ΔP 时，提高 P_{Q} 比降低 P_{Z} 有利；如果起、终点压差 ΔP 不变，同时提高起、终点压力，也能增大输气量，即高压输气比低压输气有利。

(2)输气管沿线压力分布

设输气管AB，长为 L，起、终点压力为 P_{Q} 和 P_{Z}，其上一点M的压力为 P_{x}，AM段长为 x，输气管流量为 Q。

AM段

$$Q = C_{0} D^{8/3} \sqrt{\frac{P_{Q}^{2} - P_{x}^{2}}{Z \Delta T x}} \tag{11-24}$$

MB段

$$Q = C_{0} D^{8/3} \sqrt{\frac{P_{x}^{2} - P_{Z}^{2}}{Z \Delta T (L - x)}} \tag{11-25}$$

流量相等，得

$$\frac{P_{Q}^{2} - P_{x}^{2}}{x} = \frac{P_{x}^{2} - P_{Z}^{2}}{L - x} \tag{11-26}$$

即

$$P_{x} = \sqrt{P_{Q}^{2} - (P_{Q}^{2} - P_{Z}^{2}) \frac{x}{L}} \tag{11-27}$$

上式说明输气管压力 P_{x} 与 x 的关系为一抛物线。

(3) 输气管的泄漏

1) 泄漏点以前的流量将升高，大于原来的正常流量；泄漏点以后的流量将下降，小于原来的正常流量，而且，泄漏量越大流量变化越明显。

2) 全线压力会下降，愈接近泄露点下降越多。

(4) 调压器的工作原理和特性

1) 调压器的工作原理：当出口的用气量增加和入口处压力降低时，出口压力下降造成薄膜(即敏感元件)上下压力不平衡，此时薄膜下降，阀门开大，流量增加，使压力恢复平衡状态。反之亦然。可见，无论用气量及出口压力如何变化，调压器总能自动的保持稳定地供气压力。

2) 调压器特性：调压器的过流能力取决于阀门的面积、阀门前后压力降及气体的性质。通过调压器阀孔的流量随调压器出口压力 P_{2} 与进口压力 P_{1} 之比而变化。

11.6.4 实验步骤

(1) 管长对输气量的影响及输气管沿线压力分布

1) 熟悉实验装置，包括管路的走向，各阀门、流量计、压力传感器的位置，调整阀门开关成线路1的流程，其他阀门全关闭。

2) 开启C1压缩机。

3）稳定后，调节调压器出口压力为250kPa，调节稳压罐T3的出口阀XV78，保持罐内压力为100kPa，稳定后读数。

4）保持调压器出口压力不变，调整成线路2的流程，调节稳压罐T3的出口阀XV78，保持罐内压力为100kPa，稳定后读数。

5）保持调压器出口压力不变，调整成线路3的流程，调节稳压罐T1的出口阀XV74，保持罐内压力为100kPa，稳定后读数。

6）保持调压器出口压力不变，调整成线路4的流程，调节稳压罐T1的出口阀XV74，保持罐内压力为100kPa，稳定后读数。

7）保持调压器出口压力不变，调整成线路5的流程，调节稳压罐T4的出口阀XV67，保持罐内压力为100kPa，稳定后读数。

（2）起终点压力对输气量的影响

1）调整成线路4的流程，保持T1罐内压力为100kPa，依次调整起点压力PI06为190kPa、220 kPa、240 kPa、260 kPa、280 kPa，并待稳定后记录数据。

2）利用线路4流程，调节调压器，使其出口压力PI06保持在250kPa，调节稳压罐T1出口阀XV74，依次调整罐内压力为160kPa、130 kPa、100 kPa、60 kPa、30 kPa，并待稳定后记录数据。

（3）输气管的泄漏

1）在线路4的基础上，打开阀门XV63、XV75、XV76，并调节T3罐内压力为100Kpa，稳定后记录数据。

2）打开阀门XV82、XV81、XV85，使管线出现泄漏，保持T2罐内压力为100kPa，逐渐关小阀门XV86的开度，每调整一次记录一次数据（记录3~5组数据）。

（4）调压器特性实验

1）以线路4流程为基础，在调压器进口压力稳定地情况下，调节调压器调节阀，每调节一次记录一次数据（记录3~5组数据）。

2）调节调压器，使其出口压力PI06为100kPa左右，稳定后开始记录数据，过程中逐渐关小阀门XV18直至关闭，停止记录，然后打开阀门XV18。

3）调节调压器，使其出口压力为100kPa左右，稳定后开始记录数据，过程中由小到大迅速调节调压器达到流量突变，待稳定后停止记录。

4）调节调压器，使其出口压力为280kPa左右，稳定后开始记录数据，过程中由大到小迅速调节调压器达到流量突变，待稳定后停止记录。

5）实验完毕，关闭压缩机进气阀，切断电源，然后关闭冷却水，最后关闭所有阀门。

11.6.5 实验报告要求

1）将实验数据整理列表进行比较。

2）分别在直角坐标纸上绘出 $Q-(1/\sqrt{L'})$ 的曲线和 P^2-x 曲线，看是否为一条直线；如不是，则用最小二乘法回归，并分析实验误差。

3）将起终点压力对输气量的影响画成曲线，看曲线斜率的大小，比较其随流量影响的大小，并取相同段进行分析。

4）绘制调压器特性曲线 $Q-P_2/P_1$。

5）比较输气管泄露前后管线压力和流量的变化情况（用数据分析说明）。

11.6.6 实验预习要求

1）了解实验目的，原理和实验内容。

2）对照实验流程图与实验装置，弄清楚管线的走向，压力传感器、流量计、阀门以及调压器等重要设备的位置和编号。

3）了解实验操作注意事项。

4）弄清需要记录及计算的数据有哪些并绘制出相应的数据表。（包括：管线沿线压力数据记录表，管长对输量影响数据记录表，终点压力不变时、流量随起点压力变化数据记录表，起点压力不变时、流量随终点压力变化数据记录表，输气管泄露实验数据记录表。）

11.7 燃气管网水力工况和水力可靠性实验

11.7.1 实验目的

1）了解燃气管网的水力工况；

2）知道提高燃气管网水力可靠性的途径，明白压力储备的具体含义；

3）学会燃气管网水力可靠性的分析方法；

4）通过实验，比较枝状管网与环状管网各自的水力特点和优缺点。

11.7.2 实验线路介绍

实验所用装置为输气管和燃气管网装置，该装置及实验注意事项见附录Ⅲ流程图。

（1）环网：起点 1#稳压罐→XV15→XV18→FV01→KV06→XV21→VX25→XV26→XV30→XV33→XV54→XV57→XV61→XV63→XV82→XV81→XV80→XV70→XV69→XV62，途径仪表有流量计 FI03、压力变送器 PI06、温度传感器 TI01、流量计 FI06、压力变送器 PI11、温度传感器 TI08。

（2）用户 1：起点 1#稳压罐→XV15→XV18→FV01→KV06→XV21→VX25→XV26→XV30→XV33→XV54→XV57→XV61→XV62→XV69→XV70→XV71→XV72→T1→XV74，途径仪表有流量计 FI03、压力变送器 PI06、温度传感器 TI01、流量计 FI06、压力变送器 PI11、温度传感器 TI08、流量计 FI14。

（3）用户 2：起点 1#稳压罐→XV15→XV18→FV01→KV06→XV21→VX25→XV26→XV30→XV33→XV54→XV57→XV61→XV62→XV69→XV70→XV80→XV81→XV83→XV84→T2→XV86，途径仪表有流量计 FI03、压力变送器 PI06、温度传感器 TI01、流量计 FI06、压力变送器 PI11、温度传感器 TI08、流量计 FI15。

（4）用户 3：起点 1#稳压罐→XV15→XV18→FV01→KV06→XV21→VX25→XV26→XV30→XV33→XV54→XV57→XV61→XV62→XV69→XV70→XV80→XV81→XV82→XV75→XV76→T3→XV88，途径仪表有流量计 FI03、压力变送器 PI06、温度传感器 TI01、流量计 FI06、压力变送器 PI11、温度传感器 TI08、流量计 FI16。

11.7.3 实验原理

当管网为低压管网、系统起点压力为定值时，计算工况下管网起点压力、各用户燃具前的压力和管道压力降的关系式为：

$$P_1 = P_b + \beta \Delta P \tag{11-28}$$

在任意用气工况时上式可写为：

$$P_1 = P_b + \beta \Delta P_P \tag{11-29}$$

管道压力降和流量的关系如下：

$$\frac{\Delta P_P}{\Delta P} = \left(\frac{Q_P}{Q}\right)^{1.75} = x^{1.75} \tag{11-30}$$

由公式(11-28)和公式(11-29)可得：

$$P_1 = P_b + x^{1.75}\beta \Delta P \tag{11-31}$$

式中 β——压降利用系数；

Q——管道计算流量；

ΔP——管道计算压力降；

ΔP_P——$\beta=1$ 时管道内任意流量下的压力降；

x——流量比，$x=\dfrac{Q_P}{Q}$；

P_1——管网起点压力；

P_b——用户燃具前压力。

由公式(11-24)可看出系统起点压力(即调压器出口压力)为定值时，随着某些用户负荷的增加，管道中实际压力降增加，沿线压力降低，由于本实验保证了用户燃具前压力为定值，所以其他未调整的用户流量将减少。

城市燃气管网通常设计为环状，以保证供气的可靠性。当个别管段发生事故时，各用户供气量的减少程度是不同的，若整个系统通过能力的减少是在许可的范围内，则该系统认为是可靠的。为保证各用户正常用气(即：在事故工况下，各用户供气量应不小于正常工况下的70%)，应采取一定的措施来提高管网的水力可靠性。下面对等管径环路的水力可靠性进行分析。

高、中压管网水力计算公式为：

$$P_A^2 - P_B^2 = k\frac{1}{d^{5.25}}Q^2 = a_0 Q^2 \tag{11-32}$$

式中 P_A、P_B——管段起点和终点的燃气压力；

k——与燃气性质有关的系数；

a_0——管段的阻抗。

在计算工况中，各管段的直径均为 d，长度均为 l，各管段的计算流量和节点流量如图 11-7(a)所示。管段 1→4→3 和管段 1→2→3 是对称的。

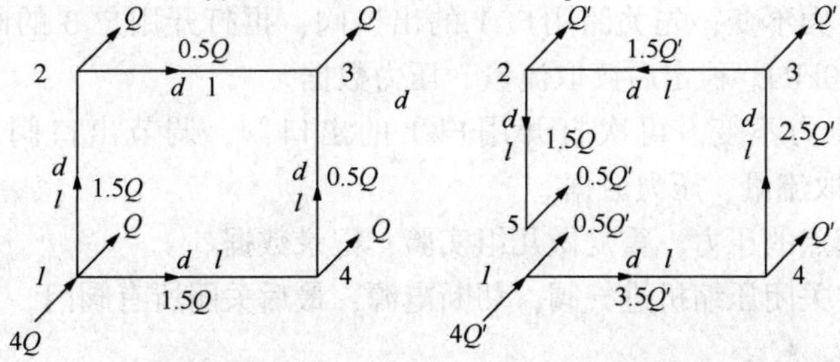

图 11-7 等管径高、中压环网的计算简图

下面分析半环的压力损失：

$$\begin{aligned} P_2^2-P_3^2&=a_0(0.5Q)^2=0.25a_0Q^2 \\ P_1^2-P_2^2&=a_0(0.5Q)^2=0.25a_0Q^2 \end{aligned} \tag{11-33}$$

半环的压力损失为：

$$P_1^2-P_3^2=(P_A^2-P_B^3)_l=2.5a_0Q^2 \tag{11-34}$$

式中　$(P_A^2-P_B^2)_l$——半环的压力损失。

在事故工况中，假设在最不利点即靠近供气点出现事故，则环路的气流方向是 1→4→3→2→5，各段流量如图 11-7(b)所示。假定所有用户的供气量都均匀下降，其流量以节点流量乘 x 表示，即 $Q'=xQ$，这样，事故工况下环的压力损失为：

$$\begin{aligned} P_2^2-P_5^2&=a_0(0.5xQ)^2=0.25x^2a_0Q^2 \\ P_3^2-P_2^2&=a_0(1.5xQ)^2=2.25x^2a_0Q^2 \\ P_4^2-P_3^2&=a_0(2.5xQ)^2=6.25x^2a_0Q^2 \\ P_1^2-P_4^2&=a_0(3.5xQ)^2=12.25x^2a_0Q^2 \\ P_1^2-P_5^2&=(P_A^2-P_B^2)_s=21.00x^2a_0Q^2 \end{aligned} \tag{11-35}$$

式中　$(P_A^2-P_B^2)_s$——半环的压力损失。

如果计算工况和事故工况的起点压力和终点压力相同，则

$$\begin{aligned} (P_A^2-P_B^2)_l&=(P_A^2-P_B^2)_s \\ 2.5a_0Q^2&=21.00x^2a_0Q^2 \\ x&=0.345 \end{aligned} \tag{11-36}$$

这就是说，在事故工况时，各用户的用气量和前端压力都会下降，但它们下降的比例不同，距离供气起点越远的用户，其用气量和前端压力下降就越多。因此，要保证系统用户用气量的可靠性，其解决办法是在系统中有一定的压力储备，以便在事故发生时，增加允许压力降，从而增加流量，使用户用气量不低于 70%，即所有用户的供气保证系数为 0.7。

11.7.4　实验步骤

1）实验时先启动压缩机。

2）调节起点供气压力为 150kPa，调节稳压罐 T3 的出口阀，保持罐内压力为 100kPa。稳定后读取流量、压力数据。

3）保持起点压力不变，打开用户 1 的阀门，调节出口阀，保持罐内压力为 100kPa。稳定后读取流量、压力数据。

4）保持起点压力不变，先关闭用户 1 的出口阀，再打开用户 3 的阀门，调节出口阀，保持罐内压力为 100kPa。稳定后读取流量、压力数据。

5）保持起点压力不变，再次打开用户 1 的出口阀，调节出口阀，保持罐内压力为 100kPa。稳定后读取流量、压力数据。

6）改变供气起点的压力，重复做几组实验，记录数据。

7）实验完毕，关闭压缩机进气阀，切断电源，最后关闭所有阀门。

11.7.5　实验报告要求

1）将实验数据整理列表进行比较。

2）分析正常工况下，调压器出口压力为定值时管网的水力工况。

3）比较事故工况和正常工况下各用户流量以及各节点压力的变化多少。

4）分析提高调压器出口压力时，各用户处流量的变化情况，理解并叙述压力储备的具体含义。

5）针对该实验系统提出可行的提高管网水力可靠性的途径，并比较枝状管网和环状管网的水力特点。

11.7.6 实验预习要求

1）了解实验目的，原理和实验内容。

2）对照实验流程图与实验装置，弄清楚管线的走向，压力传感器，流量计，阀门以及调压器等重要设备的位置和编号。

3）了解实验操作注意事项，并弄清楚需要记录及计算的数据有哪些？（包括：正常工况，事故工况和调压工况）

11.8 天然气分配管道计算流量的确定实验

11.8.1 实验目的

1）通过实验理解途泄流量、转输流量和计算流量的具体含义；

2）学会用公式计算天然气分配管道的计算流量；

3）验证计算流量与途泄流量、转输流量间的关系式，确定系数 α 值。

11.8.2 实验线路介绍

实验所用装置为输气管和燃气管网装置，该装置及实验注意事项见附录Ⅲ流程图。

（1）环网：起点 1#稳压罐→XV15→XV18→FV01→KV06→XV21→VX25→XV26→XV30→XV33→XV54→XV57→XV61→XV63→XV82→XV81→XV80→XV70→XV69→XV62，途径仪表有流量计 FI03、压力变送器 PI06、温度传感器 TI01、流量计 FI06、压力变送器 PI11、温度传感器 TI08。

（2）用户 1：起点 1#稳压罐→XV15→XV18→FV01→KV06→XV21→VX25→XV26→XV30→XV33→XV54→XV57→XV61→XV62→XV69→XV70→XV71→XV72→T1→XV74，途径仪表有流量计 FI03、压力变送器 PI06、温度传感器 TI01、流量计 FI06、压力变送器 PI11、温度传感器 TI08、流量计 FI14。

（3）用户 2：起点 1#稳压罐→XV15→XV18→FV01→KV06→XV21→VX25→XV26→XV30→XV33→XV54→XV57→XV61→XV62→XV69→XV70→XV80→XV81→XV83→XV84→T2→XV86，途径仪表有流量计 FI03、压力变送器 PI06、温度传感器 TI01、流量计 FI06、压力变送器 PI11、温度传感器 TI08、流量计 FI15。

（4）用户 3：起点 1#稳压罐→XV15→XV18→FV01→KV06→XV21→VX25→XV26→XV30→XV33→XV54→XV57→XV61→XV62→XV69→XV70→XV80→XV81→XV82→XV75→XV76→T3→XV88，途径仪表有流量计 FI03、压力变送器 PI06、温度传感器 TI01、流量计 FI06、压力变送器 PI11、温度传感器 TI08、流量计 FI16。

11.8.3 实验原理

城市天然气分配管网的各条管段根据连接用户的情况，可分为三种：

1）管段沿途不输出气体，用户连接在管段的末端，这种管段的气体流量是个常数，所以其计算流量就等于转输流量。

2）分配管网的管段与大量居民用户、小型公共建筑用户连接。这种管段的主要特征是：由管段始端进入的天然气在途中全部供给各处用户，这种管段只有途泄流量。

3）最常见的分配管段的供气情况是：流经管段送至末端不变的流量为转输流量，在管段沿程输出的燃气流量为途泄流量。该管段上既有转输流量，又有途泄流量。

所以，城市天然气分配管道，一般情况下是不等流量复杂输气管道，即管道中各截面上的气体流量不相等。故应将其转化成通过能力相当于简单管，使气体流过简单管的压力降与流过复杂管的压力降相等，这条简单管的流量就是复杂管的计算流量。通常按照式(11-37)计算：

$$Q=\alpha Q_1+Q_2 \tag{11-37}$$

式中 Q——计算流量，m^3/h；

Q_1——途泄流量，m^3/h；

Q_2——转输流量，m^3/h；

α——与途泄流量和转输流量之比、沿途支管数有关的系数。

从理论上讲，按照高、中压压降公式：

$$\alpha=\frac{\sqrt{1-x+\dfrac{2n+1}{6n}x^2}-(1-x)}{x} \tag{11-38}$$

式中 x——途泄流量 Q_1 与总流量 Q_N（即 Q_1+Q_2）的比值，$0\leqslant x\leqslant 1$；

n——途泄点数，即支管数。

所以，取不同的 n 和 x 时，所得 α 值是不一样的。对于天然气分配管道，一条管段上的分支管数 n 一般不小于 5~10 个，x 值在 0.3~1 的范围内，此时系数 α 在 0.5~0.6 之间，故取其平均值 $\alpha=0.55$。

11.8.4 实验步骤

1）启动压缩机。

2）打开主干线上阀门，再分别打开用户 1、用户 3 的阀门。

3）调节起点供气压力为 150kPa，再分别调节稳压罐 T1、T3 的出口阀，保持罐内压力为 100kPa。稳定后读取流量、压力数据。

4）保持起点压力不变，打开用户 2 的阀门，调节出口阀，保持罐内压力为 100kPa。稳定后读取流量、压力数据。

5）保持起点压力不变，先关闭用户 2 的出口阀，再打开用户 1 的阀门，调节出口阀，保持罐内压力为 100kPa。稳定后读取流量、压力数据。

6）保持起点压力不变，再次打开用户 2 的出口阀，调节出口阀，保持罐内压力为 100kPa。稳定后读取流量、压力数据。

7）改变供气起点的压力，重复做几组实验，记录数据。

8）实验完毕，关闭压缩机进气阀，切断电源，然后关闭冷却水，最后关闭所有阀门。

11.8.5　实验报告要求

1）将实验数据整理列表进行比较。

2）写出途泄流量，输转流量的具体含义，运用给定的方法计算天然气分配管道的计算流量。

3）验证途泄流量，输转流量与计算流量之间的关系，求出系数值

4）从理论上计算系数的值，与实验测得值进行比较，分析实验存在的误差的大小和产生的原因。

11.8.6　实验预习要求

1）了解实验目的，原理和实验内容。

2）对照实验流程图与实验装置，弄清楚管线的走向，压力传感器，流量计，阀门以及调压器等重要设备的位置和编号。

3）了解实验操作注意事项。

4）弄清楚需要记录及计算的数据有哪些？

11.9　活塞式压缩机性能测试实验

压缩机是一台单级单列双作用卧式活塞式压缩机。电动机通过皮带将动力输送到飞轮，飞轮的中心是曲轴，通过曲柄连杆机构将旋转运动转换成往复直线运动。曲轴箱的润滑是采用“飞溅润滑”法，即靠曲柄连杆机构在润滑油中浸击而溅到各个需要润滑的摩擦面，而汽缸中的润滑是靠油杯滴漏法加入润滑油，因为是双作用压缩机，汽缸有两个吸气阀，在吸气过程中，外界气体由一根两侧公用的吸气管吸入，通过汽缸的进气阀进入汽缸。同样在排气过程中，气体经汽缸的两个公共的排气阀，通过排气管而进到缓冲罐(又称储气罐)，缓冲罐顶上安装有压力表，由此可显示压缩机排气压力。在压缩机的一侧安装有一个由飞轮带动的齿轮，由此可以测出活塞的行程及止点位置。低压箱与缓冲罐连接，在低压箱的前端装有喷嘴，在喷嘴前有一个测温点和测压点。通过测定喷嘴前温度、喷嘴前后压差、大气压强、排气压力、吸入气体温度及喷嘴直径等可计算出压缩机的排气量。活塞压缩机性能试验装置见图1-8。

11.9.1　实验的一些基本参数和有关仪器

汽缸的直径：$D=100$mm；活塞杆直径：$d=22$mm；活塞的行程；$S=100$mm。

曲柄半径：$r=50$mm；连杆长度：$l=195$mm；喷嘴的直径：$D_a=9.52$mm。

实验的有关仪器：转速表，大气压强计，U形管差压计，温度计，脉冲传感器和压力传感器，变频器，A/D转换板，计算机。

11.9.2　实验目的

1）认识压缩机的机构，学习压缩机运行操作的基本知识。

2）了解压缩机压力、温度和功率的采集和测试方法。

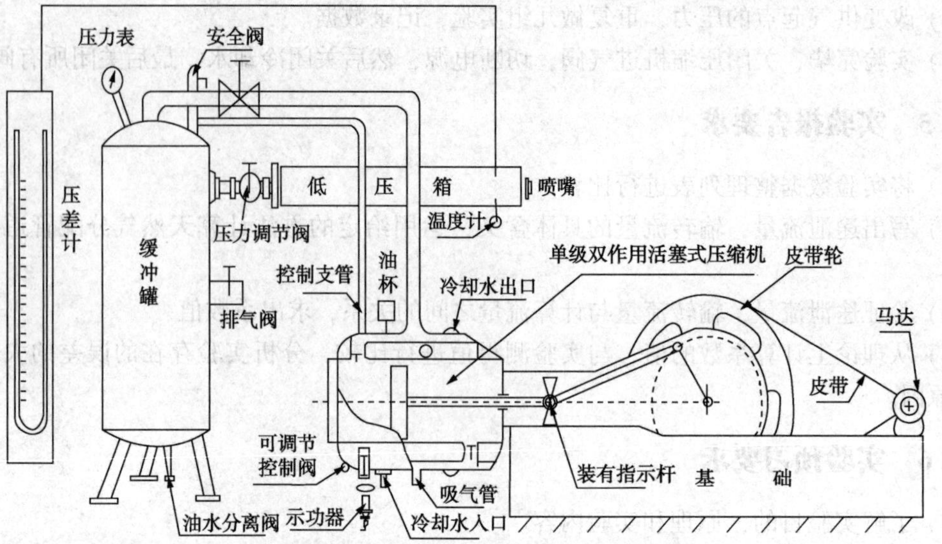

图 11-8 活塞压缩机性能试验装置图

3）学习压缩机排气量的测量方法。

4）了解压缩机实际示功图的测试与显示。

5）分析压缩机的运转状况和排气量变化规律。

11.9.3 实验原理及计算

（1）$P—V$ 示功图的测绘及压缩机循环指示功的计算

示功图的测绘是由计算机及其测量系统完成的。压缩机一侧的测量专用齿轮由飞轮带动，并与飞轮同步转动，齿轮上均布有 72 个齿，齿旁装有传感器 1，当齿轮运转时，传感器 1 会产生一系列脉冲信号。为了测量活塞的止点位置，在齿轮侧面还贴有一金属小块，并装有相应的脉冲传感器 2，当该金属小块通过传感器 2 时，产生一脉冲信号，此时活塞恰好处于外止点位置，即曲柄转角 $\alpha=0$。此后曲柄每转过 5°，传感器 1 都会出现一个脉冲信号，只要测量该脉冲信号，就可知道曲柄的瞬态位置 a，由此可根据下式测量计算出活塞的瞬态位置 x：

$$x=r(1-\cos\alpha)+l(1-\sqrt{1-\lambda^2\sin^2\alpha}) \tag{11-39}$$

式中 r——曲柄半径；

l——连杆长度。

计算机在测得传感器 1 产生的每一个脉冲信号后，马上去读取压力传感器的数值，然后等待下一个脉冲信号，如此重复 72 次，可得一系列相对应的 α 和 P 值(或 x 和 P 值)，将这些点按一定比例绘制成曲线图，横坐标为活塞行程 $x(cm)$，纵坐标为压力 $P(10^5\text{Pa})$，这就是 $P—V$ 示功图。若 x 为曲轴转动 5°而引起的活塞的位移，活塞面积 $F\text{m}^2$，则单作用汽缸指示功的计算式如下：

$$L_i = \sum_{j=1}^{72} P_j \cdot F \cdot \Delta x \tag{11-40}$$

双作用气缸的指示功率则为 L_1+L_2(注意双侧活塞面积不一样)。最后可计算出单位时间活塞所作的功——指示功率(示功功率)N_i，式中 n 为转速(r/min)：

$$N_i = \frac{Ln}{100 \times 60} \tag{11-41}$$

（2）排气量的计算

$$V_d = 1128.53 \times 10^{-8} \cdot C \cdot D_a^2 \cdot T_0 \sqrt{H/P_0 T_1} \tag{11-42}$$

式中 V_d——排气量；

C——喷嘴系数，可先查喷嘴性线表，再根据喷嘴性线及喷嘴直径在喷嘴系数表上查得。

D_a——喷嘴直径，mm；

H——喷嘴前后压差，mmH_2O，由墙上 U 形管读出；

P_0——大气压强，kg/cm^2；

T_0——吸入气体的绝对温度，K 即室温；

T_1——喷嘴前的绝对温度，K。

（3）等温指示效率的计算（注意下式中各参数单位为 SI 制，即 P：Pa；V：m^3/s；P_2为绝对压力，P_0为大气压）

等温理论功率 N_{is}：$N_{is} = P_0 \cdot V_d \cdot \ln \frac{P_2}{P_0}$ (11-43)

等温指示效率：$\eta_{i-is} = N_{is}/N_i$ (11-44)

（4）绝热指示效率的计算

绝热理论功率 N_{ad}：$N_{ad} = P_0 \cdot V_d \cdot \frac{\kappa}{\kappa - 1}\left[\left(\frac{P_2}{P_0}\right)^{\frac{\kappa-1}{\kappa}} - 1\right]$ （W） (11-45)

式中：空气绝热指数=1.4。

绝热指示效率：$\eta_{i-ad} = N_{ad}/N_i$ (11-46)

（5）转速测量

连续监测止点传感器信号，当测到一个脉冲信号时，计算机打开计时器开始计时，然后继续监测该信号，直至测到规定数量的脉冲信号后，关闭计时器，由此得出压缩机转速。压缩机转速也可由转速表测得。

11.9.4 实验前的准备及实验要求

1）认真预习实验讲义，复习课堂讲过的有关内容，并列出实验中要测的项目。

2）认真观察实验用压缩机主要零部件结构、润滑、冷却装置及控制缓冲罐压强的方法。

3）了解脉冲和压力传感器的使用和测量方法以及计算机采样原理。观察各路信号的实际波形。

4）当缓冲罐中压强稳定在要求的数值，测绘示功图：由计算机控制读取活塞处于不同位置时汽缸内的瞬时压力，根据计算机给出的数据，在方格纸上绘出示功图，同时记下计算机给出的单位活塞面积所作的功 f（即示功图面积）。有兴趣者请考虑自行计算示功图面积。

5）测绘示功图的同时，读取排气压强、喷嘴前后压差、温度等数据并测定压缩机转速。

6）改变压缩机的转速，阀门开度不变，测一组数据；然后调节阀门开度，使排气压力与变转速前一样，再测一组数据。共三组数据。

7）计算压缩机的实际循环功——指示功、等温指示效率和绝热指示效率，并作实验讨论。

11.9.5 实验步骤

（1）压缩机的启动准备工作

检查实验设备周围环境，压缩机是否完好，电路有无故障，确保实验操作的安全。

（2）实验装置的启动

1）检查完好后，开钥匙开关，启动上电。

2）打开空气开关，接通电源。启动电脑，调出空气压缩机测试系统显示界面。

3）打开压缩机储气罐上的主阀门和排气量调节阀门，使两处阀门均处于全开位置。

4）打开压缩机电源开关，启动压缩机。

（3）实验测试和数据采集

1）第一组数据的采集：

手动适当关小排气量调节主阀门，使压力基本稳定在 0.2MPa，通过微调阀使压力保持在 0.2MPa，待压力稳定后，开始第一组数据的采集和存储。

点击“运行采集”选项，运行系统，就会开始采集数据，并且示功图在不断的变化，显示了空气压缩机内部压力的变化。

选定一个比较好的曲线，点击“保存当前数据”选项，保存数据，并为所保存的数据命名(如：0.2MPa 存储数据，或 02shuji 等)。如果想重现所测试的曲线，可点击“打开保存记录”，点击上次所命名的名字，画面上所显示的就是当时存下的 02shuji1 数据曲线。

2）后续各组数据的采集：

0.3MPa、0.4MPa、0.5MPa、0.6MPa 各组数据的采集方式同上。

3）停止数据采集

采集完所需要的数据后，点击“停止运行”停止采集(注意：不点击“停止运行”无法退出系统)。

（4）关闭压缩机

关闭压缩机电源开关，停止压缩机运转。将储气罐内气体全部排净。

注意不要带压强行启动压缩机，以免损坏设备。

（5）打印或抄写所采集数据

点击“打开保存记录”，点击所需抄录的数据曲线名称，打印、记录或摘抄必要的实验数据。如：各组的排气温度、排气压力、排气量、压缩机轴功率、比功率、压缩机转速。将相关数据记录到表 11-9 中。

请注意：各组示功图的差异和变化趋势；各组排气量的差异和变化趋势；各组排气温度的变化规律；各组轴功率的变化规律。

表 11-9　实验记录表

测量项目	测量序号				
	1	2	3	4	5
吸入温度/℃					
排气压力/MPa	0.2	0.3	0.4	0.5	0.6
喷嘴前后压差/MPa					
喷嘴前温度/℃					

续表

测量项目	测量序号				
	1	2	3	4	5
转速/(r/min)					
排气量(测量)/(m^3/min)					
轴功率/kW					
比功率/kW/(m^3/min)					
压力比					
排气量(计算)/(m^3/min)					

(6) 退出数据采集系统

点击“退出系统”退出整个采集系统，软件关闭。

(7) $P-V$、$\varepsilon-N$ 曲线的绘制

计算出相应的压力比 ε(排气压力与吸气压力之比)，绘制压力比与轴功率的关系曲线，以及排气压力与排气量的关系曲线。

思考题

1) 示功图随压力升高呈何变化趋势?
2) 随排气压力升高，排气量如何变化? 为什么?
3) 各组排气温度的变化规律。为什么?
4) 各组轴功率的变化规律。为什么?
5) 示功图的用途何在? 试对不同压力下的示功图的形状进行分析。

11.10 储气库储气实验

在天然气工业体系中，天然气储运设施是联系天然气生产与使用的纽带，是将开采出来并经净化处理达标的合格天然气提交给用户的不可或缺的中间环节。在天然气供应与消费之间，一直存在着可靠、安全、平稳、连续供气与消费需求量季节、昼夜、小时不均衡性的固有矛盾。解决这一矛盾的主要措施是实行天然气储备。

地下储气库容量大，储气压力高，储气成本低，是当今世界天然气的主要储存方式。天然气地下储气库已经成为天然气输配系统的重要组成部分，是季节安全调峰，确保连续平稳供气的重要工程。

我国目前地下储气库建成的有大庆喇嘛甸油田地下储气库、大张坨地下储气库、新疆呼图壁储气库。

天然气地下储气库的类型：枯竭油气藏型、地下含水层型、盐穴型、煤矿、矿井型溶洞型。工艺简图如图 11-9 所示。

11.10.1 实验目的

1) 掌握储气库储气与调峰流程；
2) 能够安全操作设备；
3) 计算调峰量。

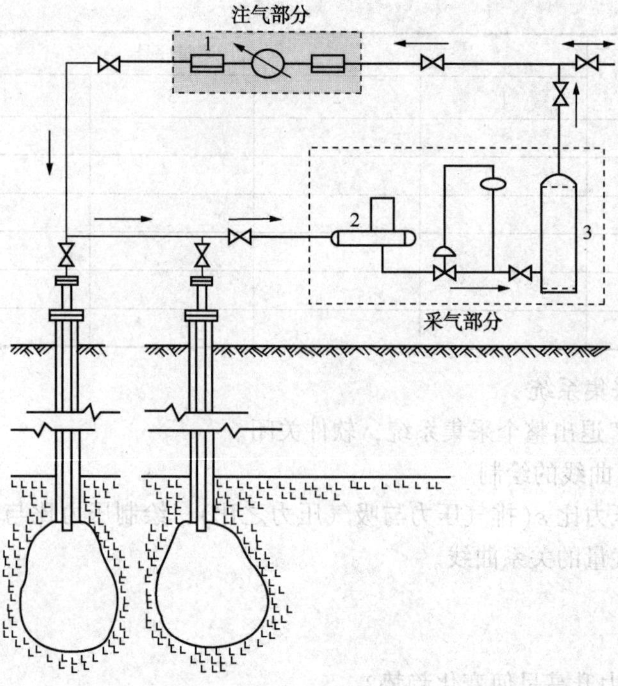

图 11-9　储气库装置图

1—压气机；2—气体加热器；3—脱水装置

11.10.2　实验原理

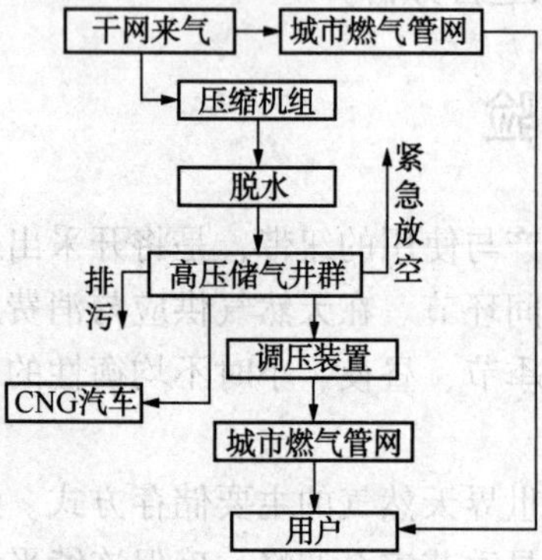

图 11-10　储气库流程框图

地下储气库调峰是在用气低谷期时把“富余”气储存起来，在高峰期采出，从而保证气田的均衡生产。在城市天然气用气量低于输气系统供气量的情况下，利用压缩机将富余的天然气加压，并通过燃气分配系统将其储存在高压地下储气井中。反之则将地下储气井中储存的高压天然气采出来，降压后进入城市燃气系统管网中，以此来平衡和稳定供气量与城市天然气高峰用气量的差额。流程图如图 11-10 所示。

11.10.3　实验装置

螺杆压缩机、燃气流量计、燃气压力表、燃气储罐、放散管、燃气阀门。

11.10.4　实验步骤

实验所用装置为城市燃气输配装置，该装置流程图见附件Ⅲ。

1）检查螺杆压缩机的润滑油位；

2）掌握储气库储气与调峰流程；

3）关闭阀门 XV02、XV03；

4）开启阀门 XV11；

5）开启阀门 XV12；

6）开启阀门 XV14、XV16；

7）关闭阀门 XV15、XV17；

8）启动压缩机 C1，开始向地下储气库 T1、T2 注入压缩空气，观察罐体就地压力表；

9）缓缓打开 XV02、XV03；

10）关闭阀门 XV11；

11）观察流量计 F101，注入 T1&T2 压缩空气 $5m^3$（观察罐体就地压力表不超过 0.8MPa）；

12）F101 显示累计流量是 $5m^3$时，关闭 C1；

13）打开阀门 XV15、XV17、XV18、XV19 进行放空；

14）放空后关闭以上所有阀门下一组准备实验。

11.10.5 注意事项

1）压缩机启动前安全检查润滑油位高度一定要满足要求在 1/3~2/3 处。

2）储气罐（地下储气库）压力不得高于 0.7MPa，若高于 0.7MPa 手动放空。

11.10.6 调峰量计算

调峰储气量：根据用气量、用气不均匀系数以及气源供气情况可以求得天然气系统季节性调峰储气量。设气源供气量为 100，按均匀供气则日供气量为 100/24＝4.17，即小时供气量为日供气量的 4.17%。而用气不均匀系数反映了用气偏离平稳供气的程度。可以把用气日不均匀系数换算成日用气百分比。

$$x_i = \frac{K_i}{24} \times 100\%$$

用气百分比和供气百分比之间的差值即为该日所需要的调峰储气量百分比。各小时调峰储气量之和即为储气库的调峰储气量。

例 某城市欲建一个小型储气库，已知计算月最大用气量为 $2.8 \times 10^6 m^3/d$，气源在一日内连续均匀供气。每小时用气量占日用气量的百分比见表 11-10，试确定所需的储气量。

表 11-10 每小时用气量占日用气量的百分比

时间段	每小时用气量占日用气量百分比/%	时间段	每小时用气量占日用气量百分比/%	时间段	每小时用气量占日用气量百分比/%
0~1 时	1.91	8~9 时	5.18	16~17 时	5.82
1~2 时	1.51	9~10 时	5.21	17~18 时	7.60
2~3 时	1.40	10~11 时	6.32	18~19 时	6.16
3~4 时	2.25	11~12 时	6.42	19~20 时	4.57
4~5 时	1.58	12~13 时	4.90	20~21 时	4.48
5~6 时	2.91	13~14 时	4.81	21~22 时	3.22
6~7 时	4.17	14~15 时	4.75	22~23 时	2.77
7~8 时	5.08	15~16 时	4.75	23~24 时	2.23

解：题中小型储气库是用于调节日、时用气不均匀性的。按每日气源供气量 100%，气源均匀供气，则每小时平均供气量为 100%/24＝4.17%。

从零时起，计算燃气供应量累计值与用气量累计，两者的差值即为该小时的燃气储存量，计算结果填入表 11-11。在燃气储存量中找出最大值和最小值，即 13.44%和-4.28%，取绝对值想加得 13.44%+4.28%=17.72%，则所需的储气量为：$V=2.8\times10^6\times17.72\%=496160(m^3/d)$。

表 11-11　储气量占日供气量百分比的计算表

时间段	燃气供应量的累计值	用气量		燃气的储存量	时间段	燃气供应量的累计值	用气量		燃气的储存量
		该小时内	累计值				该小时内	累积量	
0~1 时	4.17	1.91	1.91	2.26	12~13 时	54.17	4.90	48.84	5.33
1~2 时	8.34	1.51	3.42	4.92	13~14 时	58.34	4.81	53.65	4.69
2~3 时	12.50	1.40	4.82	7.68	14~15 时	62.50	4.75	58.40	4.10
3~4 时	16.67	2.25	7.07	9.60	15~16 时	66.67	4.75	63.15	3.52
4~5 时	20.84	1.58	8.65	12.19	16~17 时	70.84	5.82	68.97	1.87
5~6 时	25.00	2.91	11.56	13.44	17~18 时	75.00	7.60	76.57	-1.57
6~7 时	29.17	4.17	15.73	13.44	18~19 时	79.17	6.16	82.73	-3.56
7~8 时	33.34	5.08	20.81	12.53	19~20 时	83.34	4.57	87.30	-3.96
8~9 时	37.50	5.18	25.99	11.51	20~21 时	87.50	4.48	91.78	-4.28
9~10 时	41.67	5.21	31.20	10.47	21~22 时	91.67	3.22	95.00	-3.33
10~11 时	45.84	6.32	37.52	8.32	22~23 时	95.84	2.77	97.77	-1.93
11~12 时	50.00	6.42	43.94	6.06	23~24 时	100.00	2.23	100.0	0.00

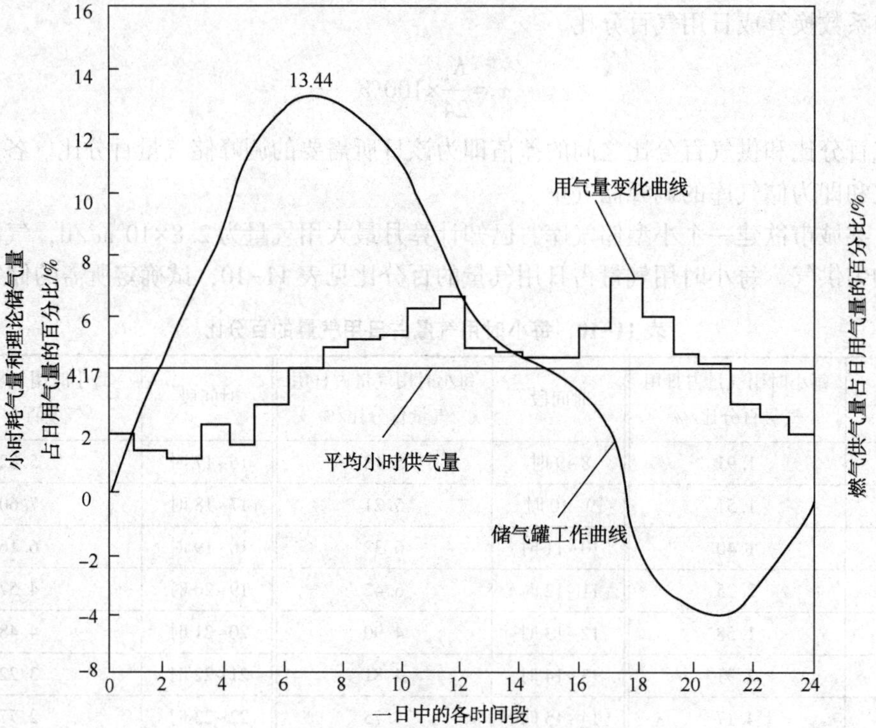

图 11-11　用气量变化曲线和储气库(罐)工作曲线

思考题

1）天然气地下储气库的作用？

2）为什么要缓缓打开 XV02、XV03？

3）假如月供气量是 $1.5\times10^6 m^3/d$，则所需的储气量为多少？（数据见表 11-12）

表 11-12　每小时用气量占日用气量的百分比

时间段	每小时用气量占日用气量百分比/%	时间段	每小时用气量占日用气量百分比/%	时间段	每小时用气量占日用气量百分比/%
0~1 时	1.71	8~9 时	4.48	16~17 时	5.22
1~2 时	1.41	9~10 时	4.61	17~18 时	6.90
2~3 时	1.20	10~11 时	5.62	18~19 时	5.36
3~4 时	205	11~12 时	5.82	19~20 时	3.77
4~5 时	1.28	12~13 时	3.90	20~21 时	4.08
5~6 时	2.21	13~14 时	3.81	21~22 时	2.82
6~7 时	3.67	14~15 时	3.75	22~23 时	2.07
7~8 时	4.68	15~16 时	3.75	23~24 时	1.73

11.11　民用燃气加臭工艺试验

11.11.1　实验目的

加臭是安全使用城市燃气的必要措施，是安全用气的有力保障，通过实施加臭措施从技术上来保证天然气用户与维修管理人员能够凭嗅觉及时发现并处理泄漏事故；把泄漏事故消灭在萌芽状态。

11.11.2　实验原理

控制器控制泵机将储药罐中的加臭剂加入到管道天然气中的一整套设备就是加臭装置。

11.11.3　实验装置

控制器、储药罐、泵机和各类阀门等，装置流程图如图 11-12 所示。

11.11.4　实验步骤

1）操作人员配置好防护用品后熟悉加臭流程与设备；

2）检查加臭剂液位是否正常；

3）检查电路、电器设备是否正常；

4）检查控制系统是否正常；

5）检查各管路接头及阀门、压力表是否正常；

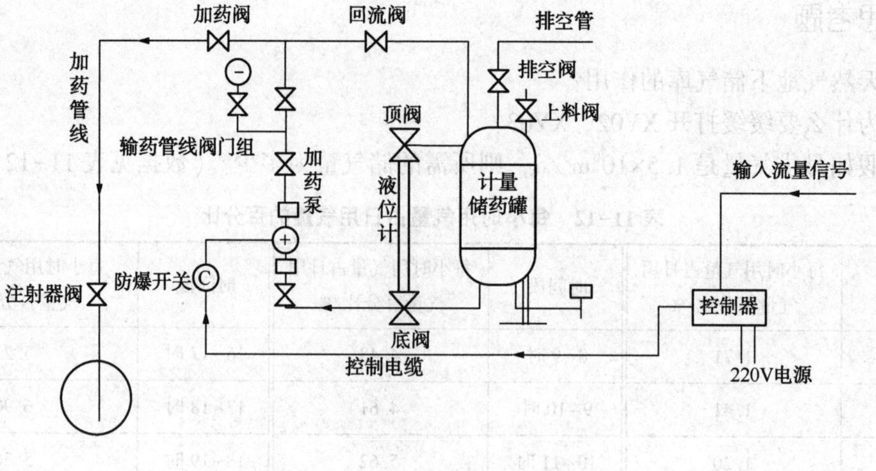

图 11-12　燃气加臭装置流程图

6）加臭操作打开加臭机与燃气管道的连接阀门；

7）打开加臭罐下面的截止阀；

8）关闭加臭系统的放空阀门；

9）打开加臭控制系统；

10）观察加臭机电机运转情况及加臭机加臭压力；

11）根据燃气流量在控制系统上调节加臭次数；

12）加臭量根据燃气流量计算单方加臭量；

13）关闭加臭机与燃气管线的截止阀；

14）打开加臭机上的回流阀；

15）关闭加臭罐底部的出液截止阀；

16）调节打开加臭控制系统；

17）记录加臭机泵每跳一次玻璃管内加臭剂下降的液位；

18）调节加臭泵前的流量调节阀来调节每次泵入量；

19）循环上述过程来调节每次的泵入量；

20）停止加臭时只需关闭控制系统，恢复各阀门操作前的状态；

21）关机后检查各阀门的运行状况。

11.11.5　注意事项

1）加臭设备应全密闭工作、无泄漏。

2）不得随意更换加臭介质。

3）巡视周期每小时一次。

4）加臭量严格按标准执行。

11.11.6　实验数据记录及数据处理

加臭剂的用量：加臭剂的化学名称是四氢噻吩，夏天为 20mg/m^3，冬天提高 50%，约 30mg/m^3，新管线再适当提高些为宜。

1）做好加臭巡视记录；

2）及时处理出现的问题并做好记录。

思考题

1）为什么冬天要把四氢噻吩的用量提高到50%？

2）除了四氢噻吩之外还有那些加臭剂？

3）当天然气流量是 $5m^3/h$，加臭剂应该是多少 m^3/h（加臭剂密度为 $1kg/m^3$）？

11.12 低温燃气加热工艺试验

天然气水合物是在一定压力和温度下，天然气中的水与甲烷等物质所形成的笼形晶体状化合物。天然气水合物的形成会造成堵塞管道，减小管道的流通面积、损坏阀门及其他附属设备等危险，导致严重管道事故。因此天然气输送过程中，水合物的生成和预防是很重要的问题。

管道内天然气水化物形成条件主要有以下几点：

天然气必须处于适当的温度和压力条件下；天然气必须处于或低于水汽的露点，出现“自由水”；气体处于脉动、紊流等激烈扰动状态。

根据天然气水合物的产生机理，要防止天然气水合物的生成，可通过改变天然气和水的混合物的所在条件来实现。主要包括以下几种方法：

提高节流前天然气温度；降低压力；加水合物抑制剂；天然气脱水。

11.12.1 实验目的

1）了解水合物冻堵对燃气工艺的安全运行的危害性；

2）掌握燃气管道电伴热流程与加热的操作。

11.12.2 实验原理

天然气水化物形成的一个必要条件就是天然气必须处于或低于水汽的露点，《天然气》（GB 17820—1999）中所规定：在天然气交接点的压力和温度条件天然气的水露点应比最低环境温度低5℃。

当流体经过节流后，由于温度会大幅度下降，容易产生水合物。因此可通过提高节流前的天然气温度，使天然气在节流后的温度高于生成水合物的温度，从而防止在节流后生成水合物。站内设备可用加热法对生成水合物的部位进行加热，使生成的水合物迅速分解；或者调节节流压差，使节流压差在节流前后的温度降在不生成水合物的温度范围。

11.12.3 实验装置

电伴热系统主要由电源盒、电伴热线、二通、三通等构件组成。其中电热带是发热部件，如图11-13所示。

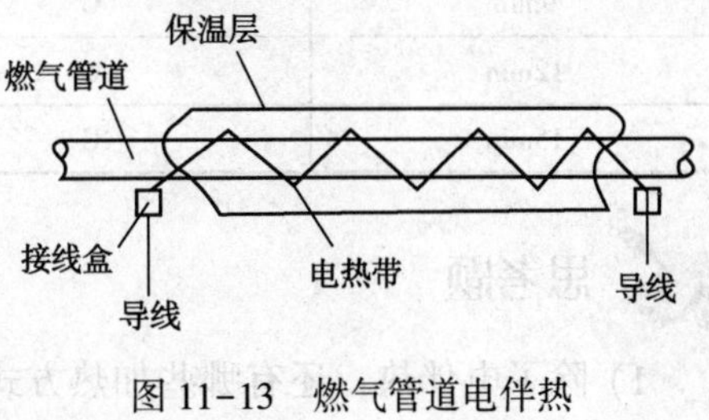

图 11-13 燃气管道电伴热

11.12.4 实验步骤

实验所用装置为城市燃气输配装置，该装置流程图见附录Ⅲ流程图。

1）工作人员“三穿一戴”安全讲话；

2）关闭阀门 XV06 与 XV07，开启 XV08；

3）开启阀门 XV10，XV13，XV14；

4）向 T1 稳压管罐注气，压力在 0.5~0.6MPa 时，开启 XV15；

5）开启 XV18，观测 PI06 的压力，TI01 的温度值(是否低于 35℃)；

6）开启 KV05，XV20，观测 PI08 的压力，TI03 的温度值(是否低于 35℃)；

7）开启阀门 XV25 和 XV26，开启 XV29 与 XV32 门后启动 1#电伴热装置加热观测 PI10 的压力，TI07 的温度值，并把 TI07 温度填入表 11-13；

8）开启放空阀，启动放空流程；

9）开启 C1 螺杆压缩机，观测 PI04 待压缩机压力稳定到 0.6MPa；

10）记录数据整理数据；

11）手动关闭螺杆压缩机 C1；

12）放空压力容器后关闭上述所有阀门、准备下一组实验。

11.12.5 注意事项

1）如需对伴热管线进行蒸汽吹扫，必须在停电 2h 后进行，扫线温度不宜长期超过 205℃。

2）敷设时应尽可能使伴热电缆平整地紧贴在管道或容器表面，途径处的油污和水分，应处理干净，每隔 30mm，用耐热胶带将电热带沿径向固定了，严禁用细丝捆扎。

3）选用电热带时注意其防爆温度组别，不得超过易燃介质闪点或自燃温度的 75%。

11.12.6 实验数据记录及数据处理

将实验数据记录于表 11-13。

表 11-13 实验数据记录表(0.2MPa 下)

加热时间(恒定加热 60℃)	加热后温度(TI07)	燃气压力(PI10)	天然气水露点
1min	℃	MPa	35℃
3min	℃	MPa	35℃
6min	℃	MPa	35℃
9min	℃	MPa	35℃
12min	℃	MPa	35℃
15min	℃	MPa	35℃

思考题

1）除了电伴热，还有哪些加热方式可对管线进行加热？

2）除了电伴热加热来防止水合物生成之外，还有那些方式方法可以防止水合物生成？

11.13 加气站加气工实训

CNG 是压缩天然气(Compressed Natural Gas)的简写，燃气车辆所使用的是将天然气压缩200 倍后的压缩天然气。

1) CNG 的主要使用对象及同汽油的换算关系：

主要用于小汽车及城市公交。

$1Nm^3$天然气≈1.05L 汽油。

2) CNG 加气站的类型及应用特点：

有标准站和母子站两种方式。加气母站流程如图 11-14 所示。

标准站一般是在管网发达城市里；采用母子站是在管网不够发达或无管网的城市采用(但子站离母站间原则上不超过 200km)。

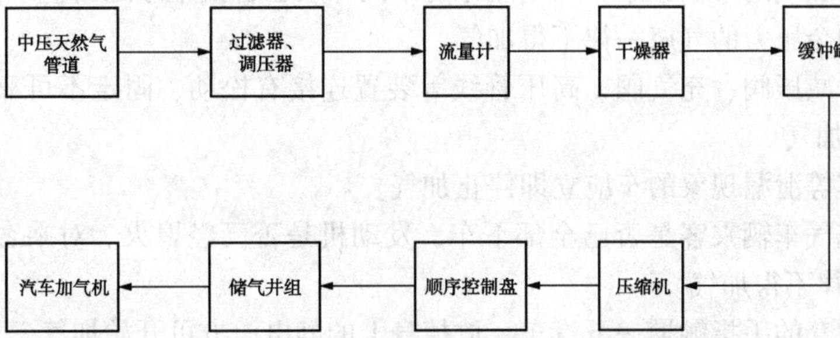

图 11-14 加气母站流程框图

11.13.1 实训目的

1) 通过燃气汽车加气相关工作使学生了解燃气汽车加气工作相关岗位特点、性质，学习体验燃气汽车加气工作岗位的实际情况，学习和积累工作经验，为以后工作岗位做好充实准备；

2) 熟悉实际工作过程的运作体系和管理流程；

3) 锻炼加气工作岗位的业务能力和社会交际实际能力。

11.13.2 工作原理

高、中、低压储气装置中的压缩天然气经三路管线输送到加气机，经过滤器过滤后由电脑控制器按工作状态分别自动打开低压、中压和高压电磁阀使气体流经质量流量计进行计量，经计量后的气体通过应急球阀、拉断阀、软管、枪阀、加气枪充装入燃气汽车储气瓶中，在压力达到设定值质量流量计的计量信号传送到电脑控制器经运算处理后显示、储存。

11.13.3 加气机构造

入口球阀、过滤器、电磁阀、单向阀、质量流量计、应急球阀、压力传感器、压力表、安全阀、拉断阀、软管、枪阀、加气枪、电脑控制器等组成。

11.13.4 实训步骤

实验所用装置为城市燃气输配装置，该装置流程图见附录Ⅲ流程图。

1）加气工应熟悉加气站高压管道流程和控制点，以及控制点的控制方法和发生紧急情况的处置预案。

2）加气工应掌握加气设备的基本构造和技术性能，能够判断加气设备的正常运行和和不正常运行的反映状态。

3）做好加气前的安全检查及准备工作。

① 检查加气设备是否正常。

② 检查车用装置四证(压力容器许可证、出厂质检合格证、改装合格证、定期质检合格证)或多证合一的“充装证”是否齐全。对无定期质检合格证，气瓶超过有效期及合格证不全的车辆，一律不得加气。

③ 对新到站加气的车辆，未查明气瓶原有不同介质已替换干净之前，一律不得加气。

④ 对没有剩余压力的气瓶一律不得加气。

⑤ 对气瓶、减压阀、充气阀、高压管线等装置连接有松动、固定不可靠的车辆，未整改的，一律不得加气。

⑥ 对有结露等泄漏现象的车应立即停止加气。

⑦ 检查待充气车辆乘客是否已全部下车，发动机是否已经熄火。对乘客未下车，发动机未熄火的车一律不得加气。

⑧ 用未戴手套的手指触摸一下汽车，放掉身上的静电，方可开始加气。

4）启动加气机，观察加气机是否处于正常状态，显示屏上本次加气量已归零，旋开加气机上应急球阀。

5）左手虎口抓住充气枪手柄，协同其余手指扶住加气车充气阀。右手拔出充气阀防尘塞，插入充气枪嘴。有失重的感觉，确认充气枪嘴插入到位后，一只手握住加气枪后软管，另一只手旋开充气枪旋扭开关开始加气。

6）当拔出防尘塞，产生较响亮的“砰”响声时，说明有两种情况的可能：一是该车的充气阀没有关严；二是充气阀已发生故障。判断是第一种情况时，应告诫驾驶员，注意关严充气阀；判断是第二种情况时，应建议驾驶员将车送修理厂修理后，再来加气。

7）充气嘴橡胶密封圈由于反复使用，容易磨损变形，应适时更换。如果将充气嘴插入充气阀充气产生啸叫声时，说明充气嘴橡胶密封圈已经损坏。这时，加气工切莫慌张，应握紧软管，立即关闭充气阀旋扭开关，关闭充气车充气阀开关。扒出充气嘴更换充气嘴橡胶密封圈后重新加气。

8）充气时能听到天然气流动的声音，说明充气正常。

9）充气过程中，应注意观察加气机、充气阀和加气车充气阀是否有结露，异常响声、异常的硫化氢味道等现象。发生异常现象，应立即中止加气，待查明原因，排除故障后方可恢复加气。

10）充气过程中，当听到气瓶有异常响声时，应立即停止加气，发出警报，启动应急预案，打开加气车充气阀放空，关闭充气阀、关闭加气机进气阀，将人员疏散到安全地带观察(这种情况一般不会发生)。

11）充气过程中，加气工一定要坚持手握加气软管头，防止充气嘴冲出，软管飞舞发生事故。

12）当加气机工作状态灯指示加气完毕时，关闭充气阀旋扭，关闭加气车充气阀，打开排空阀排空后，扒出充气嘴，插好防尘塞后，方可示意加气车启动离开。

13）加气工要随时注意防止，在未扒出充气嘴之前，加气车驾驶员启动汽车。

14）拔出充气嘴困难时，可适当用力旋转向上即可拔出。切忌向水平方向用力。

11.13.5 应急处理

（1）加气中加气枪密封圈爆圈

1）迅速关闭应急球阀，切断气源。

2）按停止键，关闭电磁阀。

3）关闭枪阀。

4）关闭加气车辆进气阀门。

5）更换密封圈。

6）如产生火苗，及时扑灭。

（2）拉断阀被加气汽车拉断

1）迅速关闭应急球阀，切断气源。

2）关闭加气机电源开关，切断电源。

3）关闭加气车辆进气阀门。

4）维修拉断阀。

5）如产生火苗，及时扑灭。

（3）加气机发生充气管冲掉、爆管，大量气体外泄

1）迅速关闭应急球阀，切断气源。

2）关闭加气机电源开关，切断电源。

3）关闭加气车辆进气阀门。

4）用直接排空的方法排掉管线内的储存气。

5）疏散人员和车辆，禁止一切明火、汽车打火启动。

6）维修充气管。

（4）开始插加气枪头时，发现加气机电磁阀关不严或加气完成时发现加气机电磁阀关不严

1）关闭应急球阀，切断气源。

2）关闭枪阀。

3）关闭加气车辆进气阀门。

4）疏散人员和车辆。

5）先了解是否是电磁阀存在冰堵，方法是用开水加热电磁阀阀体（注意不要让电磁阀线圈沾水），确认电磁阀关闭，则问题解决；如上述措施不奏效，则电磁阀损坏或进入灰尘。打开电磁阀，如发现损坏，则对其进行维修；如进入灰尘，则采取直接排空措施，对电磁阀反复吹扫，直到解决问题。

（5）加气枪阀关不严

1）采取直接排空措施，反复吹扫直到解决问题。

2）如上述措施不奏效，则拆开枪阀对其进行维修。

(6) 加气过程中发生火情

1) 立即停止加气，关闭应急球阀，切断气源。

2) 关闭加气机电源开关，切断电源。

3) 关闭加气车辆进气阀门。

4) 按照公司消防规定向上级领导发出警报并拨打 119 火警电话，同时使用站上配置的灭火器进行初起火灾的扑救工作。

5) 如有人员伤亡，应先救人后灭火，同时拨打 120 急救电话。

6) 疏散人员和车辆，禁止一切明火、汽车打火启动，初步设立警戒线。

7) 消防队进入现场后服从消防队指挥，协助开展工作。

(7) 加气车辆气瓶发生爆炸

1) 若车用气瓶发生爆炸，迅速关闭站内电源开关，切断电源，禁止车辆进入站内。

2) 迅速关闭进气总阀，立即停止加气，通知设备操作员停止压缩机运转。

3) 如果爆炸点在加气机附近，现场有弥漫天然气时，应坚决制止现场车辆启动打火，让无关人员快速离开现场。

4) 站内值班站长快速安排人员设立警戒线，防止无关人员进入危险区。

5) 如果有人受伤，值班站长组织人员全力抢救伤员。

6) 及时与 119、120、110 联系。若没有着火，应集中力量用消防水稀释气体；若着火，值班站长负责组织力量动用现场消防器材灭火。

7) 当 119、120、110 到达后，值班站长引导和配合相应灭火救护工作。

8) 事故发生后，要尽快报告公司领导和有关的职能部门，保护好事故现场，配合职能部门查明事故原因。

11.13.6 加气机操作说明

本机为 IC 卡卡机联动加气机，可在两种模式下工作：现金方式和 IC 卡方式，此时可不使用 IC 卡，加气机加气操作与普通加气机相同。加气机都可以通过 RS485 通讯实现与加气站的加气机业务监督管理计算机之间计算机通讯。

(1) 键盘和显示器

加气机的操作、显示由计量显示屏和键盘板两部分组成：

计量显示屏：

在正常情况下，显示屏第一行显示正在或已加气的容积数(升，符号为 L)或质量数(公斤，符号为 H)，第二行显示正在或已加气的金额数(元，符号为 P)，第三行显示当前单价，单位为元。如图 11-15 所示。

位　置	项　目	显示内容
第一行	容积	LXXX. XX 或 HXXX. XX 或 XXXX. XX
第二行	金额	PXXX. XX 或 XXXX. XX
第三行	单价	XX. XX

图 11-15　计量显示屏信息

键盘：

键盘板主要是执行加气操作、同时实时显示操作进程和操作提示等几大功能。它可以同时显示 4 行汉字或 8 行字符。键盘部分由 20 个按键组成及各按键定义如图11-16所示。

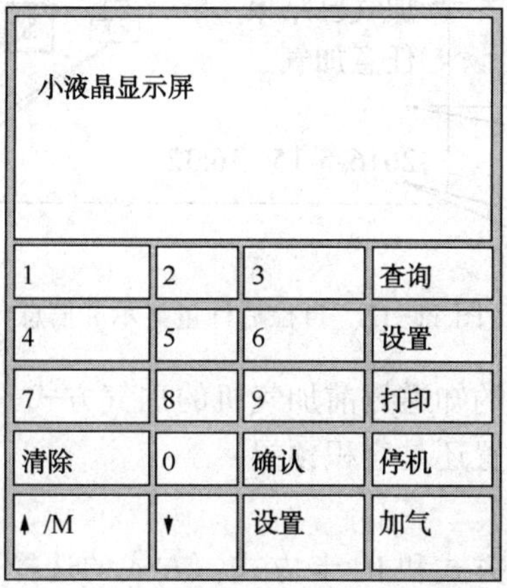

图 11-16　加气机操作键盘信息

【0~9】：为数字键。

【↑/模式】：菜单操作时是上翻键，用于菜单选择。初始画面状态是加气方式选择键。

【↓】：菜单操作时下翻键，用于菜单选择。

【退出/换阀】：退出登陆键，员工上班加气必须先登录，下班或临时离开用该键取消登录；加气过程中(CNG 加气机)，按该键自动切换至压力更高一级电磁阀。

【查询】：待机时数据查询。

【设置】：待机时系统参数设置。

【确认】：为输入确认键，输入参数后，按确认键立即保存。

【清除】：在菜单操作中为返回键使用，返回上一级菜单。

【打印】：加气完毕，按该键打印该笔加气记录小票。

【加气】：开始执行加气操作。

【停止】：停止加气操作。

(2) 开机自检

加气机通电后，计量显示屏依次显示全 0、全 1……一直到全 9，然后显示最近一次的加气数据。同时键盘板蜂鸣器发出一声长鸣，然后键盘板显示屏上显示：

上电初始化…

随后显示：

欢迎使用
新加气机系统

等待 5s 后自动进入待机画面，或者按任意键立即进入待机画面。待机画面依据加气机断电前的加气方式不同可能如图 11-17 所示。

说明：

1) 加气模式可分为任意加气、容积预置加气、金额预置加气三种。

2) 加气方式可分为现金方式，用图标 $ 表示；

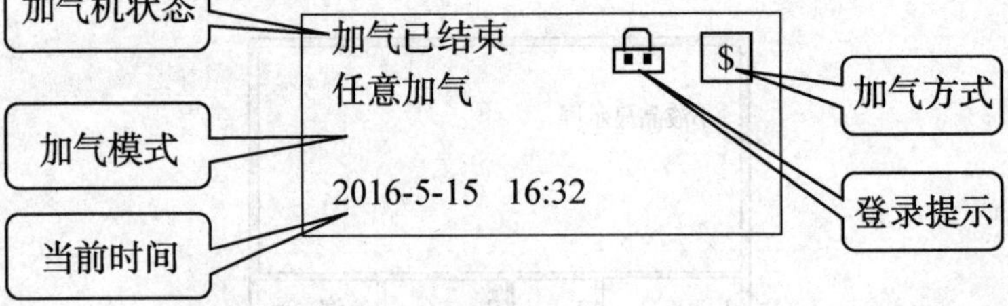

图 11-17　自检后计量显示屏信息

因此可以从待机画面准确的知道目前加气机的加气方式，加气模式(任意加气还是预置加气，是预置加气时是金额预置还是容积预置)。

(3) 加气操作

加气机加气方式分为现金方式和 IC 卡方式，方式的选择是通过使用管理卡进入设置菜单进行选择的。

在加气机待机显示的界面下，通过按键盘板上的【↑/模式】键，可更改当前的加气模式。如下图界面：

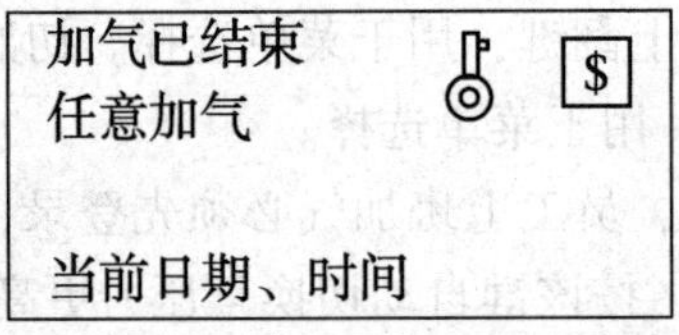

按一次【↑/模式】键后，容积预置画面显示如下：

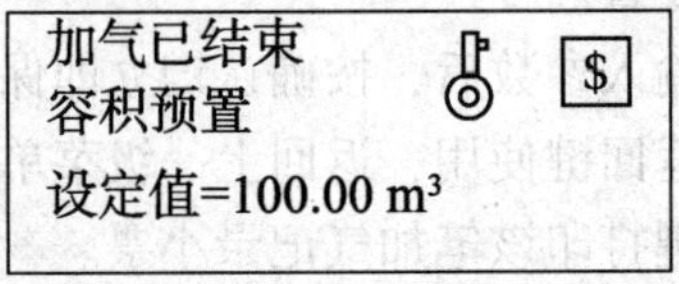

再按一次【↑/模式】键后，金额预置画面显示如下：

依次类推，按【↑/模式】键在三种加气模式下循环切换。

在“任意加气”模式下，直接按【加气】键就可以加气，加满钢瓶后自动停止。

在“容积预置”或“金额预置”模式下，必须先输入要预置的值才能加气，否则加气机会当成一次故障(可在查询菜单查询)。

下面分别阐述这两种加气方式下的加气操作方法。

现金方式加气：在使用管理卡进入设置菜单选择为现金加气方式后，加气机的加气操作不使用 IC 卡，使用与普通加气机操作相同。

操作：

1) 选择加气模式后。按【加气】键，即开始加气，键盘板显示屏现金操作显示如下画面：

正在加气……
流速 0XX.X m^3/min
高压 XX.X MPa

注：*X* 是数字。

“任意加气”模式下，可直接按【加气】键加气；如果为“容积预置”或“金额预置”应直接按数字键输入预置量，再按；

若按【加气】键后，蜂鸣器长鸣一声并且键盘板显示屏最后一行显示“故障”提示，说明有故障发生，可进入查询菜单查询具体故障以便解决。

2）加气结束后先显示以下画面：

加气结束
金额　　XX.X元

当前日期、时间

稍候片刻，显示以下画面，此时就可以进行下一次的加气操作了。

加气已结束
任意加气

当前日期、时间

操作：

1）选择加气模式后，按【加气】键，即可以开始加气，键盘板显示屏显示如下画面。加气过程中 IC 卡可以拿出卡槽，也可以一直放在卡槽内。

用户卡
正在加气……
流速 0XX.X m^3/min
高压 XX.X MPa

2）加气结束后先显示以下画面，

加气结束
加气额　　XXX.X元

5s 后显示以下画面，此时就可以进行下一次的加气操作了。

(4)查询

在加气机空闲状态，按【查询】键，进入查询主界面。键盘显示屏显示画面如下：

1 总累	2 班累
3 记录	4 参数
5 密码	6 IC 卡
7 故障	8 登录

按【清除】键退回到初始界面。

1）总累查询：

在查询主界面下按【1】键进入总累查询界面，键盘显示屏显示画面如下：

总累容积：
XXXXXXXX. XX
总累金额：
XXXXXXXX. XX

按【清除】键退回到查询主界面。

注：画面里的数字显示真实值。

2）班累查询：

在查询主界面下按【2】键进入班累查询界面，键盘显示屏显示画面如下：

容积 XXXXXXXX. XX
金额 XXXXXXXX. XX
员工 00000001
始 151200 止 151730

按【清除】键退回到查询主界面，按【↑】键或【↓】键查询上一班或下一班班累值。

注：① 加气机操作员上班登录至退出登录(或下一班登录)算一个班。班累查询界面中“容积”和“金额”后面对应的数字即为该班的班累容积和金额值。

② 班累查询界面中，“员工”对应的 8 位数字是该员工的卡号。

③ “始”对应的数字表示该班开始加气的时间(151200 表示 15 日 12 点 00 分上班)，同样“止”后面的数字表示该班结束加气的时间(151730 表示 15 日 17 点 30 分下班)。

④ 可以查询最近六个班的班累值。

3）加气记录查询：

在查询主界面下按【3】键进行加气记录查询，最大保存加气记录 10800 笔，按【↑】或【↓】键逐笔查看前后相邻的加气记录，加气记录查询界面如下：

现金 A0001
加气量：　50.11
加气额：　150. 33
始 09-05-15　12：36

在上面界面下，按【确认】键切换到如下界面，按【清除】键退回上一界面：

加气次数 000185
员工 00000001

止 09-05-15　12：39

注：① 上面加气记录查询的两个界面中，“现金”表示是现金加气方式，“现金”后面的数字表示车牌号(A0001)，“加气量”和“加气额”后面的数字即为该次加气记录值；“始”后数字表示该次加气开始时间(09 年 05 月 15 日 12 点 36 开始加气)。

② “加气次数”后面的数字表示该次加气为总次数的第几次(第 185 次)，“员工”后面的数字是该当班员工的卡号，“止”后的数字表示该次加气结束时间(09 年 05 月 15 日 12 点 39 分结束加气)。

4）系统参数查询：

在查询主界面下，按【4】键查看系统的相关信息，键盘显示屏显示画面如下：

版本： 密度： 机号： 机型：

在上面界面下，按【↑】或【↓】键切换到如下另一部分信息界面：

员工： 单位： 方式： 加气次数：

按【清除】键退回上一界面。

5）加气故障查询：

在查询主界面下，按【7】键进行加气故障查询，若之前有过故障，显示画面如下：

没登录　　　01 2009-05-15　11：27 10

注：第一行显示故障名称，如“没登录”，即没有加气操作员登录，就按了【启动】键。故障名称右边数字(01)为故障代号。第二行显示故障发生时间。第三行显示当前故障的序号，即第几次故障(第 10 次故障)。按【↑】或【↓】键依次显示相邻故障。

按【清除】键退回到上一界面。

6）加气操作员上班登录：

加气机设置为 IC 卡方式下，必须使用员工卡在加气机上进行登录，方法是在查询主界面下，按【8】键，画面显示如下：

请输入登录密码： ＊＊＊＊＊＊

按数字键输入 6 位密码，按【确认】键进行登录。如密码输入正确，显示如下提示画面：

登录成功

若密码不正确，则显示如下提示画面：

登录失败

此时，按【确认】键或【清除】键退回上一级菜单，连续按【清除】键退回到初始界面。若员工登录成功后，加气空闲时初始界面显示如下：

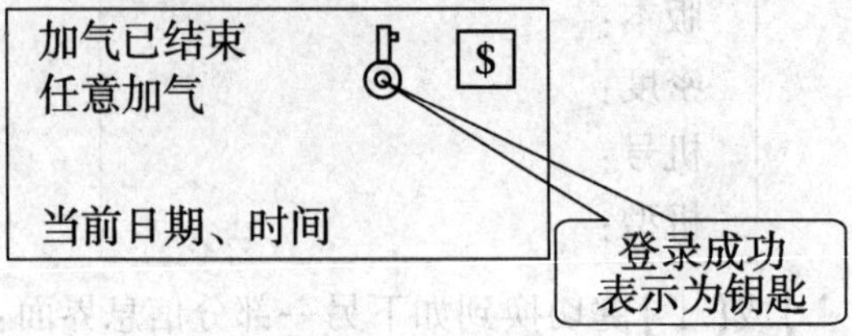

在待机时按【0】+【确认】键，取消当前员工登录。

按【查询】键+【8】+【确认】键，输入密码6位，同时卡槽中必须有班长卡，登录成功后，显示方法同员工卡登录。

在待机时，连按【取消登录/换阀】键3s，同时卡槽中必须有班长卡，才能取消掉班长卡登录。

附录Ⅰ　相对湿度表

(校正湿式流量计时使用)

%

干球温度/℃	干湿球温差/℃																		
	0.0	0.5	1.0	1.5	2.0	2.5	3.0	3.5	4.0	4.5	5.0	5.5	6.0	6.5	7.0	7.5	8.0	8.5	9.0
16	100	95	90	85	81	76	71	67	63	58	54	50	46	42	38	34	30	26	23
17	100	95	90	86	81	76	72	68	64	60	55	51	47	43	40	36	32	28	25
18	100	95	91	86	82	77	73	69	65	61	57	53	49	45	41	38	34	30	27
19	100	95	91	87	82	78	74	70	65	62	58	54	50	46	43	39	36	32	29
20	100	96	91	87	83	78	74	70	66	63	59	55	51	48	44	41	37	34	31
21	100	96	91	87	83	79	75	71	67	64	60	56	53	49	46	42	39	36	32
22	100	96	92	87	83	80	76	72	68	64	61	57	54	50	47	44	40	37	34
23	100	96	92	88	84	80	76	72	69	65	62	58	55	52	48	45	42	39	36
24	100	96	92	88	84	80	77	73	69	66	62	59	56	53	49	46	43	40	37
25	100	96	92	88	84	81	77	74	70	67	63	60	57	54	50	47	44	41	39
26	100	96	92	88	85	81	78	74	71	67	64	61	58	54	51	49	46	43	40
27	100	96	92	89	85	82	78	75	71	68	65	62	58	56	52	50	47	45	41
28	100	96	93	89	85	82	78	75	72	69	65	62	59	56	53	51	48	45	42
29	100	96	93	89	86	82	79	76	72	69	66	63	60	57	54	52	49	46	43
30	100	96	93	89	86	83	79	76	73	70	67	64	61	58	55	52	50	47	44
31	100	96	93	90	86	83	80	77	73	70	67	64	61	59	56	53	51	48	45
32	100	96	93	90	86	83	80	77	74	71	68	65	62	60	57	54	51	49	46
33	100	97	93	90	87	83	80	77	74	71	68	66	63	60	57	55	52	50	47
34	100	97	93	90	87	84	81	78	75	72	69	66	63	61	58	56	53	51	48
35	100	97	94	90	87	84	81	78	75	72	69	67	64	61	59	56	54	51	49
36	100	97	94	90	87	84	81	78	75	73	70	67	64	62	59	57	54	52	50
37	100	97	94	91	87	84	82	79	76	73	70	68	65	63	60	58	55	53	51
38	100	97	94	91	88	84	82	79	76	74	71	68	66	63	61	58	56	54	51
39	100	97	94	91	88	85	82	79	77	74	71	69	66	64	61	59	57	54	52
40	100	97	94	91	88	85	82	80	77	74	72	69	67	64	62	59	57	54	53

附录Ⅱ　饱和蒸汽压 P_s

Pa

温度/℃	0.0	0.1	0.2	0.3	0.4	0.5	0.6	0.7	0.8	0.9
0	611	616	620	625	629	634	638	643	648	652
1	657	662	667	671	676	681	686	691	696	701
2	706	711	716	721	726	732	737	742	747	753
3	758	763	769	774	780	785	791	797	802	808
4	814	819	825	831	837	843	848	854	860	866
5	873	879	885	891	897	903	910	916	922	929
6	935	942	948	955	961	963	975	982	988	995
7	1002	1009	1016	1023	1030	1037	1044	1051	1058	1066
8	1073	1089	1088	1095	1102	1110	1117	1125	1133	1141
9	1148	1156	1164	1172	1180	1187	1195	1204	1212	1220
10	1228	1236	1245	1253	1261	1270	1278	1287	1295	1304
11	1313	1321	1330	1339	1348	1357	1367	1375	1384	1393
12	1403	1412	1421	1431	1440	1449	1459	1469	1478	1488
13	1498	1508	1517	1527	1537	1547	1558	1568	1578	1588
14	1599	1609	1619	1630	1641	1651	1662	1673	1684	1694
15	1705	1716	1727	1739	1750	1761	1772	1784	1795	1807
16	1818	1830	1842	1853	1865	1877	1889	1901	1913	1926
17	1938	1950	1963	1975	1988	2000	2013	2026	2038	2051
18	2064	2077	2090	2103	2117	2130	2143	2157	2170	2184
19	2198	2211	2225	2239	2253	2267	2281	2295	2310	2324
20	2339	2353	2368	2382	2397	2412	2427	2442	2457	2472
21	2487	2503	2518	2534	2549	2565	2581	2596	2612	2628
22	2644	2660	2677	2693	2710	2726	2743	2760	2776	2793
23	2810	2827	2844	2862	2879	2896	2914	2931	2949	2968
24	2985	3003	3021	3039	3057	3076	3094	3113	3131	3150
25	3169	3188	3207	3226	3245	3264	3284	3303	3323	3343
26	3363	3383	3403	3423	3443	3463	3484	3504	3525	3546
27	3567	3588	3609	3630	3651	3673	3694	3716	3738	3760
28	3782	3804	3826	3848	3871	3893	3916	3939	3961	3984
29	4008	4031	4054	4078	4101	4125	4149	4173	4197	4221
30	4245	4270	4294	4319	4344	4369	4394	4419	4444	4470
31	4495	4521	4547	4572	4599	4625	4651	4677	4704	4731
32	4758	4785	4812	4839	4366	4894	4921	4949	4977	5005
33	5033	5062	5090	5119	5147	5176	5205	5234	5264	5293
34	5323	5352	5382	5412	5442	5473	5503	5534	5565	5595
35	5627	5658	5689	5721	5752	5784	5816	5848	5830	5913
36	5945	5978	6011	6044	6077	6110	6144	6177	6211	6245
37	6279	6314	6348	6383	6418	6452	6488	6523	6558	6594
38	6630	6666	6702	6738	6774	6311	6848	6885	6922	6959
39	6997	7034	7072	7110	7148	7187	7225	7264	7303	7342
40	7381	7420	7460	7500	7540	7580	7621	7661	7702	7743

附录Ⅲ　城市燃气输配实训装置介绍

一、城市燃气输配实验实训装置

城市燃气输配实验实训装置是由泉州理工职业学院建设的，主要仪器设备包括：空气压缩机、储气罐、压力变送器、流量计、温度计、调压阀、电动调节阀、加臭装置、加气机，自控与数据采集系统等。实验介质为空气，含杂质较少。

二、主要实验/实训项目

1）输气管工艺实验：压缩机站工况实验、储气库储气实验、输气管管路特性实验、输气管管路储气实验；

2）城市燃气输配工艺试验：城市燃气门站燃气分配计量、城市燃气门站调压特性曲线实验、民用燃气加臭工艺试验、低温燃气加热工艺试验、环状燃气管网的水力工况实验、燃气管网水力工况和水力可靠性实验、加气站加气工艺实验、定量加气自控实验。

三、实验注意事项

1）遵守实验室的各项规章制度。

2）经常保持实验室的整洁和安静，注意维持桌面和仪器的整洁。

3）每个实验人员都必须知道实验室内电闸、水阀和各种气阀的位置，实验完毕离开实验室时应将这些阀、闸关闭。

4）实验室内禁止饮食、吸烟，切勿以试验器皿代替水杯、餐具等使用，防止化学试剂入口。实验结束后要洗手，如曾使用过有毒药品，还应漱口。

5）调压器调节压力时，因管路有一定的缓冲时间，因而操作要缓慢，等稳定后再读数（大约 2min）。

6）实验中未注明的压力均指相对压力。实验采集系统显示的读数，压力表示数是相对压力，单位是 kPa；流量计示数是实际流量，单位是 m^3/h。

7）要使用支线上的流量计时，由于其量程较小，使用前应先打开旁通阀，待稳定后再打开流量计两旁的阀门，然后慢慢关闭旁通阀，若在此过程中出现超量程现象，应关小罐的出口阀。

8）调节罐内压力时，由于要同时保持多个罐的压力为定值，所以这些罐应尽量同时调节，而且由于管路的延迟，调节时应大略接近而不应完全等于待调值，否则调节不准。

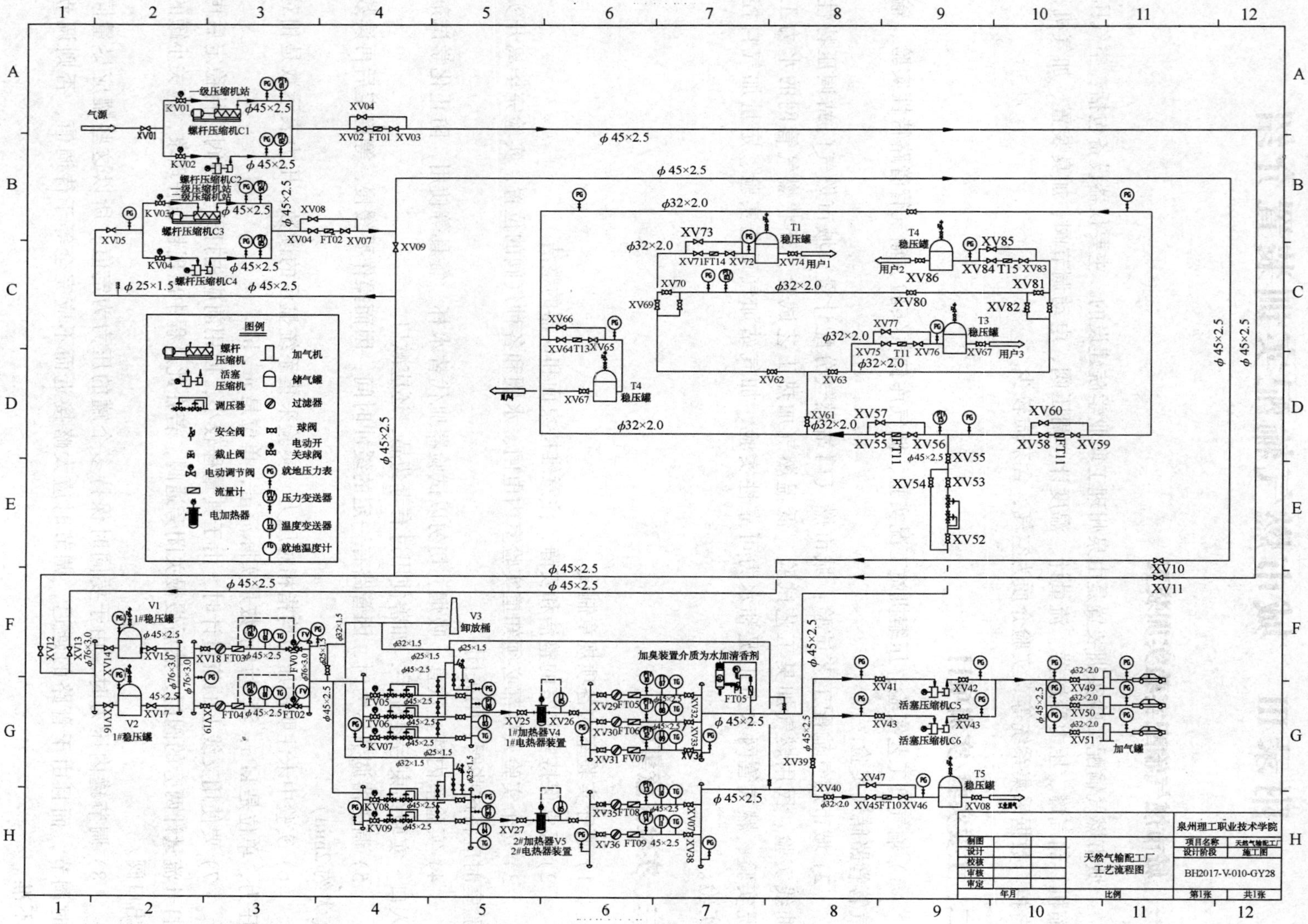

气源
一级压缩机站
螺杆压缩机C1
螺杆压缩机C2
螺杆压缩机C3
螺杆压缩机C4
图例
螺杆压缩机
活塞压缩机
调压器
安全阀
截止阀
电动调节阀
流量计
电加热器
加气机
储气罐
过滤器
球阀
电动开关球阀
就地压力表
压力变送器
温度变送器
就地温度计
T1 稳压罐
T3 稳压罐
T4 稳压罐
T5 稳压罐
用户1
用户2
用户3
V1 1#稳压罐
V2 1#稳压罐
V3 卸放桶
1#加热器V4
1#电热器装置
2#加热器V5
2#电热器装置
加臭装置介质为水加清香剂
活塞压缩机C5
活塞压缩机C6
加气罐
泉州理工职业技术学院
天然气输配工厂工艺流程图
项目名称
设计阶段
施工图
BH2017-V-010-GY28
制图
设计
校核
审核
审定
年月
比例
第1张
共1张

附录Ⅳ 长距离输油管道工艺流程图

油品储运综合实验装置流程简介

1、油库综合实训流程:油库收油流程、发油流程、倒灌流程;放空、扫线流程;油罐呼吸阀检测;油槽车定量装车;超液位报警装车;加油站生产流程;油品调合流程等。

2、输油管综合实验流程:输油管正疏密闭流程、旁接罐流程、压力越站;高低压泄压保护、流量计在线标定;发送、接受清管器流程;输油流量自动控制等。

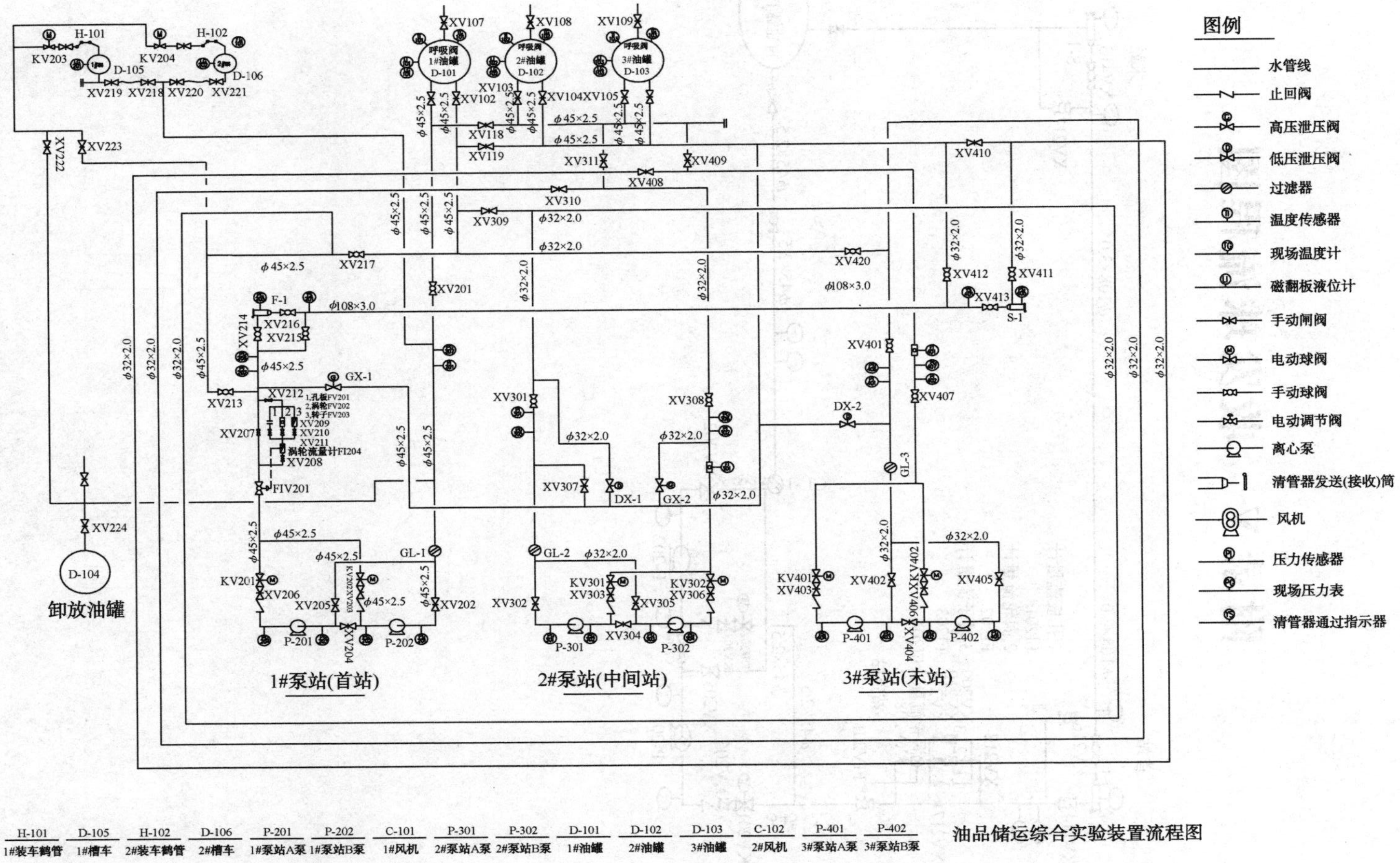

油品储运综合实验装置流程图

附录V　收发球流程图

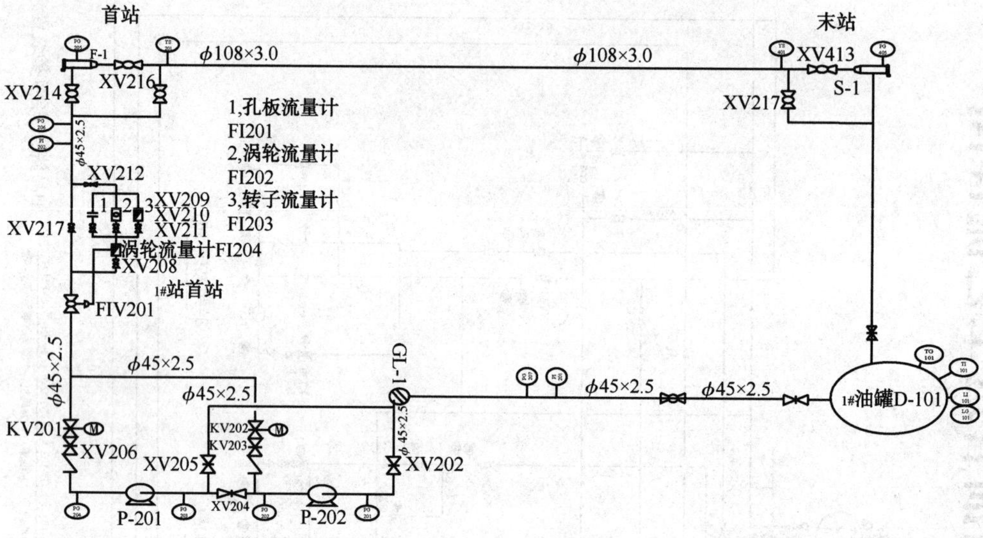

首站
末站
F-1
XV214
XV216
ϕ108×3.0
ϕ108×3.0
XV413
S-1
XV217
1,孔板流量计
FI201
2,涡轮流量计
FI202
3,转子流量计
FI203
ϕ45×2.5
XV212
XV209
XV210
XV211
XV217
涡轮流量计FI204
XV208
1#站首站
FIV201
ϕ45×2.5
ϕ45×2.5
ϕ45×2.5
GL-1
ϕ45×2.5
ϕ45×2.5
1#油罐D-101
KV201
XV206
KV202
KV203
XV205
XV202
XV204
P-201
P-202

参 考 文 献

[1] 张兆顺，崔桂香．流体力学[M].3版．北京：清华大学出版社，2015.

[2] 陈礼，吴勇华．流体力学与热工基础[M]．北京：清华大学出版社，2002.

[3] 俞嘉虎．流体力学[M]．北京：人民交通出版社，2002.

[4] 叶学群，纪传仁．热工与流体力学基础[M]2版．北京：中国商业出版社，2006.

[5] 黄晓明，许国良，刘志春，等．工程热力学[M]．北京：中国电力出版社，2015.

[6] 周艳，苗展丽，李晶．工程热力学[M]．北京：化学工业出版社，2014.

[7] 鄂加强．工程热力学[M]．北京：中国水利水电出版社，2010.

[8] 廉乐明，谭羽非，吴家正，等．工程热力学[M]．北京：中国建筑工业出版社，2007.

[9] 陈宏芳，杜建华．高等工程热力学[M]．北京：清华大学出版社，2003.

[10] 王忠伟，段远源，孟龙，等．HFC-143a和HFC-236fa饱和蒸气压的实验研究[J]．北京：工程热物理学报，2004(s1)：19-22.

[11] 张国磊．工程热力学实验[M]．哈尔滨：哈尔滨工程大学出版社，2012.

[12] 袁艳平，曹晓玲，孙亮亮．工程热力学与传热学实验原理与指导[M]．北京：中国建筑工业出版社，2013.

[13] 靳智平．热能动力工程实验[M]．北京：中国水利水电出版社，2011.

[14] 刘晓华，刘宏升，刘红．热工基础实验教程[M]．大连：大连理工大学出版社，2012.

[15] 刘翔，孙军．能源与动力工程专业实验教程[M]．北京：中国林业出版社，2014.

[16] 杨世铭．传热学[M]．北京：高等教育出版社，2006.

[17] 吴全才．油气储运工程实训[M]．北京：中国石化出版社，2014.

[18] 袁艳平．工程热力学与传热学实验原理与指导[M]．北京：中国建筑工业出版社，2013.

[19] 刘晓红．流体力学与热工学基础[M]．北京：机械工业出版社，2012.

[20] 周锡堂．油气储运工程专业实验指导[M]．北京：中国石化出版社，2012.

[21] 钱锡俊．泵和压缩机[M]．北京：中国石油大学出版社，2007.

[22] 侯淑华．泵与压缩机的使用与维护[M]．北京：石油工业出版社，2015.

[23] 吴全才．油气储运工程实训[M]．北京：中国石化出版社，2014.

[24] 周锡堂．油气储运工程专业实验指导[M]．北京：中国石化出版社，2012.

[25] 李小艳．油气储运工程实验[M]．北京：中国石化出版社，2014.

[26] 石油化工科学研究院．原油和液体石油产品密度实验室测定法(密度计法)：GB/T 1884-2000[S]．北京：中国标准出版社，2000.

[27] 石油化工科学研究院．石油密度计技术条件：SH/T 0316-1998[S]．北京：中国标准出版社，2004.

[28] 石油化工科学研究院．石油计量表：GB/T1885—1998[S]．北京：中国标准出版社，1998.

[29] 石油化工科学研究院．油漆及清洗用溶剂油：GB 1922-2006[S]．北京：中国标准出版社，2006.

[30] 石油化工科学研究院．石油产品闪点和燃点的测定　克利夫兰开口杯法：GB/T 3536—2008[S]．北京：中国标准出版社，2009.

[31] 石油化工科学研究院．闪点的测定　宾斯基-马丁闭口杯法：GB/T 261—2008[S]．北京：中国标准出版社，2009.

[32] 石油化工科学研究院、中国石化销售有限公司华北研究所．石油产品常压蒸馏特性测定法：GB/T6536—2010[S]．北京：中国标准出版社，2011.

[33] 石油化工科学研究院．柴油和民用取暖油冷滤点测定法：SH/T 0248—2006[S]．北京：中国标准出版社，2006.

[34] 石油化工科学研究院．石油产品闪点和燃点的测定　克利夫兰开口杯法：GB/T 3536-2008[S]．北京：中国标准出版社，2009.

[35] 石油化工科学研究院．石油产品闪点与燃点测定法(开口杯法)：GB/T 267-1988[S]．北京：中国标准出版社，1989.
[36] 石油化工科学研究院．闪点测定法(泰克闭口杯法)：SH/T 0733-2004[S]．北京：中国标准出版社，2004.
[37] 石油化工科学研究院．闭口闪点测定器技术条件：SH/T 0315-1992[S]．北京：中国标准出版社，1992.
[38] 石油化工科学研究院．石油产品试验用液体温度计技术条件：GB/T 514-2005[S]．北京：中国标准出版社，2005.
[39] 石油化工科学研究院．闪点和燃点的测定．克利夫兰开口杯法：KS M ISO 2592-2007[S]．北京：中国标准出版社，2007.
[40] 石油化工科学研究院．闪点测定方法．第4部分：克利夫兰开杯口法：JIS K2265-4-2007[S]．北京：中国标准出版社，2007.
[41] 石油化工科学研究院．闪点的测定　宾斯基-马丁闭口杯法：GB/T 261-2008[S]．北京：中国标准出版社，2009.
[42] 石油化工科学研究院．石油产品闪点与燃点测定法(开口杯法)：GB/T 267—1988[S]．北京：中国标准出版社，1989.
[43] 石油化工科学研究院．石油产品闪点和燃点测定法(克利夫兰开口杯法)：GB/T 3536—2008[S]．北京：中国标准出版社，2009.
[44] 石油化工科学研究院．闭口闪点测定器技术条件：SH/T 0315—92(2004)[S]．北京：中国标准出版社，1992.
[45] 石油化工科学研究院．石油产品试验用液体温度计技术条件：GB/T 514-2005[S]．北京：中国标准出版社，2005.
[46] 石油化工科学研究院．城市燃气相对密度测定方法：GB12207—90[S]．北京：中国标准出版社，1990.
[47] 中国石油西南油气田分公司天然气研究院、成都天科石油天然气工程有限公司．天然气发热量、密度、相对密度和沃泊指数的计算方法：GB/T 11062-2014[S]．北京：中国标准出版社，2015.
[48] 北京市计量检测科学研究院、浙江省质量技术监督检测研究院．膜式燃气表：JJG577—2005[S]．北京：中国标准出版社，2006.
[49] 段常贵．燃气输配．第4版[M]．北京：中国建筑工业出版社，2011.
[50] 重庆前卫克罗姆表业有限责任公司．膜式燃气表：GB/T 6968—2011[S]．北京：中国标准出版社，2012.
[51] 寇杰，梁法春．油气管道腐蚀与防护[M]．北京：中国石化出版社，2008.
[52] 王凤平．金属腐蚀与防护实验[M]．北京：化学工业版社，2015.
[53] 戴静君，董正远，田野．油气集输[M]．北京：石油工业出版社，2012.
[54] 刘扬．油气集输[M]．北京：石油工业出版社，2015.
[55] 李小艳．油气储运工程实验[M]．北京：中国石化出版社，2014.
[56] 赵志芳．原油水分含量测试技术的研究[D]．沈阳：沈阳工业大学，2007.
[57] 李淑琴，程永清，张绪民．含水原油破乳脱水的声化学法研究[J]．天津：天津化工，1997(4)：22-24.
[58] 黄启玉，张帆，张劲军，等．原油水乳状液制备条件研究[J]．北京：油气储运，2007，26(6)：49-51.
[59] 劳力云，郑之初，吴应湘，等．关于气液两相流流型及其判别的若干问题[J]．北京：力学进展，2002，32(2)：235-249.
[60] 阎昌琪．气液两相流[M]．哈尔滨：哈尔滨工程大学出版社，2010.

[61] 张军，陈听宽，闻建龙，等．垂直同心环形管内上升气液两相环状流含气率与压降预测[J]．北京：化工学报，2003，54(1)：47-51.
[62] 中华人民共和国能源部．中华人民共和国石油天然气行业标准[M]．北京：石油工业出版社，1993.
[63] 郭光臣，董文兰，张志廉．油库设计与管理[M]．北京：中国石油大学出版社，2006.
[64] 贾玮玮，李发．呼吸阀及其呼吸量的计算[J]．安徽：安徽化工，2016，42(3)：87-89.
[65] 骆金川．浅谈油罐人工计量误差分析及控制措施[J]．北京：工程技术：文摘版，2016(6)：00267-00267.
[66] 杨筱蘅．输油管道设计与管理[M]．北京东营：中国石油大学出版社，2006.
[67] 周锡堂．油气储运工程专业实验指导[M]．北京：中国石化出版社，2012.
[68] 李小艳．油气储运工程实验[M]．北京：中国石化出版社，2014.
[69] 广东中山华帝燃气具有限公司、杭州松下燃气具公司等．家用燃气灶具：GB 16410-2007[S]．北京：中国标准出版社，2008.
[70] 中国石油管道分公司运销处．石油、化学、天然气工业用往复式压缩机：SY/T 6650-2012[S]．北京：石油工业出版社，2012.
[71] 合肥通用机械研究院．一般用固定的往复活塞空气压缩机：GB/T 13279—2015[S]．北京：石油工业出版社，2016.
[72] 中国市政工程华北设计研究总院有限公司．液化石油气供应工程设计规范：GB 51142-2015[S]．北京：中国建筑工业出版社，2016.
[73] 中国石油天然气股份有限公司管道分公司管道科技研究中心等．根据粘度测量值确定石油平均相对分子质量的方法：GB/T 17282-2012[S]．北京：中国标准出版社，2013.
[74] 四川石油管理局天然气研究院．天然气：GB17820—2012[S]．北京：中国标准出版社，2013.
[75] 唐秀岐．燃气输配与运营管理[M]．北京：石油工业出版社，2012.
[76] 哈尔滨建筑工程学院．燃气输配-2 版[M]．北京：中国建筑工业出版社，1988.